普通高等教育"十一五"国家级规划教材

高等职业院校计算机教育规划教材

Gaodeng Zhiye Yuanxiao Jisuanji Jiaoyu Guihua Jiaocai

网页制作教程

（第三版）

WANGYE ZHIZUO JIAOCHENG

赵丰年　编著

人民邮电出版社

北京

精品系列

图书在版编目（CIP）数据

网页制作教程 / 赵丰年编著. —3 版. —北京：人民邮电出版社，2006.10（2020.1重印）
ISBN 978-7-115-15222-0

Ⅰ. 网… Ⅱ. 赵… Ⅲ. 主页制作—教材 Ⅳ. TP393.092

中国版本图书馆 CIP 数据核字（2006）第 102970 号

内 容 提 要

本书系统全面地介绍网页制作技术的基本理论和实际应用。全书共 10 章，分为 3 大部分。前 5 章为第 1 部分，主要介绍网页制作的基本理论——HTML，同时穿插介绍 Fireworks，Flash，Anfy 等软件在网页制作过程中的应用；第 6 章～第 8 章为第 2 部分，主要介绍网页制作技术，包括 CSS 技术、客户端脚本技术（DHTML）以及 XML 技术；第 9 章～第 10 章为第 3 部分，主要介绍当前最流行的网页制作工具——Dreamweaver，以及提供 12 个实训项目，使读者能够从实际应用的角度进一步巩固所学知识。

本书以实用为基本的出发点，不但包括各种网页制作技术的基础理论，而且强调网页制作的具体应用，使读者既能打下坚实的理论基础，又能掌握实际的操作技能。

本书可作为高等职业学校、成人高校、本科院校设立的二级职业技术学院和培训班讲授网页制作课程的教材或参考书，也适合广大网页制作爱好者或相关从业人员自学之用。

普通高等教育"十五"国家级规划教材

高等职业院校计算机教育规划教材

网页制作教程（第三版）

◆ 编 著 赵丰年

责任编辑 潘春燕

◆ 人民邮电出版社出版发行 北京市丰台区成寿寺路 11 号

邮编 100164 电子邮件 315@ptpress.com.cn

网址 http://www.ptpress.com.cn

北京市艺辉印刷有限公司印刷

◆ 开本：787×1092 1/16

印张：20 2006年10月第3版

字数：477 千字 2020年1月北京第25次印刷

ISBN 978-7-115-15222-0/TP

定价：28.00 元

读者服务热线：(010)81055256 印装质量热线：(010)81055316

反盗版热线：(010)81055315

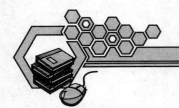

丛书出版前言

目前，高职高专教育已经成为我国普通高等教育的重要组成部分。在高职高专教育如火如荼的发展形势下，高职高专教材也百花齐放。根据教育部发布的《关于全面提高高等职业教育教学质量的若干意见》（简称 16 号文）的文件精神，本着为进一步提高高等教育的教学质量和服务的根本目的，同时针对高职高专院校计算机教学思路和方法的不断改革和创新，人民邮电出版社精心策划了这套高质量、实用型的教材——"高等职业院校计算机教育规划教材"。

本套教材中的绝大多数品种是我社多年来高职计算机精品教材的积淀，都经过了广泛的市场检验，赢得了广大师生的认可。为了适应新的教学要求，紧跟新的技术发展，我社再一次组织了广泛深入的调研，组织了上百名教师、专家对原有教材做认真的分析和研讨，在此基础上重新修订出版。

本套教材中虽然还有一部分品种是首次出版，但其原稿也经过实际教学的检验并不断完善。因此，本套教材集中反映了高职院校近几年来的教学改革成果，是教师们多年来的教学经验的总结。本套教材中的每一部分作品都特色鲜明，集高质量与实用性为一体。

本套教材的作者都具有丰富的教学经验和写作经验，思路清晰，文笔流畅。教材编写充分体现高职高专教学的特点，深入浅出，言简意赅。理论知识以"够用"为度，突出工作过程导向，突出实际技能的培养。

为方便老师授课，本套教材将提供完善的教学服务体系。教师可通过访问人民邮电出版社网站 http://www.ptpress.com.cn/download 下载相关资料。

欢迎广大教师对本套教材的不足之处提出批评和建议！

第三版修订说明

《网页制作教程》一书自 2001 年 8 月出版以来，受到了广大师生和读者的普遍欢迎，目前印量已逾 10 万册，并先后入选教育部普通高等教育"十五"国家级规划教材和"十一五"国家级规划教材。为了更好地体现技术的发展和贴近教学的需要，本书作者根据自己和其他多位教师的教学实践和教学研究，在保留原书特色的基础上，进行了以下修订。

（1）将第二版中的 XML 附录移到了第 8 章，并增加了大量新内容，使其更符合教学和实际应用的需要。

（2）将原书第 3 章中的"超链接"部分移动到了第 2 章，并在第 2 章中增加了一个网站实例，使读者能够快速入门。

（3）更新了所使用软件的版本，并根据软件版本修订了内容，主要包括操作系统平台更新为 Windows XP；Dreamweaver，Flash 和 Fireworks 更新为 MX 2004 版。

（4）各章内容都有一定调整，主要是增加了实用的内容，并删除了不实用的内容。例如，在第 10 章"实际技能训练"中，增添了很多类似"作业"的项目，从而使读者对具体的技能目标有更明确的认识，同时有助于教学活动的组织（可以选择若干有代表性的"作业"贯穿整个学习过程）。

书中实例的源代码可以到作者的个人网站下载，网址是：http://www.zhaofengnian.com （其中还包括与本书相关的其他资料，如 PowerPoint 教学演示、附加练习题、参考试题等），如对本书内容有疑问或有任何意见建议，请发送电子邮件至：zhaofengnian@263.net 或 zhaofn@bit.edu.cn。

目　录

第 1 章　HTML 基础

本章提要：

● WWW 由无数的 Web 服务器构成，我们通过浏览器访问这些服务器上的网页，不同的网页通过超链接联系在一起，构成了 WWW 的网状结构。

● HTML 是表示网页的一种规范，它通过标记符定义了网页内容的显示，并使用属性进一步控制内容的显示。

● 最基本的 HTML 标记符包括 HTML 标记符<HTML>和</HTML>、首部标记<HEAD>和</HEAD>、正文标记<BODY>和</BODY>。

● BODY 标记符包括一些常用属性，用于控制网页的基本显示效果。

● 发布网页的基本过程为：制作本地站点、申请网页空间、上传网页。

1.1　什么是 HTML

本节首先介绍与网页有关的一些基本常识，接着介绍 HTML 的基本工作原理，最后介绍如何用"记事本"编辑网页以及各种常见的网页制作工具和辅助工具。

1.1.1　网页的基本概念

1. Internet 与 WWW

要了解什么是网页，首先应了解什么是 WWW，而要了解什么是 WWW，则要先知道什么是 Internet。

通俗地讲，Internet 就是许多不同功能的计算机通过线路连接起来组成的一个世界范围内的网络。从网络通信技术的角度看，Internet 是一个以 TCP/IP 连接各个国家、各个地区、各个机构的计算机网络的数据通信网。从信息资源的角度看，Internet 是一个集各个部门、各个领域的各种信息资源为一体，供网上用户共享的信息资源网。

说明：网络是指多台计算机通过特定的连接方式构成的一个计算机的集合体，而协议（Protocol）则可以理解为网络中的设备"打交道"时共同遵循的一套规则。有关网络技术的详细内容，请读者参见其他相关书籍。

Internet 能提供的服务包括 WWW 服务（也就是网页浏览服务）、电子邮件服务、网上传呼（ICQ 就是最常见的网上传呼服务）、文件传输（也就是常说的 FTP 服务）、在线聊天、网上购物、网络炒股、联网游戏（例如玩 MUD，或者是联网对战）等。

由此可见，WWW（World Wide Web，译为"万维网"）并不就是 Internet，它只是 Internet 提供的服务之一。不过，它确实是现在 Internet 上发展得最为蓬勃的部分。相当多的其他

Internet 服务都是基于 WWW 服务的，例如网上聊天、网上购物、网络炒股等。我们平时所说的网上冲浪，其实就是指利用 WWW 服务获得信息并进行网上交流。

2. WWW 与浏览器

那么，什么是 WWW 呢？从术语的角度讲，WWW 是由遍布在 Internet 上的称为 Web 服务器的计算机组成，它将不同的信息资源有机地组织在一起，通过一种叫做"浏览器"的软件进行浏览。

如果读者熟悉网上的各种操作，那么应该清楚地了解到：获取任何一种 Internet 服务都需要相应的客户端软件。例如，要收发电子邮件，最常见的就是使用 Outlook 或 Outlook Express 之类的电子邮件客户端程序；要进行网上传呼，只要安装了相应的 ICQ 软件即可；要进行文件传输，则需要使用 CuteFTP、LeapFTP 之类的 FTP 客户端程序；要上网玩 MUD（Multi-User Dungeon，多人地牢游戏，一般直译为"泥巴"），则需要安装相应的 MUD 客户端程序等。当然，如果要上网浏览，则应使用"浏览器"作为客户端程序。

当我们在网上冲浪时，基本工作过程如图 1-1 所示。

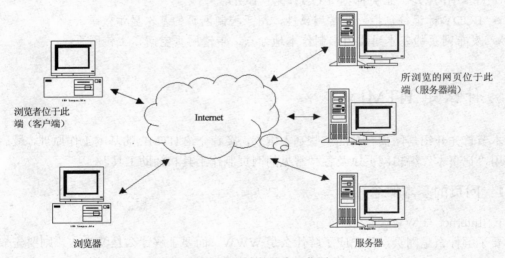

图 1-1　网上冲浪的基本工作原理

当用户连接到 Internet 上后，如果在浏览器上输入一个 Internet 地址（实际上是对应于一个网页）并按【Enter】键后，相当于要求显示该 Internet 地址上的某个特定网页。这个"请求"被浏览器通过电话线等网络介质传送到页面所在的服务器（Server）上，然后服务器做出"响应"，再通过网络介质把用户请求的网页传送到用户所在的计算机，最后由浏览器进行显示。当用户在页面中操作时（例如单击超链接），如果需要请求其他页面，则这种"请求"又会通过网络介质传送到提供相应页面的服务器，然后由服务器做出响应。

通过这个过程，浏览器和服务器之间建立了一种交互关系，使浏览者可以访问位于世界各地计算机（服务器）上的网页。在图 1-1 中，我们作为浏览者是位于浏览器端，或者说是客户端；而在 Internet 的另一端则包含有大量的用于提供信息服务的服务器，使我们能够访问形形色色的网页，这些位于相同或不同计算机上的网页通过超链接组织在一起，于是形成了像蜘蛛网一样的 WWW 系统。

　　根据以上说明可以看出，浏览器是获取 WWW 服务的基础，它的基本功能就是对网页进行显示。目前使用最广泛的浏览器是 Microsoft 公司的 Internet Explorer（本书在说明过程中将以 Internet Explorer 6.0 作为默认浏览器），其他浏览器包括 Opera，Mozilla Firefox 等。

　　3．网站与主页

　　前面已经说过，WWW 是由无数的 Web 服务器构成，我们通过浏览器访问这些服务器上的网页，不同的网页通过超链接联系在一起，构成了 WWW 的纵横交织结构。

　　当然，网页与网页之间的关系并不是完全相同的。通常我们把一系列逻辑上可以视为一个整体的页面叫做网站，或者说，网站就是一个链接的页面集合，它具有共享的属性，例如相关主题或共同目标。

　　说明：网站的概念是相对的，大可以到"新浪网"这样的门户网站，页面多得无法计数，而且位于多台服务器上；小可以到一些个人网站，可能只有零星几个页面，仅在某台服务器上占据很小空间。

　　"主页"是网站中的一个特殊页面，它是作为一个组织或个人在 WWW 上开始显示的页面，其中包含指向其他页面的超链接。通常主页的名称是固定的，一般叫做 index.htm 或 index.html 等（.htm 或.html 后缀表示 HTML 文档）。

1.1.2　HTML 的工作原理

　　如果在浏览器中任意打开一个网页，然后在窗口中空白位置单击鼠标右键，从快捷菜单中选择"查看源文件"命令（或者选择"查看"菜单中的"源文件"命令），则系统会启动"记事本"，其中包含一些文本信息，如图 1-2 所示。

图 1-2　网页的源文件

　　这些文本其实就是网页的本质——HTML 源代码。HTML（HyperText Markup Language，超文本标记语言）是表示网页的一种规范（或者说是一种标准），它通过标记符定义了网页内容的显示。例如，用<table>标记符可以在网页上定义一个表格。

　　说明：超文本是相对普通文本而言的，与普通文本按顺序定位不同，超文本最典型的特点就是文本中包含指向其他位置的链接，通过这些链接使文档组织成了网状结构，如图 1-3

所示（这实际上也是 WWW 信息组织的基本原理）。例如，我们可以把常规意义上的书本理解为普通文本，而把由超链接组织起来的电子文档理解为超文本。

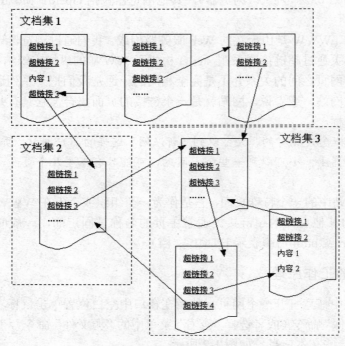

图 1-3　超文本示意图

在 HTML 文档中，通过使用标记符可以告诉浏览器如何显示网页，即确定内容的显示格式。浏览器按顺序读取 HTML 文件，然后根据内容周围的 HTML 标记符解释和显示各种内容。例如，如果为某段内容添加<H1></H1>标记符，则浏览器会以比一般文字大的粗体字显示该段内容，如图 1-4 所示。

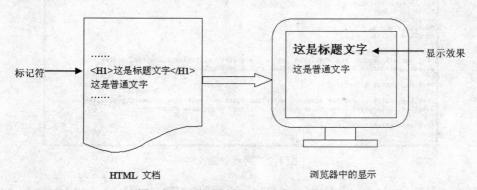

图 1-4　浏览器解释 HTML 标记符示意

HTML 中的超文本功能，也就是超链接功能，使网页之间可以链接起来。网页与网页的链接构成了网站，而网站与网站的链接就构成了多姿多彩的 WWW。

HTML 由国际组织 W3C（万维网联盟）制定和维护，HTML 3.2 是目前支持最好的标准

（几乎所有浏览器都支持），但 HTML 4.0 也已逐步普及。最新的 HTML 标准是 HTML 4.01，它对 HTML 4.0 做了一些小的修正。对于基本的标记符，HTML 3.2 与 HTML 4.0 基本一致，在本书中不做区分，但书中的主要内容是以 HTML 4.0 为基础的。

如果需要了解 HTML 的更详细情况，可访问 W3C 的官方网站：http://www.w3.org，可以从该网站中获得最新的 HTML 规范。图 1-5 所示为 W3C 网站上的 HTML 首页。

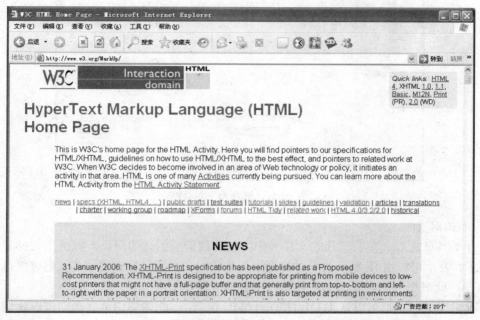

图 1-5　W3C 网站上的 HTML 首页

1.1.3　创建和测试网页

由于 HTML 文件的实质就是纯文本文件，因此可以用任何纯文本编辑器编辑 HTML 文件，通常可以使用 Windows 系统中的"记事本"程序；另外，由于 Windows 系统中一般都捆绑了 Internet Explorer，因此用户在 Windows 系统中可以方便地对网页进行简单的测试。

1. 创建网页

使用"记事本"程序创建网页的步骤如下。

（1）单击"开始"按钮，选择"所有程序/附件/记事本"命令。

（2）在"记事本"程序的窗口中输入 HTML 代码。

（3）输入代码结束后，选择"文件"菜单中的"保存"或"另存为"命令，则弹出图 1-6 所示的"另存为"对话框。

（4）在"文件名"下拉列表框中输入网页的名称，注意文件名必须以.htm 或.html 为扩展名。如果需要，应在"保存在"下拉列表框中定位到特定的目录。

说明：网页的文件名中最好只包括英文字母、数字和下划线字符（_）。在中文操作系统中，也可以使用中文字符作为文件名，但不要包括诸如引号之类的特殊字符。

（5）单击"保存"按钮，即创建出了一个网页。

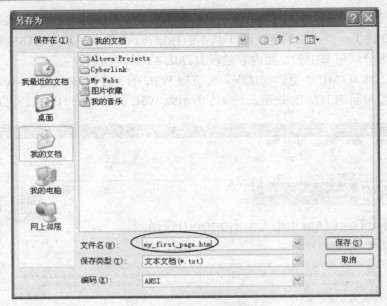

图 1-6 "另存为"对话框

2. 测试网页

保存了网页之后，在所选择的文件夹中将包含我们所创建的网页，该网页文件左边有一个 图标，表示可以由 IE 将其打开。找到刚创建的网页并用鼠标左键双击，则可以自动启动 IE 浏览器，此时所创建网页中的内容将在浏览器中显示。

一般情况下浏览器可以正确显示所有 HTML 代码，因此如果浏览器不能按照我们的预想进行显示，则是由于编写的 HTML 代码有问题，应对代码进行更改。

最方便的更改代码方式是在网页中单击鼠标右键，然后在快捷菜单中选择"查看源文件"命令（或者直接按【V】键）。此时将在"记事本"程序中打开 HTML 文件。更改了 HTML 文件之后，重新将其保存（注意必须在保存之后，所做的更改才能生效）。然后切换到 IE，按【F5】键或"刷新"按钮，则可以看到更改后的页面效果。如此反复进行，即可以正确地对网页进行测试。

1.1.4 网页制作工具

1. 网页编辑工具

除了使用像"记事本"程序这样的纯文本编辑器直接进行 HTML 代码编辑以外，在网页制作时还可以使用两类软件工具来提高工作效率。

第一类工具叫做"HTML 编辑器"，它是把 HTML 代码编辑工作简化的一种工具，主要适用于手工编写 HTML 代码的场合。常见的"HTML 编辑器"包括 HomeSite，Hotdog Pro，BBEdit（用于 Macintosh）等，读者可以到 http://www.zdnet.com.cn/download 上"Web 开发"中的"HTML 编辑器"类别中下载该类软件。

第二类工具叫做"所见即所得的网页编辑器"，它是把 HTML 代码编辑工作用可视化的方式实现的一种工具，这是目前应用最广泛的一种网页制作工具。最常见的两种"所见即所得的网页编辑器"是 Dreamweaver 和 FrontPage，本书将在第 9 章介绍如何使用 Dreamweaver

制作网页。

　　2.　网页制作辅助工具

　　根据日常浏览网页的经验就可以知道，要显示一个网页，光有 HTML 代码还不够。我们一般看到的网页中还包括各种多媒体的内容，例如图片、Flash 动画等，这些内容在网页中是用 HTML 代码来引用的，它们对应于实际的文件，例如，.jpg 表示是图片文件，.swf 表示是 Flash 动画。在网页制作过程中，这些多媒体的内容有时被称为"素材"，它们也是网站的必要组成部分。

　　素材处理与创作工具可以简单分为以下几类：图像浏览与处理软件、矢量图创作工具、多媒体制作工具和特效制作工具。

　　最常用的图像浏览工具是 ACDSee，它能帮助用户快速查看图像效果。常用的图像处理软件包括 Photoshop，Fireworks 和 PhotoImpact，这些软件能够对位图图像进行处理和加工，从而使得图像更适合网页使用。本书第 3 章将介绍如何使用 Fireworks 对图像进行基本的处理。

　　常用的矢量图制作工具包括 FreeHand，Illustrator 和 CorelDraw 等，这些软件能够用来绘制和处理矢量图，例如，直接用绘图笔或鼠标创作漫画等。有关矢量图的概念，请参见本书第 3 章。

　　常用的多媒体制作工具包括 Flash，Director 和 Authorware 等，这些软件能够用来创作各种多媒体对象，例如，使用 Flash 制作多媒体广告，使用 Authorware 制作网络多媒体学习课件等。本书第 5 章将介绍如何使用 Flash 制作动画。

　　特效制作工具覆盖的范围很广泛，各种用于制作文字特效、图像特效和应用程序特效的软件都属于此类。很多特效都可以用于网页，从而增强网页的视觉效果或功能。常用的特效制作工具有 Java 特效工具 Anfy、三维特效工具 Cool 3D 等。

1.2　创建网页

　　本节开始介绍 HTML 的基本语法和网页中最基本的几个标记符，并相继介绍创建网页时需要考虑的一些基本问题，包括添加注释、表示特殊字符等。

1.2.1　标记符基础

　　如前所述，HTML 是影响网页内容显示格式的标记符集合，浏览器根据标记符决定网页的实际显示效果。

　　1.　基本的 HTML 语法

　　HTML 的语法比较简单，即使没有任何计算机语言（如 C 语言、BASIC 语言等）的基础也很容易学。在 HTML 中，所有的标记符都用尖括号（大于号和小于号）括起来。例如，<HTML>表示 HTML 标记符。某些标记符，如换行标记符
，只要求单一标记符号，但绝大多数标记符都是成对出现的，包括开始标记符和结束标记符。开始标记符和相应的结束标记符定义了标记符所影响的范围。结束标记符与开始标记符的区别是结束标记符在小于号之后有一条斜线。例如：

<H1>这里是标题</H1>

将以"标题1"格式显示文字"这里是标题"，而不影响开始标记符和结束标记符以外的其他文字。

说明：HTML 标记符是不区分大小写的，也就是说，
、
和
都是一样的。但通常约定使用大写标记符，这有利于 HTML 文档的维护。

2．标记符的属性

对于许多标记符，还包括一些属性，以便对标记符作用的内容进行更详细的控制。实际上，有关 HTML 语法的讲解主要就是对各种标记符和相应的属性进行讲解。

说明：属性是用来描述对象特征的特性。例如，一个人的身高、体重和性别就是人这个对象的属性；而一个学生的学号、年级、专业等则是学生这个对象的属性。

在 HTML 中，所有的属性都放置在开始标记符的尖括号里，属性与标记符之间用空格分隔；属性的值放在相应属性之后，用等号分隔，并且一般用双引号包括（双引号必须成对出现）；而不同的属性之间用空格分隔。例如，可以用字体标记符的字号属性指定文字的大小，并用颜色属性指定文字的颜色，HTML 如下：

<FONT size="1" color="green">本行字将以较小字体显示</FONT>

说明：HTML 属性通常也不区分大小写，因此本书均使用小写字母表示属性。另外，属性的取值也可以不用双引号包括，但使用双引号是个良好的习惯（参见第 8 章中有关 XHTML 的论述）。

注意：HTML 标记符和属性中的<、>、" "等字符都是英文字符，而不是中文字符。

1.2.2　网页的基本结构

一个网页实际上对应于一个 HTML 文件，通常以.htm 或.html 为扩展名。任何 HTML 文档都包含的基本标记符包括 HTML 标记符<HTML>和</HTML>、首部标记符<HEAD>和</HEAD>以及正文标记符<BODY>和</BODY>。

1．HTML 标记符

<HTML>和</HTML>是网页的第一个和最后一个标记符，网页的其他所有内容都位于这两个标记符之间。这两个标记符告诉浏览器或其他阅读该页的程序，此文件是一个网页。

虽然 HTML 标记符的开始标记符和结束标记符都可以省略（因为.htm 或.html 扩展名已经告诉浏览器该文档为 HTML 文档），但为了保持完整的网页结构，建议包含该标记。另外，HTML 标记符通常不包含任何属性。

说明：在 HTML 文档中，某些标记符的开始标记符和结束标记符都可以省略，某些标记符的结束标记符可以省略，而有些标记符则既不能省略开始标记符也不能省略结束标记符。有关标记符省略的情况，请参见附录 3 中的说明。

2．首部标记符

首部标记符<HEAD>和</HEAD>位于网页的开头，其中不包括网页的任何实际内容，而是提供一些与网页有关的特定信息。例如，可以在首部标记符中设置网页的标题、定义样式表、插入脚本等。

首部标记符中的内容也用相应的标记符括起来。例如，样式表（CSS）定义位于<STYLE>和</STYLE>之间；脚本定义位于<SCRIPT>和</SCRIPT>之间。

（1）TITLE 标记符

在首部标记符中，最基本、最常用的标记符是标题标记符<TITLE>和</TITLE>，用于定义网页的标题，它告诉浏览者当前访问的页面是关于什么内容的。网页标题可被浏览器用做书签和收藏清单。当网页在浏览器中显示时，网页标题将在浏览器窗口的标题栏中显示。由于网页标题一般是浏览者最先看到的部分，因此它要一目了然地告诉浏览者有关当前网页的信息。设置网页标题时必须采用有意义的内容，例如"新浪首页"，而不是用一个泛泛的内容作为标题，例如"首页"。

例如，以下 HTML 代码在浏览器中的显示如图 1-7 所示。

<HTML>
<HEAD>
　<TITLE>这里是网页标题</TITLE>
</HEAD>
<BODY>请看浏览器的标题栏。</BODY>
</HTML>

图 1-7　TITLE 标记符的效果

注意：在本书的 HTML 代码中，使用黑体的内容是需要引起读者注意的部分。实际上，HTML 文件相当于文本文件，不包含任何字符格式设置。

（2）META 标记符

在首部标记符中另外一个比较常用的标记符是 META，它用于说明与网页有关的信息（meta 这个单词是"元"的意思，表示关于信息的信息）。例如，可以说明文件创作工具、文件作者等信息。

META 标记符的常用属性包括 name，http-equiv 和 content。其中，name 属性给出特性名；而 content 属性给出特性值；http-equiv 属性指定 HTTP 响应名称，通常用于替换 name 属性，HTTP 服务器使用该属性值为 HTTP 响应消息头收集信息。

说明：HTTP 是 HyperText Transfer Protocol（超文本传输协议）的缩写，它是 Internet 上最常用的协议之一。

例如：

● <META name="generator" content="microsoft frontpage 4.0">说明用于编辑当前网页的

工具是 FrontPage；

- <META name="keywords" content="网页制作，HTML，CSS">说明当前网页中的关键词有"网页制作"、"HTML"和"CSS"；
- <META name="description" content="网页爱好制作者的家，各种网页制作工具的介绍">对当前网页进行了描述；
- <META http-equiv="Content-Script-Type" content="text/javascript">设置客户端行内程序的语言是 JavaScript；
- <META http-equiv="Content-Style-Type" content="text/css">设置行内样式的样式语言为 CSS。

说明：由于搜索引擎（例如：Google、"百度"等）会自动查找网页的 META 值来给网页分类，因此要提高网页被搜索引擎检索上的几率，可以给每个关键网页都设置 Description（站点在引擎上的描述）和 Keywords（搜索引擎籍以分类的关键词）。

（3）BGSOUND 标记符

Internet Explorer 还支持另外一个用于头部的标记符——BGSOUND，它可用于指定网页的背景音乐。

BGSOUND 标记符只有开始标记符，没有结束标记符。它的基本属性是 src，用于指定背景音乐的源文件。另外一个常用属性是 loop，用于指定背景音乐重复的次数，如果不指定该属性，则背景音乐无限循环。

例如，以下语句将使网页播放"canyon.mid"作为背景音乐，并且在播放一次后结束：

<BGSOUND src="canyon.mid" loop="1">

注意：BGSOUND 标记符必须位于 HEAD 标记符内，并且 src 所指定的文件必须存在。例如，在刚才的语句中，必须使 canyon.mid 这个文件位于网页所在的目录，才能正确地播放背景音乐。

网页背景音乐的文件格式一般可以是.wav，.mid 或.mp3。绝大多数情况下，背景音乐采用.mid 格式，因为该格式的文件一般较小。

需要特别强调的是，绝大多数的网页都不适合使用背景音乐，因为它会干扰浏览者。所以，除非能够确信背景音乐会被绝大多数浏览者接受并喜爱，最好不要使用。

3. 正文标记符

正文标记符<BODY>和</BODY>包含网页的具体内容，包括文字、图形、超链接以及其他各种 HTML 对象。

如果没有其他标记符修饰，正文标记符中的文字将以无格式的形式显示（如果浏览器窗口显示不下，则自动换行）。

例如，以下 HTML 代码在浏览器中的显示如图 1-8 所示。

<HTML>

<HEAD> <TITLE>正文标记符中的内容没有格式</TITLE></HEAD>

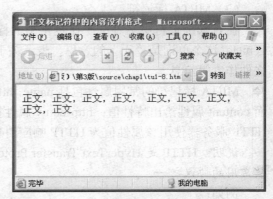

图 1-8 BODY 标记符中的正文

```
<BODY>
    正文，正文，正文，正文，
    正文，正文，正文，
    正文，正文
</BODY>
</HTML>
```

注意：空格、回车这些格式控制在显示时都不起作用，如要使它们起作用，应使用预格式化标记符<PRE>和</PRE>将需要采用原始格式的内容包含起来。

1.2.3　设置页面属性

正文标记符包括一些常用属性，可以用于设置网页背景颜色和图案，以及设置文档中文字和超链接的颜色。

1. 设置页面背景颜色

在<BODY>标记符中使用 bgcolor 属性可以为网页设置背景颜色。例如，如果想为网页设置黑色背景，应使用以下 HTML 语句：

<BODY bgcolor="black">

在指定背景颜色时，有 16 种标准颜色可供选择，如表 1-1 所示。

表 1-1　　　　　　　　　　　　　　　16 种标准颜色

色　彩　名	十六进制值	色　彩　名	十六进制值
Aqua（水蓝色）	#00FFFF	Navy（藏青色）	#000080
Black（黑色）	#000000	Olive（茶青色）	#808000
Blue（蓝色）	#0000FF	Purple（紫色）	#800080
Fuchsia（樱桃色）	#FF00FF	Red（红色）	#FF0000
Gray（灰色）	#808080	Silver（银色）	#C0C0C0
Green（绿色）	#008000	Teal（茶色）	#008080
Lime（石灰色）	#00FF00	White（白色）	#FFFFFF
Maroon（褐红色）	#800000	Yellow（黄色）	#FFFF00

注：Aqua 也称 Cyan；Fuchsia 也称 Magenta。

在 HTML 中，除了使用颜色名称以外，还可以用格式#RRGGBB 来表示颜色。其中，RR，GG，BB 分别表示红、绿、蓝成分的两位十六进制值。也就是说，可以通过指定颜色的红、绿、蓝含量来自定义一种颜色。读者可以参见附录 1，以了解常用的 HTML 颜色。

说明：所谓十六进制是一种特殊的数制，它以 16 为进位单位（通常的十进制是以 10 为进位单位）。大于 10 的数分别以 A，B，C，D，E，F 表示，对应于十进制的 11～15，到 16 则进位，表示为 10，依此类推。例如，1F 对应于十进制的 31（1×16+F×1），FF 对应于十进制的 255（F×16+F×1）。

使用 RGB 表示颜色时，FF 表示包含 100%的该种颜色；B0 表示包含 75%的该种颜色；

80 表示包含 50%的该种颜色；40 表示包含 25%亮度的该种颜色；00 则表示不包含该种颜色。例如，#FF0000 表示高亮的红色；#8000B0 表示浅蓝紫色；#808080 表示灰色。

说明：由于不同计算机能够显示的颜色数不同（有的可以显示包含几百万种颜色的真彩色，有的却只能显示 16 色），所以设置背景颜色时应考虑到不同情况下的显示效果。

2. 设置页面背景图像

单纯使用一种颜色作为背景有时会显得单调，网页设计者也可选择特定图案作为页面的背景——使用 BODY 标记符的 background 属性即可。HTML 语句为

<BODY background = "网页背景图案的地址">

使用背景图案时，如果图案小于浏览器窗口的大小，则浏览器会自动像铺地板砖一样平铺背景图案。例如，以下代码显示了设置背景图案的效果，如图 1-9 所示。

```
<HTML>
<HEAD> <TITLE>背景图案示例</TITLE></HEAD>
<BODY background="background.jpg">    背景图案示例    </BODY>
</HTML>
```

背景图片

设置为背景时的效果

图 1-9　背景图案示例

注意：如果要使以上代码正确工作，必须在网页所在目录包含 background.jpg 文件。另外，网页的背景图像最好使用颜色较淡的图案，一般不要使用会干扰正文内容显示的颜色鲜艳的图像。

用户也可以同时设置网页的背景图案和背景色，在这种情况下，只有在浏览器不能显示图像时才显示背景色。例如，如果用户将浏览器设置为不显示图像（选择"工具"菜单中的"Internet 选项"命令，然后选择"Internet 选项"对话框的"高级"选项卡，在"多媒体"选项区中设置），那么给网页设置的背景图案将不显示，而是显示背景颜色。

3. 设置背景图像水印效果

IE 还支持 BODY 标记符的另外一个属性——bgproperties，该属性可以设置背景图案的水印效果。如果将 bgproperties 的值设置为 fixed，则设置的背景图案将不随着滚动条的滚动而滚动。

例如，如果使用以下代码，则背景图案将具有水印效果：

<BODY background="background.jpg" bgproperties="fixed">

注意：只有当页面内容较多，浏览器窗口出现了垂直滚动条时才能看出水印效果与普通背景图案效果的区别。

4. 设置文字和超链接的颜色

在设置了背景图案或背景颜色后，常常需要更改正文字符和超链接的颜色，以便与背景相适应。例如，在将背景设置为深色图案或颜色时，就需要将正文颜色和超链接颜色设置为浅色。

设置正文和超链接颜色时，可以使用 BODY 标记符的 text，link，vlink 和 alink 属性。其中，text 属性用于设置正文的颜色；link 属性用于设置未被访问的超链接的颜色；vlink 用于设置已被访问过的超链接的颜色；alink 用于设置活动超链接（即当前选定的超链接）的颜色。

例如，以下 HTML 语句将在黑色背景下显示白色字符，同时用不同程度的灰色显示不同状态的超链接：

<BODY　bgcolor="#000000"　text="#FFFFFF"　link="#999999"　vlink="#cccccc"　alink="#666666">

说明：如果要查看这些选项的效果，应在网页中包含超链接，并且使它们处于不同的状态。有关设置超链接的内容，请参见本书第 2 章。

如果不在 BODY 标记符中设置背景以及字符和超链接的颜色，则浏览器将采用默认的设置。大多数浏览器使用白色作为默认的 bgcolor，黑色作为默认的 text 色，蓝色作为默认的 link 色，紫色作为默认的 vlink 色，红色作为默认的 alink 色。

1.2.4　添加注释

不论是编写程序还是制作网页，为所做的工作添加注释都是一种良好的工作习惯。实际上，添加注释是任何程序开发工作必须遵循的规范之一。

由于网站经常需要更新，因此创建的网页必须易于维护，而添加注释是增强文档可读性的重要手段。

HTML 的注释由开始标记符<!--和结束标记符-->构成，可以放在网页中的任何位置。这两个标记符之间的任何内容都将被浏览器解释为注释，而不在浏览器中显示。

例如，以下 HTML 代码在浏览器中的显示如图 1-10 所示。

```
<HTML>
  <HEAD>
    <TITLE>
        注释不在浏览器中显示
    </TITLE>
  </HEAD>
  <BODY>正文，正文，正文</BODY>
  <!--本行内容并不在浏览器中显示! -->
</HTML>
```

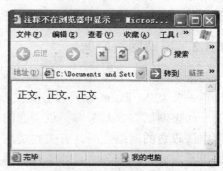

图 1-10　注释不在网页中显示

1.2.5　显示特殊字符

如果用户需要在网页中显示某些特殊字符，例如<、>等与 HTML 语法冲突的符号（浏览器会自动将<号后的内容解释为 HTML 标记符），或者×、Σ、±等无法直接用键盘输入的符号，则需使用参考字符来表示，而不能直接输入。

参考字符以"&"号开始，以";"结束，既可以使用数字代码，也可以使用代码名称。最常见的参考字符有：<表示为<，>表示为>，&表示为&，空格表示为 ，有关参考字符完整的编码，请参见附录 2。

注意：与 HTML 标记符不同，字符代码名称区分大小写。

例如，要在网页中显示内容"<Tom & Jerry> is a popular VCD program."，则需使用参考字符。

HTML 代码如下，在浏览器中的显示如图 1-11 所示。

```
<HTML>
    <HEAD> <TITLE>参考字符示例</TITLE>
</HEAD>
    <BODY> &lt;Tom &amp; Jerry&gt; is a
popular VCD program. </BODY>
    </HTML>
```

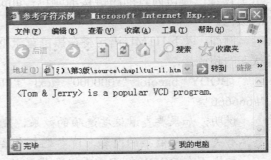

图 1-11　考字符示例

1.3　发布网页

用户创建了网页之后，通常可以直接将其保存在硬盘、软盘或光盘上，作为一种电子文档；也可以将其发布到 Internet 上，以便让全世界的浏览者都能够进行浏览。本节介绍如何将自己的网页发布到 Internet 上，从而使自己的个人站点成为 WWW 的一部分。

1.3.1　创建本地站点

首先应使用本书中介绍的方法创建出一个完整的网站，将其保存在本地硬盘上，注意应包括用到的所有文件（例如图片文件、多媒体文件等）。这个本地站点实际上就是本地硬盘上的一个文件夹，以后所有的操作都在这个文件夹内进行。

1.3.2　申请网页空间

由于网站位于 Web 服务器端，因此要在 Internet 上发布网页，首先应该在某些网站（通常是一些 ISP，即 Internet 服务提供商）上申请网站空间以存放自己的网页。

如果网站需要服务器提供全面的服务，例如执行服务端程序、获取数据库信息等，那么应申请收费的网站空间。有关收费网站空间的详细信息，可以在提供该服务的网站中查询。如果不需要特殊服务，只要求存放网页，也可以申请免费的网站空间（可使用"免费网站空间"或"免费主页空间"作为关键字在搜索引擎查找提供该服务的网站，或者使用分类目录网站（例如"雅虎"）进行分级查找）。

在申请网站空间时，相应的 ISP 会使用电子邮件提供给用户上传网页时的信息，主要包括 FTP 主机地址、用户名、用户密码以及域名。

1.3.3　用 FTP 上传网页

申请了免费网页空间之后，需要用 FTP 的方式将网页上传到服务器上，才能让别人通过 Internet 浏览自己的网站。上传时通常可以使用一些 FTP 软件，下面以最常用的 CuteFTP 为例简要说明上传网页的过程。

注意：对于不同版本的 CuteFTP，操作过程略有不同，但基本选项是相同的。下面以 CuteFTP 5.0 XP 中文版为例进行介绍。

首先应在计算机上安装 CuteFTP（如果没有该软件，可以去一些下载软件的网站进行下载，或者直接到 www.cuteftp.com 去下载），然后通过以下步骤上传网页。

（1）启动 CuteFTP，此时系统自动打开"站点设置"对话框（也可以选择"文件"菜单中的"站点管理器"命令），此时按照图 1-12 所示建立一个新站点。

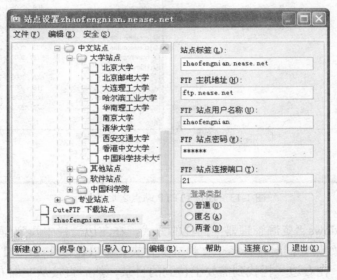

图 1-12　设置 FTP 站点选项

在该对话框的右半部分需要设置以下信息。

- "站点标签"：此选项用于标识所建立的 FTP 站点，可以使用任何自己想要的名称，例如 MyHomesite。
- "FTP 主机地址"：此选项为 Web 服务器的 FTP 地址，通常在申请网页空间时可以获得。例如，网易个人主页的 FTP 地址是 ftp.nease.net。
- "FTP 站点用户名称"：此选项为 Web 服务器分配给用户的用户名称，也是在申请网页空间时获得的。
- "FTP 站点密码"：此选项为对应于用户名的用户口令（密码），也是在申请网页空间时获得的。
- "FTP 站点连接端口"：此选项为连接 FTP 站点时使用的端口，通常使用默认值 21 即可。

（2）正确地填写了这些选项后，单击"连接"按钮连接站点（当然事先必须已经连接到 Internet 上）。

（3）如果连接正常，则 CuteFTP 的主窗口显示如图 1-13 所示。上面一个窗格中显示的是命令列表，左边一栏是本机中的文件列表，右边一栏是 FTP 服务器上的文件列表，最下面的窗格是任务列表。

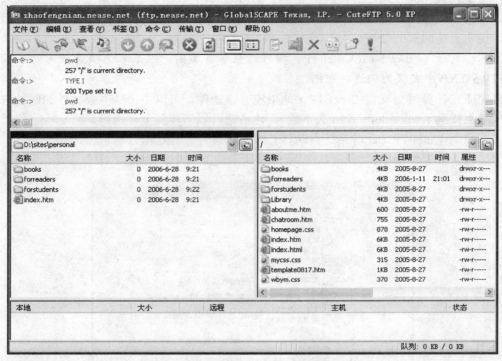

图 1-13　连接到 FTP 站点之后的显示

（4）用与 Windows "资源管理器"同样的方式，在左边一栏中找到需要上传的文件或文件夹，将其选中（如果要同时选择多个文件或文件夹，可以在按住【Ctrl】键或【Shift】键的同时用鼠标选取），在右边一栏找到需要上传到的目录，然后直接从左向右拖曳即可。

说明：除了基本的上传功能以外，使用 CuteFTP 还可以对 FTP 站点上的内容进行管理，例如，删除不需要的文件、建立文件夹、重命名文件等——这些操作都与资源管理器的用法类似，请读者自行尝试。

（5）将文件上传到指定位置之后，通常可以立即在浏览器中查看刚装入的网页（使用申请网站空间时 ISP 提供的域名）。以后如果需要更新，则用同样的方式上传即可，已存在的同名文件会被覆盖。

练　习　题

1. 简要说明 HTML 的基本工作原理。

2．编写一个能够显示背景图案并能播放背景音乐的网页。

3．编写一个显示为图 1-14 所示的页面。

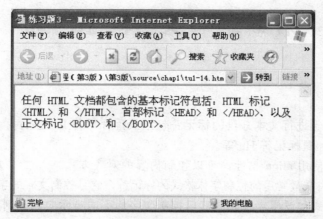

图 1-14　练习题 3

第 2 章 文 本 格 式

本章提要:

- HTML 中用于进行文本分段的标记符包括段落标记符 P、换行标记符 BR、水平线标记符 HR、标题标记符 Hn 等。
- 在标记符中使用 align 属性,可以控制内容的对齐方式。
- FONT 标记符是最常用的控制字体格式的标记符,它可控制文字的字号、颜色以及字体。
- 物理字符样式和逻辑字符样式可以控制文字的不同显示效果,例如设置粗体、斜体、等宽字体等。
- MARQUEE 标记符可用于创建滚动文字效果。
- OL 和 LI 标记符结合,可以创建有序列表; UL 和 LI 标记符结合,可以创建无序列表。
- 在网页中创建超链接需要使用 A 标记符,通过为该标记符的 href 属性指定不同的值,可以创建出页面链接、锚点链接、电子邮件链接等不同类型的超链接。

2.1 文本分段

本节介绍在 HTML 文档中如何对段落进行控制,包括使用段落标记符 P、换行标记符 BR、水平线标记符 HR、标题标记符 Hn、用于设置段落对齐的 align 属性、DIV 标记符以及 CENTER 标记符。

2.1.1 段落标记符 P 和换行标记符 BR

在第 1 章中我们已经了解到,正文标记符 BODY 内的文字是以无格式的方式进行显示,只有当浏览器窗口显示不下时才自动换行。那么,如果要将文字划分为段落,应该使用什么标记符呢?

根据不同的情况,可以选择两种标记符控制段落的换行——P 标记符和 BR 标记符。P 标记符用于将文档划分为段落,包括开始标记符<P>和结束标记符</P>,其中结束标记符通常可省略。而 BR 标记符用于在文档中强制断行,它只有一个单独的标记符
,没有结束标记符。P 标记符与 BR 标记符的区别在于,前者是将文本划分为段落,而后者是在同一个段落中强制断行。

以下 HTML 代码显示了 P 和 BR 标记符的用法,效果如图 2-1 所示。

```
<HTML>
  <HEAD>
    <TITLE>&lt; P&gt; 与&lt; BR&gt; 的用法</TITLE>
```

```
</HEAD>
<BODY>
<P>第一段
<P>第二段，用&lt；BR&gt；标记符控制断行<BR>
仍然为第二段，但此行已经断开
<P>第三段
<P>第四段，多个&lt；P&gt；标记符并没有起到产生多个空行的效果<P><P><P><P>
但多个&lt；BR&gt；标记符可以产生多个空行效果<BR><BR><BR><BR>
<P>此为最后一段
</BODY>
</HTML>
```

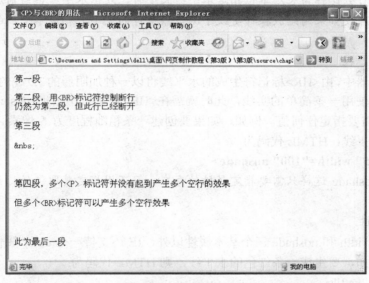

图 2-1　P 与 BR 的用法

说明：可以看出，多个<P>标记并不能产生多个空行，但多个
标记则能达到该效果。因此，有时可以用
标记符进行内容之间空白的设置。另外，如果要使用<P>标记符设置空白，则应将空格作为段落的内容，即使用<P> （ ；是表示空格的参考字符），请读者自行尝试该效果。

2.1.2　水平线标记符 HR

除了可以用 P 标记符划分段落以外，在 HTML 中还可以用添加水平线的方法分隔文档的不同部分。使用水平线将文档划分为不同的区块是一种很好的风格。

添加水平线的标记符为 HR，它与 BR 类似，只有开始标记符<HR>，没有结束标记符。HR 标记符包括 size，width，noshade 和 color 等属性。

1．size 属性

在 HTML 中，网页设计者可以通过 size 属性改变水平线的粗细程度。size 属性可以设置成一个整数，它表示以像素（pixel）为单位的该线的粗细程度，粗细程度的默认值是 2。

说明：像素是常见的用于显示系统（如电视屏幕、计算机显示器等）的计量单位，通常表示一定大小的点。

例如，要在文档中包含一条粗细程度为 1 像素的细线，则需将<HR>替换为**<HR size="1">**。

2. width 属性

HR 标记符的 width 属性可用来设置水平线的长度，width 的取值既可以是像素长度，也可以是该线所占浏览器窗口宽度的百分比长度。

例如，要生成一条 100 像素长的水平线，HTML 代码为：**<HR width="100">**。如果想将这个长度改成横跨 60%的屏幕，则代码为：**<HR width="60%">**。请注意在 60%前后要使用引号，以确保浏览器不会将该百分比同数字混淆。

说明：使用百分比作为长度单位指定水平线长度时，表示水平线占当前浏览器窗口宽度的百分比，这样即使如果用缩放操作更改了浏览器窗口的大小，相应水平线的长度也会随之改变。

3. noshade 属性

在多数浏览器中，由<HR>标记符生成的水平线将以一种加阴影的 3D 线的形式显示出来。但有时我们宁愿使用一条简单的实线，此时就需在<HR>标记符中增加 noshade 属性，注意 noshade 属性不需要指定任何值。例如，如果要创建一条粗细程度为 5 像素、长度为 100 像素的一条实心水平线，HTML 代码为

<HR size="5" width="100" noshade>

说明：像 noshade 这样只需要指定属性的存在，而不用指定其取值的标记符属性称为布尔属性。

4. color 属性

除了 size，width 和 noshade 三个基本属性以外，IE 还支持一个 color 属性，用于控制水平线的颜色。例如，要生成一条红色的水平线，则 HTML 代码为

<HR color="red">

同样，color 属性的取值与第 1 章介绍的 bgcolor 一样，既可以用颜色名称，也可以用十六进制表示的 RRGGBB 值。

以下 HTML 代码显示了如何用 HR 标记符的各种属性控制水平线的显示，效果如图 2-2 所示。

<HTML>
  <HEAD>
    <TITLE>水平线效果</TITLE>
  </HEAD>
  <BODY>
以下是默认水平线：**<HR>**
以下是粗为 5 像素的水平线：**<HR size="5">**
以下是长度为 100 像素的水平线：**<HR width="100">**
以下是长度为屏幕宽度 50%的水平线：**<HR width="50%">**

以下是粗为 5 像素的实心水平线：**<HR size="5" noshade>**

以下是红色的水平线：**<HR color="red">**

</BODY>

</HTML>

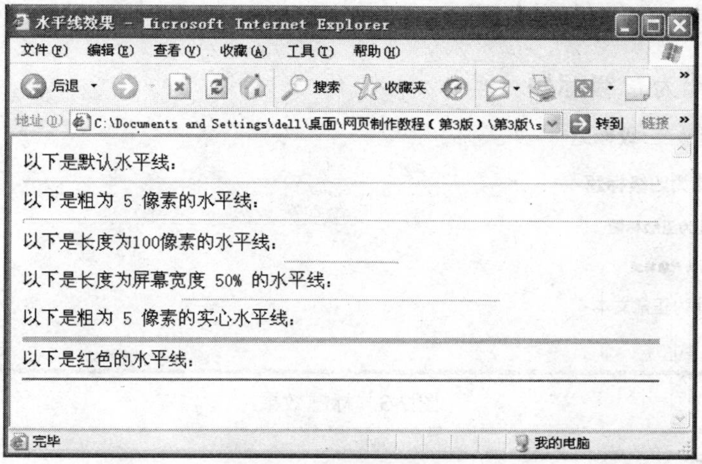

图 2-2　水平线效果

2.1.3　标题标记符 Hn

在 HTML 中，用户可以通过 Hn 标记符来标识文档中的标题和副标题，其中 n 是 1～6 的数字；<H1>表示最大的标题，<H6>表示最小的标题。使用标题样式时，必须使用结束标记符。

注意：此处的"标题"对应的英文单词是 heading，表示文档内容的标题，它不同于 HEAD 标记符中的 TITLE 标记符（表示整个文档的标题）。

例如，以下 HTML 代码显示了 1～6 级标题的效果，如图 2-3 所示。

<HTML>

<HEAD><TITLE>标题效果</TITLE></HEAD>

<BODY>

　　　<H1>此为一级标题**</H1>**

　　　<H2>此为二级标题**</H2>**

　　　<H3>此为三级标题**</H3>**

　　　<H4>此为四级标题**</H4>**

　　　<H5>此为五级标题**</H5>**

　　　<H6>此为六级标题**</H6>**

　　　<P>此为正常文本</P>

</BODY>

</HTML>

可以看出，浏览器在解释标题标记符时，会自动改变文本的大小并将字体设为黑体，同时自动将内容设置为一个段落。注意：由于搜索引擎经常也用标题来对文档进行搜索，因此不要使用标题标记符来单独进行文字修饰，而应该确实把它用做文档的标题。

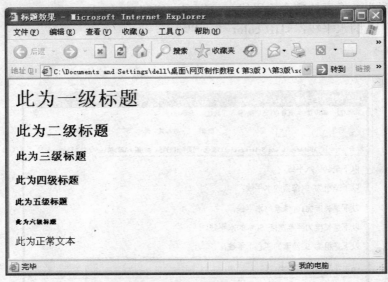

图 2-3　标题效果

2.1.4　段落对齐

段落对齐是一种最常见的段落格式，例如，可以将一级标题用居中对齐方式显示，而将地址信息用右对齐方式显示。在 HTML 中，一般使用标记符的 align 属性设置段落对齐方式。

1．align 属性

align 属性用于设置段落的对齐格式，其常见取值包括 right（右对齐）、left（左对齐）、center（居中对齐）和 justify（两端对齐）。

说明：两端对齐是指将一行中的文本在排满的情况下向左右页边对齐，从而保证不会在左右页边出现类似"锯齿"的形状，该对齐方式通常用于出版物。由于绝大多数浏览器目前均不支持 justify 属性值，因此在网页制作时通常不使用该值。

align 属性可应用于多种标记符，例如前面介绍的 P，Hn，HR 等。以下 HTML 代码显示了 align 属性的效果，如图 2-4 所示。

```
<HTML>
<HEAD><TITLE>使用 align 属性</TITLE></HEAD>
<BODY>
    <P>本行为默认对齐的段落，相当于 align="left"
    <P align="center">本行为居中对齐的段落
    <P align="right">本行为右对齐的段落
    <H1 align="center">本行为居中对齐的一级标题</H1>
    以下为左对齐的水平线：
    <HR align="left" width="50%">
</BODY>
</HTML>
```

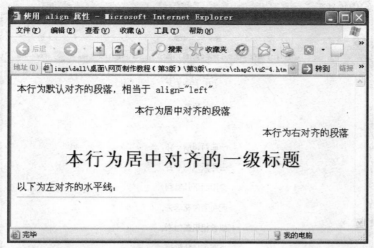

图 2-4 使用 align 属性

注意：对于不同的标记符，默认的 align 属性值不同。P 和 Hn 标记符的默认 align 属性值是 left，而 HR 标记符的默认 align 属性值是 center。

2. DIV 标记符与 CENTER 标记符

如果需要将多个段落使用相同的对齐方式，那么可以不必在每个段落中设置 align 属性，而是使用 DIV 标记符将所有段落包括起来，然后在 DIV 标记符中设置 align 属性。例如，以下 HTML 代码将多个段落的内容都设置为居中对齐，效果如图 2-5 所示。

<HTML>

<HEAD><TITLE>使用 DIV 标记符</TITLE></HEAD>

<BODY>

<DIV align="center">

  <H1>浣溪沙</H1>

  <H4>晏殊</H4>

  <HR width="400">

  <P>一曲新词酒一杯，</P>

  <P>去年天气旧亭台，</P>

  <P>夕阳西下几时回？</P>

  <P>无可奈何花落去，</P>

  <P>似曾相识燕归来，</P>

  <P>小园香径独徘徊。</P>

</DIV>

</BODY>

</HTML>

实际上，DIV 标记符是用于为文档分节的标记符，它包括开始标记符<DIV>和结束标记符</DIV>。位于 DIV 标记符中的多段文本将被认为是一个节,可为它们设置一致的对齐格式。与 DIV 标记符类似的一个标记符是 SPAN 标记符，也包括开始标记符<SPAN>和结束标记符

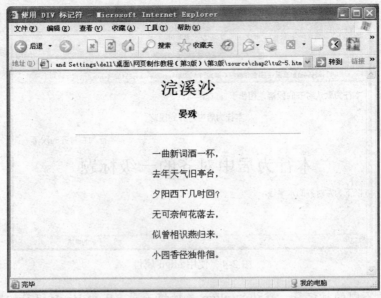

图 2-5　使用 DIV 标记符

</SPAN>，用于在行内控制特定内容的显示。例如，如果要为一行内的某几个文字指定特殊的格式，可以使用 SPAN 标记符将这几个文字包围起来，然后控制其字符格式。DIV 与 SPAN 的本质区别是：前者用于包含段落这样的整体元素，而后者用于包括具体文字这样的局部元素。

说明：DIV 和 SPAN 标记符主要用于 CSS 样式表，有关信息请参见本书第 6 章。

如果要将多段文档内容居中，除了使用 DIV 标记符以外，还可使用 CENTER 标记符，方法为：将需居中的内容置于<CENTER>和</CENTER>之间。实际上，使用<CENTER></CENTER>标记符和使用<DIV align="center"> </DIV>标记符的效果完全相同，不过前者是过时了的用法，因此建议使用后者。

3．格式的嵌套

在说明段落对齐时，大家可能会想到：既然有多种方式可以设置对齐，那么如果这些设置互相冲突，HTML 将如何处理呢？例如，在<DIV>标记符中设置了居中对齐，而在<DIV>和</DIV>标记符中的<P>标记符中又设置了右对齐，结果会如何？

这实际上涉及格式嵌套的问题，也就是说，要考虑当不同的格式设置作用于同一段内容时 HTML 的处理方式。

通常的原则如下。

（1）如果所设置的格式是相容的，则取格式叠加的效果。例如，如果为一段文字同时设置了粗体和斜体格式，则该段文字将以粗斜体显示。

（2）如果所设置的格式是冲突的，则取最近样式符的修饰效果。例如，如果同时在不同标记符中设置了段落对齐方式，那么相应内容的对齐方式以最近的标记符为准。

例如，以下 HTML 代码可以说明浏览器如何解释格式嵌套，效果如图 2-6 所示。

<HTML>
<HEAD><TITLE>格式嵌套示例</TITLE></HEAD>

```
<BODY>
<DIV align="center">
本行使用&lt；DIV align=&quot；center&quot；&gt；对齐
<P align="right">本行的对齐方式被更改了</P>
</DIV>
<P>本行文字显示了如何同时应用<B><I>粗体和斜体</I></B></P>
<!-- B 标记符和 I 标记符将在 2.2.2 节中介绍-->
</BODY>
</HTML>
```

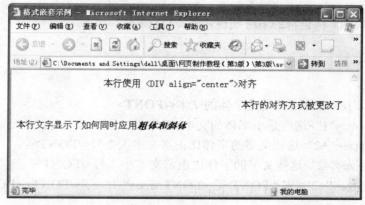

图 2-6　格式嵌套示例

说明：至此为止，我们已经多次见到标记符嵌套的情况，例如 TITLE 标记符嵌套在 HEAD 标记符中，各种用于修饰正文内容的标记符都嵌套在 BODY 标记符中，以及 P 标记符嵌套在 DIV 标记符中等。实际上，多数 HTML 标记符都可以嵌套，嵌套的一条基本原则是：逻辑上范围越大的标记符位于嵌套的越外层。不过这一原则也不是绝对的，因为现在的多数浏览器都可以正确解释逻辑上不合理的嵌套（例如把用于修饰文字的 B 标记符放到修饰段落的 P 标记符之外）。另外，在进行标记符嵌套时，应注意嵌套的层次关系，即不同标记符的开始标记符和结束标记符是嵌套的而不是交错的。例如，<B><I>粗斜体</I></B>和<I><B>粗斜体</B></I>都是正确的，而<B><I>粗斜体</B></I>则是错误的（但一般浏览器都能接受，并且能够正确解释）。

2.2　控制文本的显示效果

本节介绍如何在 HTML 中控制文本的显示效果，内容包括字体控制标记符 FONT、物理字符样式、逻辑字符样式以及滚动字幕标记符 MARQUEE。

2.2.1　字体控制标记符 FONT

FONT 标记符可用于控制字符的样式，包括开始标记符<FONT>和结束标记符</FONT>，并且结束标记符不可省略。FONT 标记符具有 3 个常用的属性：size，color 和 face。

1. size 属性

size 属性也就是字号属性，用于控制文字的大小，它的取值既可以是绝对值，也可以是相对值。

使用绝对数值时，字号属性的值可以为 1～7（3 是默认值），值越大，显示的文字越大。使用相对数值时，可以用+号或−号来指定相对于当前默认值的字号，例如+1 表示比当前默认字号大 1 号。

例如，以下 HTML 代码显示了 size 属性的用法，效果如图 2-7 所示。

```
<HTML>
<HEAD>
  <TITLE>FONT 标记符的 size 属性示例</TITLE>
</HEAD>
<BODY>
<P>正常文本
<P><FONT size="7">这些是大字体的文本</FONT>
<P><FONT size="1">这些是小字体的文本</FONT>
<P><FONT size="+2">这些文字的字体比正常文本大 2 号</FONT>
<P><FONT size="-2">这些文字的字体比正常文本小 2 号</FONT>
<P><FONT size="+2">混</FONT>合<FONT size="-1">字</FONT><FONT size="+3" >体</FONT>大小
</BODY>
</HTML>
```

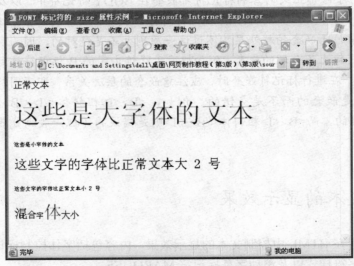

图 2-7 FONT 标记符的 size 属性用法示例

2. color 属性

FONT 标记符的 color 属性可用来控制文字的颜色，属性值可以是颜色名称或十六进制

值。例如，使文字显示为红色的 HTML 代码为

<FONT **color="red"**>本行文字为红色</FONT>

3. face 属性

字体标记符的另外一个属性是 face，用来指定字体样式。字体样式也就是通常所说的"字体"。例如，常用的英文字体有"Times New Roman"，"Arial"等；常用的中文字体有"宋体"、"楷体"等。在编写网页时，通过在 FONT 标记符中指定 face 属性，用户可以指定一个或几个字体名称（用逗号隔开），例如：

<FONT face="楷体_gb2312，黑体，宋体">示例文本</FONT>

当浏览器解释字体标记符的 face 属性时，它尽量使用列表中指定的第一个字体显示标记符内的文字。如果那种字体在浏览器所在的系统中有的话，文字即以该字体显示。如果没有第一种字体，浏览器会尝试使用列表中的下一个字体。这种情况会继续下去，直到找到匹配字体或到达列表的结束。如果找不到匹配字体，浏览器将使用默认字体（默认中文字体是"宋体"，默认英文字体是"Times New Roman"）。

常用的一些中英文字体的示例如图 2-8 所示，相应的 HTML 代码如下：

图 2-8　常用字体示例

```
<HTML>
<HEAD><TITLE>字体示例</TITLE></HEAD>
<BODY>
<DIV align="center">
    <P>以下是常用中文字体：</P>
    <FONT face="宋体">宋体</FONT><BR>
    <FONT face="楷体_GB2312">楷体</FONT><BR>
    <FONT face="黑体">黑体</FONT><BR>
    <FONT face="隶书">隶书</FONT><BR>
    <FONT face="幼圆">幼圆</FONT>
```

<P>以下是常用英文字体：</P>

<FONT face="Times New Roman"> Times New Roman </FONT>

<FONT face="Arial">Arial</FONT>

<FONT face="Arial Black">Arial Black</FONT>

<FONT face="Courtier New">Courtier New</FONT>

<FONT face="Comic Sans MS">Comic Sans MS</FONT>

<FONT face="Verdana">Verdana</FONT>

</DIV>

</BODY>

</HTML>

注意：在网页中使用字体时，应注意采用最常见的字体，如果要用到一些不常用的字体，则应该在 FONT 标记符的 face 属性中指定一个字体列表，以便在某些字体无法显示时，还可以用近似的字体显示。如果网页中需要用某些特殊字体获得一定的视觉效果，则最好的方式是用图形图像处理软件（如 PhotoShop 或 Fireworks 等）将该效果处理为图像，然后以图像的方式插入到网页中。有关插入图像的知识，请参见本书第 3 章。

2.2.2 物理字符样式

所谓物理字符样式，是指标记符本身就说明了所修饰文字的效果的标记符。例如，B 标记符表示粗体，SUB 标记符表示下标——因为 B 是 Bold（粗体）这个单词的首字母，而 SUB 是 subscript（下标）这个单词的前 3 个字母。常用的物理字符样式标记符有：黑体标记 B、斜体标记 I、下划线标记 U 等，如表 2-1 所示。

表 2-1 常用物理字符样式

标 记 符	功 能	标 记 符	功 能
<B></B>	粗体	<STRIKE></STRIKE>	删除线
<BIG></BIG>	大字体	<SUB></SUB>	下标
<I></I>	斜体	<SUP></SUP>	上标
<S></S>	删除线	<TT></TT>	固定宽度字体
<SMALL></SMALL>	小字体	<U></U>	下划线

使用这些物理字符样式时，只需将设置格式的字符括在标记符之间即可。例如，以下 HTML 代码在浏览器中的显示如图 2-9 所示。

<HTML>

<HEAD>

<TITLE>物理字符样式效果示例</TITLE>

</HEAD>

<BODY>

<P><B>此处为粗体显示文本</B>

<P><BIG>此处为大字体文本</BIG>

<P><SMALL>此处为小字体文本</SMALL>

<P><I>此处为斜体文本</I>

<P><TT>此处为等宽字体文本</TT>

<P><U>此处为下划线文本</U>

<P><S>此处为使用&lt；S&gt；标记设置的删除线文本</S>

<P><STRIKE>此处为使用&lt；STRIKE&gt；标记设置的删除线文本</STRIKE>

<P>此处为上标示例：x² + y² = R²

<P>此处为下标示例：H₂SO₄

</BODY>

</HTML>

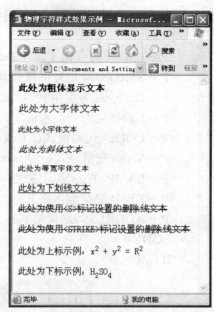

图 2-9 物理字符样式效果

注意：由于下划线效果是超链接的默认效果，所以一般情况下应避免使用下划线标记符，以免造成浏览者的误解。

2.2.3 逻辑字符样式

所谓逻辑字符样式是指标记符本身表示了所修饰效果的逻辑含义。例如，ADDRESS 标记符本身的逻辑意义为"地址"，但并没有说明具体的物理效果。常用的逻辑字符样式如表 2-2 所示。

表 2-2　　　　　　　　　　　　常用逻辑字符样式

标　　记	功　　能
<ADDRESS></ADDRESS>	用于指定网页创建者或维护者的信息，通常显示为斜体
<CITE></CITE>	用于表示文本属于引用，通常显示为斜体
<CODE></CODE>	用于表示程序代码，通常显示为固定宽度字体
<DFN></DFN>	用于表示定义了的术语，通常显示为黑体或斜体
<EM></EM>	用于强调某些字词，通常显示为斜体
<KBD></KBD>	用于表示用户的键盘输入，通常显示为固定宽度字体
<SAMP></SAMP>	用于表示文本样本，通常显示为固定宽度字体
<STRONG></STRONG>	用于特别强调某些字词，通常显示为粗体
<VAR></VAR>	用于表示变量，通常是斜体

使用这些逻辑样式时，也只需将设置格式的字符括在标记符之间即可。例如，以下 HTML 代码在浏览器中的显示如图 2-10 所示。

<HTML>

```
<HEAD><TITLE>HTML 逻辑字符样式</TITLE></HEAD>
<BODY>
  <P><EM>此为强调文本</EM>
  <P><STRONG>此为特别强调文本</STRONG>
  <P><CITE>此为引用文本</CITE>
  <P><DFN>此为一个术语定义</DFN>
  <P><CODE>代码格式：This is an example of code formatting</CODE>
  <P><VAR>变量格式：This is an example of variable formatting</VAR>
  <P><SAMP>样本字符格式：This is a sample of literal characters</SAMP>
  <P><KBD>键盘输入格式：This is an example of keyboard input format</KBD>
  <P><ADDRESS>地址格式：This is an address</ADDRESS>
</BODY>
</HTML>
```

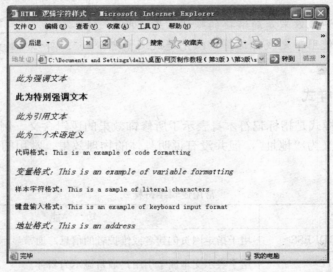

图 2-10　逻辑字符样式

说明：一般情况下，逻辑字符样式都是与 CSS 样式表共同使用，以便指定特定的效果。有关 CSS 样式表的内容，请参见本书第 6 章。

2.2.4　滚动字幕效果

滚动字幕是用于 IE 的一种常用网页效果，它使得位于<MARQUEE>和</MARQUEE>标记符之间的内容可以以滚动的方式显示。

注意：绝大多数情况下，滚动字幕都会干扰浏览者，因此使用时要慎重。

在 MARQUEE 标记符中可以使用以下属性来控制滚动字幕的滚动方式。

● width 和 height：这两个属性定义了滚动字幕滚动区域的宽度和高度，可以用像素数或占浏览器窗口尺寸的百分比表示。默认的宽度值为 100%，默认的高度值取决于当前所用字体。

- align：该属性指定了滚动字幕如何与周围对象对齐。合法值为 left，right，center，top，bottom 和 middle，它们的使用方式与 IMG 标记符中的同名属性完全一样。有关 IMG 标记符的详细信息，请参见本书第 3 章。
- behavior：该属性描述了滚动字幕如何移动。scroll 为默认值，表示文本从一个方向向前滚动直到屏幕外，然后重复；slide 表示文本滚动到另一侧后就停下来；alternate 表示文本在定义的区域内来回交替滚动。
- bgcolor：该属性定义了滚动字幕区域的背景色。
- direction：该属性指定了文本滚动的方向（在 behavior="alternate"的情况下为第一次滚动的方向）。合法值为 left（从右到左）和 right（从左到右），left 为默认值。
- hspace 和 vspace：这两个属性给出了滚动字幕四周水平和垂直方向上的间隙。
- loop：该属性指定了滚动重复的次数。值-1 或 infinite 表示无限制地重复，为默认值。
- scrollamount：该属性指定了文本滚动间的步进像素间距。
- scrolldelay：该属性指定了两次文本重画之间的毫秒延时数。

例如，以下 HTML 代码显示了滚动字幕的效果，如图 2-11 所示。

```
<HTML>
<HEAD><TITLE>滚动字幕示例</TITLE></HEAD>
<BODY>
<DIV align="center">
<MARQUEE bgcolor="#00FFFF" width="500">
<FONT face="楷体_gb2312">哈哈哈，我在滚动！</FONT>
</MARQUEE>
</DIV>
<BR>
<MARQUEE behavior="alternate" >
   <IMG src="barbarian.jpg" align="absmiddle">图像也可以滚动哦！
   <!--有关 IMG 标记符的详细信息，请参见本书第 3 章。-->
</MARQUEE>
<P>
<MARQUEE direction="right" scrollamount="15" >
```

图 2-11　滚动字幕效果

我滚动得很快！
</MARQUEE>
</BODY></HTML>

2.3 列表格式

本节介绍如何在 HTML 中表示各种列表格式，包括两种最常用的列表：有序列表和无序列表。

2.3.1 有序列表

有序列表也称数字式列表，它是一种在各项内容前显示有数字或字母的缩排列表。

1. 创建有序列表

创建有序列表需要使用有序列表标记符 OL 和列表项标记符 LI，其中 LI 标记符的结束标记符可以省略，基本语法如下：

<OL>
　<LI>列表项 1
　<LI>列表项 2
　<LI>列表项 3
</OL>

OL 标记符具有两个常用的属性：type 和 start，分别用来设置数字序列样式和数字序列的起始值。start 属性的值可以是任意整数，type 属性的值如表 2-3 所示。

表 2-3　　　　　　　　　　　　　　　有序列表的 type 属性值

值	含　义
1	阿拉伯数字：1，2，3 等，此选项为默认值
A	大写字母：A，B，C 等
a	小写字母：a，b，c 等
I	大写罗马数字：I，II，III，IV 等
i	小写罗马数字：i，ii，iii，iv 等

当位于 OL 标记符内时，LI 标记符具有两个常用的属性：type 和 value。type 属性用于设置数字样式，取值与 OL 的 type 属性相同；value 属性用于指定一个新的数字序列起始值，以获得非连续性的数字序列。

例如，以下 HTML 代码显示了如何创建不同的有序列表，效果如图 2-12 所示。

<HTML>
<HEAD><TITLE>有序列表示例</TITLE></HEAD>
<BODY>
用大写罗马字母表示的有序列表：

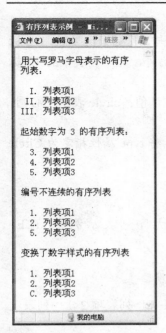

图 2-12 有序列表示例

```
<OL type="I">
    <LI>列表项 1 <LI>列表项 2 <LI>列表项 3
</OL>
起始数字为 3 的有序列表：
<OL start="3">
    <LI>列表项 1 <LI>列表项 2 <LI >列表项 3
</OL>
编号不连续的有序列表
<OL><LI>列表项 1 <LI>列表项 2 <LI value="5">列表项
3</OL>
    变换了数字样式的有序列表
    <OL><LI>列表项 1 <LI>列表项 2 <LI type="A">列表项 3
</OL>
</BODY>
</HTML>
```

说明：创建有序列表时，一般只使用 OL 标记符中的 type 属性，其他用法皆不常用。

2. 有序列表的嵌套

如果用户想用不同层次的编号列表来表示页面内容，那么可以使用嵌套的有序列表。使用嵌套的有序列表时，只需将相关的列表标记符嵌套使用即可。

例如，以下 HTML 代码即显示了一个嵌套的有序列表，效果如图 2-13 所示。

```
<HTML>
<HEAD><TITLE>嵌套的有序列表</TITLE></HEAD>
<BODY>
<H2>嵌套的有序列表</H2>
<OL type="A">
<LI>列表项 1
    <OL> <LI>子列表项 1
        <LI>子列表项 2
        <LI>子列表项 3
    </OL>
<LI>列表项 2
<LI>列表项 3
</OL>
</BODY>
</HTML>
```

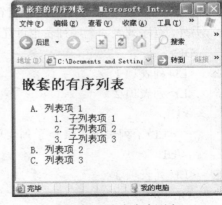

图 2-13 嵌套有序列表

2.3.2 无序列表

无序列表也称强调式列表，它是一种在各项内容前显示有特殊项目符号的缩排列表。

1．创建无序列表

创建无序列表需使用无序列表标记符 UL 和列表项标记符 LI。与 OL 标记符类似，UL 标记符也包含一个 type 属性，用于控制列表项前特殊符号的显示。另外，无序列表中的 LI 标记符也具有 type 属性，可用于控制具体某个项目的项目符号。

无序列表中 type 属性的取值有 3 种——disc 表示实心圆，为默认值；circle 表示空心圆；square 表示实心或空心的方块（取决于浏览器）。

注意：在 IE 中，type 属性的取值是区分大小写的。也就是说，将 type 属性指定为 Circle 是无法获得空心圆项目符号的，必须指定为 circle 才行。

以下 HTML 代码显示了如何创建无序列表，效果如图 2-14 所示。

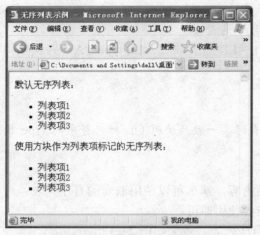

图 2-14　无序列表示例

```
<HTML>
<HEAD><TITLE>无序列表示例</TITLE>
</HEAD>
<BODY>
默认无序列表：
<UL><LI>列表项 1<LI>列表项 2<LI>列表项
3</UL>
使用方块作为列表项标记的无序列表：
<UL type="square">
 <LI>列表项 1<LI>列表项 2<LI>列表项 3
 </UL>
</BODY>
</HTML>
```

2．混合嵌套列表

与有序列表类似，无序列表也可以嵌套。需要注意的是，无序列表嵌套时将根据浏览器的不同而在不同层次显示不同的项目符号。

另外，有序列表和无序列表也可互相嵌套，如以下 HTML 代码所示（效果如图 2-15 所示）：

```
<OL>
 <LI>列表项 1
 <LI>列表项 2
  <UL>
   <LI>子列表项 1 <LI>子列表项 2
  </UL>
 <LI>列表项 3
</OL>
```

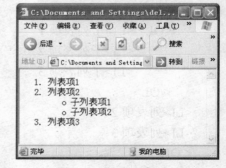

图 2-15　混合嵌套列表

2.4　创建超链接

本节介绍如何在网页中创建各种超链接，包括页面链接、锚点链接和电子邮件链接。

2.4.1　相对地址与绝对地址

1. 什么是 URL

统一资源定位器（Universal Resource Locator，URL）是表示 Web 上资源的一种方法，通常可以理解为资源的地址。一个 URL 通常包括 3 部分：一个协议代码、一个装有所需文件的计算机地址（或一个电子邮件地址等），以及具体的文件地址和文件名。

协议表明应使用何种方法获得所需的信息，最常用的协议包括超文本传输协议（HyperText Transfer Protocol，HTTP）、文件传输协议（File Transfer Protocol，FTP）、电子邮件协议（Mailto）、Usenet 新闻组协议（News）、远程登录协议（Telnet）等。

说明：有关计算机网络协议的内容，请读者参考其他相关书籍。

对于 Mailto 协议，应在协议后放置一个冒号，然后跟 E-mail 地址；而对于常用的 HTTP 和 FTP 等协议，则是在冒号后加两个斜杠，斜杠之后是相关信息的主机地址。例如，mailto: somebody@263.net，http://www.microsoft.com，ftp://ftp.nease.net。

当用户在 Internet 上浏览或定位资源时，常常可以省略所要访问信息的详细地址和文件名，因为服务器会按照默认设置为访问者定位资源。例如，如果在浏览器的地址栏输入"http://www.microsoft.com"，实际上是访问 Microsoft 站点服务器设置为主页的某个文件。

注意：在 HTML 中，总是使用斜杠（/）分隔目录，而不是使用 Windows 系统或 DOS 中的反斜杠（\）。

2. 绝对 URL 与相对 URL

在指定 Internet 资源时，可以使用绝对路径，也可以使用相对路径。相应的 URL 称为绝对 URL 和相对 URL。

（1）绝对 URL

绝对 URL 是指 Internet 上资源的完整地址，包括完整的协议种类、计算机域名和包含路径的文档名。其形式为

协议：//计算机域名/文档名。

例如，http://www.nonexist.com/public/HTML/example.htm 表示一个绝对 URL，其中 http 表示用来访问文档的协议的名称，www.nonexist.com 表示文档所在计算机的域名，/public/HTML/example.htm 表示文档名。

如果在网页中需要指定外部 Internet 资源，应使用绝对 URL。

说明：省略了最后部分文件名的 URL 通常也认为是绝对 URL，因为它能够完全定位资源的位置。例如，http://www.sina.com.cn 就是一个绝对 URL。

（2）相对 URL

相对 URL 是指 Internet 上资源相对于当前页面的地址，它包含从当前页面指向目的页面位置的路径。例如，public/example.htm 表示一个相对 URL，它表示当前页面所在目录下 public 子目录中的 example.htm 文档。

当使用相对 URL 时，可以使用与 DOS 文件目录类似的两个特殊符号：句点（.）和双重句点（..），分别表示当前目录和上一级目录（父目录）。例如，./image.gif 表示当前目录中的 image.gif 文件，相当于 image.gif；../public/index.htm 表示与当前目录同级的 public 目录下的 index.htm 文件，也就是当前目录上一级目录下的 public 目录中的 index.htm 文件。

相对 URL 本身并不能唯一地定位资源，但浏览器会根据当前页面的绝对 URL 正确地理解相对 URL。使用相对 URL 的好处在于：当用户需要移植站点时（例如，将本地站点上传到 Internet 上，或者是移动到软盘上），只要保持站点中各资源的相对位置不变，就可以确保移植后各页面之间的超链接仍能正常工作。用户在编写网页时，通常使用的都是相对 URL（除非需要引用外部网页）。

2.4.2 页面链接

创建超链接需要使用 A 标记符（结束标记符</A>不能省略），它的最基本属性是 href，用于指定超链接的目标。通过为 href 属性指定不同的值，可以创建出不同类型的超链接。另外，在<A>和</A>标记符之间可以用任何可单击的对象作为超链接的源，例如文字或图像。

最常见的超链接就是指向其他网页的超链接，浏览者单击这样的超链接时将跳转到相应的网页。如果超链接的目标网页位于同一站点，则应使用相对 URL；如果超链接的目标网页位于其他位置，则需要指定绝对 URL。

超链接默认时显示有下划线，并且显示为蓝色。当浏览者将鼠标移动到超链接上时，鼠标指针通常会变成手形，同时在状态栏中显示出超链接的目标文件。

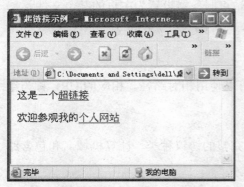

图 2-16   在网页中设置超链接

以下 HTML 代码显示了如何在网页中创建超链接，效果如图 2-16 所示。

```
<HTML>
<HEAD><TITLE>超链接示例</TITLE></HEAD>
<BODY>
    <P>这是一个<A href="page2.htm">超链接</A></P>
    <P>欢迎参观我的<A href="http://zhaofengnian.nease.net">个人网站</A></P>
</BODY>
</HTML>
```

注意：使用超链接时，一定要确保 href 属性所指定的页面存在于指定的位置，否则会导致无法正确显示网页（通常会显示一个通知网页，告诉访问者该页不存在），这是最常见的错误之一。

在指定超链接时，如果 href 属性指定的文件格式是浏览器能够直接显示或播放的，那么单击超链接时将会直接显示相应文件。例如，如将 href 属性的值指定为图像文件，那么单击超链接就可以直接在浏览器中显示图像。如果 href 属性指定的文件格式是浏览器所不能识别的格式，那么将获得下载超链接的效果。例如，如果将超链接的目标文件指定为某压缩文件，那么当浏览者在浏览器中单击相应的超链接时，则将弹出图 2-17 所示的"文件下载"对

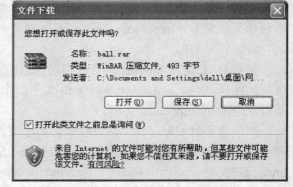

图 2-17   "文件下载"对话框

话框，提示进行下载。

2.4.3　锚点链接

除了可以对不同页面或文件进行链接以外，用户还可以对同一网页的不同部分进行链接。例如，可以在长文档的顶部或底部以超链接的方式显示一个目录，并在页面的底部放一个返回顶部的链接。

如果要设置这样的超链接，首先应为页面中需要跳转到的位置命名。命名时应使用 A 标记符的 name 属性（通常这样的位置被称为"锚点"），在标记符<A>与</A>之间可以包含内容也可以不包含内容。

例如，可以在页面开始处用以下 HTML 语句进行标记：

<A name="top">目录</A>

对页面进行标记之后，就可以用 A 标记符设置指向这些标记位置的超链接。例如，如果在页面开始处标记了"top"，则可以用以下 HTML 语句进行链接：

<A href="#top">返回目录</A>

注意：对于锚点链接，应将 href 属性的值指定为符号#后跟锚点名称。如果将 href 属性的值指定为一个单独的#号，则表示空链接，不做任何跳转，这在制作比较大的网站时常常会用到。

这样设置之后，当用户在浏览器中单击文字"返回目录"时，将显示"目录"文字所在的页面部分。

以下 HTML 代码说明了如何使用指向同一页面特定部分的超链接，效果如图 2-18 所示（单击"目录"中的字母可以跳转到相应的位置，单击"返回目录"链接可以跳转回页面顶部的目录处）。

<HTML>

<HEAD><TITLE>锚点链接示例</TITLE></HEAD>

<BODY>

<P><A name="top"></A>目录</P>

<P><A　href="#a"> A　</A>|<A　href="#b">　B　</A>|<A　href="#c">　C　</A>|<A href="#c">　…　</A></P>

<HR><P><A name="a"><B>A</B></A></P>

<P><B>Adapter</B>，适配器，适配卡，是指任何用在物理上不相似系统之间通信的硬件设备。</P>

<P><B>Application Programming Interface(API)</B>，应用程序编程接口，是一个标准函数集，用于对操作系统或网络功能进行透明访问。</P>

<P>…</P>

<P><A href="#top">返回目录</A></P>

<HR><P><A name="b"><B>B</B></A></P>

<P><B>Bandwidth</B>，带宽，表示可用信息通道的大小。</P>

<P><B>Basic Input/Output System(BIOS)</B>，基本输入/输出系统，是一组固化的软件例程，包含计算机与附带硬件设备之间最基本的软件接口驱动程序。BIOS 中带有启动自检

程序。</P>

<P>…</P>

<P><A href="#top">返回目录</A></P>

<HR><P><A name="c"><B>C</B></A></P>

<P><B>Central Processing Unit(CPU)</B>，中央处理器，是计算机的"大脑"，它包括控制器和运算器两部分。</P>

<P><B>Certificate</B>，数字证书，是数据传输的一个附件，用于证明数据发送者的身份。</P>

<P>…</P>

<P><A href="#top">返回目录</A></P>

</BODY>

</HTML>

实际上，在网页中不但能指定同一个页面内的锚点超链接，而且可以指定不同页面之间的锚点超链接。只要在 href 属性中指定页面位置和相应锚点（当然必须事先用<A name=xxx></A>定义好），就可以访问到相应页面的锚点位置。

例如，如果要在另一个网页中访问刚才示例页面中的"B"部分，可以使用以下 HTML 代码（两个页面在同一个目录下）：

<A href="tu2-18.htm#b">指向另一个页面中的"B"部分</A>

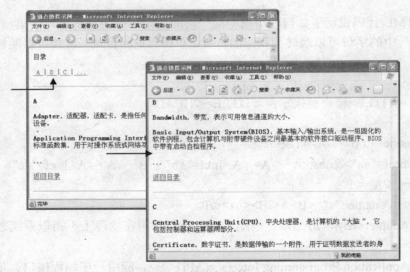

图 2-18　锚点超链接示例

2.4.4　电子邮件链接

如果将 href 属性的取值指定为 mailto:电子邮件地址，那么就可以获得电子邮件链接的效果。例如，使用以下 HTML 代码可以设置电子邮件超链接：

<A href="mailto:zhaofengnian@263.net">作者邮箱</A>

当浏览网页的用户单击了指向电子邮件的超链接后，系统将自动启动邮件客户程序，并将指定的邮件地址填写到"收件人"栏中，用户可以编辑并发送该邮件，如图 2-19 所示（此时显示的是使用 Foxmail 时的情况）。

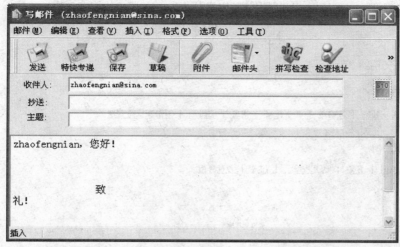

图 2-19　单击电子邮件链接后会启动邮件程序

2.5　网站实例

本节使用前面所介绍的内容，制作一个简单的个人网站，该网站的效果如图 2-20～图 2-22 所示。

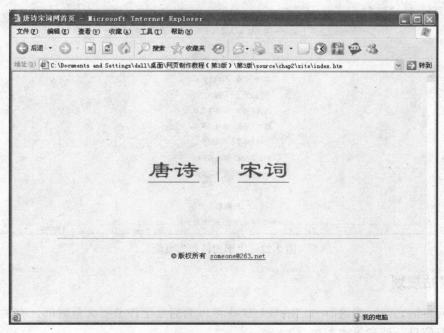

图 2-20　网站首页

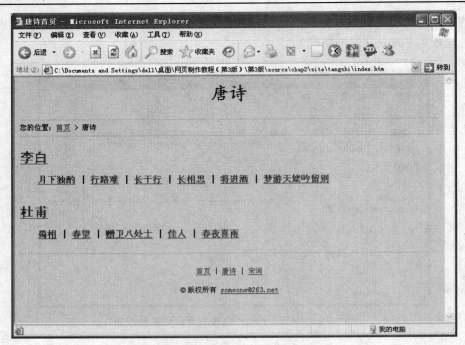

图 2-21　唐诗首页

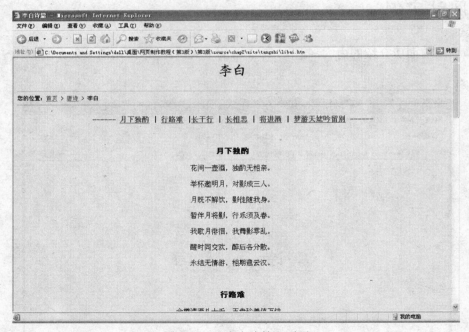

图 2-22　"李白诗篇"页面

2.5.1　网站规划

做任何事情之前，先进行一定的规划工作可以为后续工作节省大量时间。有关网站开发流程的详细信息，请参见本书第 9.2.1 节。

网站规划的第一步是确定站点目标。我们要制作的网站是个简单的"信息型"网站，目的是在网页上展示出一些著名的唐诗和宋词，供浏览者欣赏。

接下来要确定如何组织需要展示的内容，如站点应该包括哪些栏目，每个栏目中页面应如何组织等。为简单起见，我们的网站中只包括"唐诗"和"宋词"两个栏目，每个栏目中的页面按照作者来组织，也就是说，"唐诗"中包括"李白"和"杜甫"两个页面，"宋词"中包括"辛弃疾"和"李清照"两个页面。在每个页面中，包括多首诗或词，用页内链接组织起来。站点的逻辑结构如图 2-23 所示。

在规划组织站点的文件时，也采用类似结构，如图 2-24 所示。

图 2-23 站点的逻辑结构	图 2-24 站点的文件夹设计

在考虑如何展示内容时，重要的一点是规划网站的导航系统，也就是超链接系统，以便让浏览者能够在站点中自然流畅地浏览页面。对于我们的网站，除了首页以外，每个页面中都包含"breadcrumb"（面包屑），也就是指示浏览者当前位置的超链接提示；在每页的底部包括站点的主导航系统，也就是跳转到首页和其他栏目的链接。

2.5.2　页面设计

不论是多么简单的网页，具体实现前将其设计简单地在纸上或图像处理软件中绘制出来，可以使具体编写代码时有所依据，并能提早发现设计中的问题。本网站的设计比较简单，分别如图 2-25～图 2-27 所示。

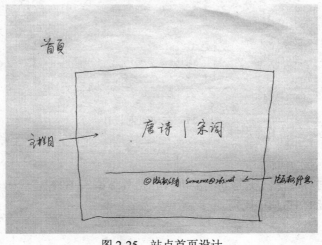

图 2-25　站点首页设计

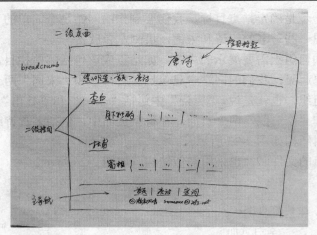

图 2-26　二级页面设计

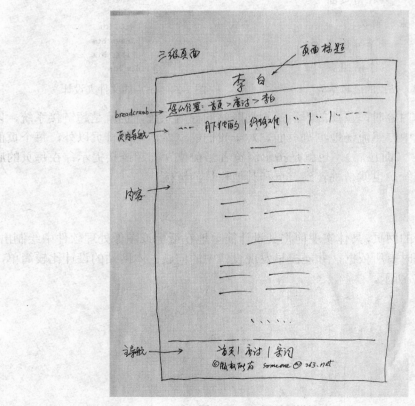

图 2-27　三级页面设计

2.5.3　代码实现

根据上面的规划与设计，我们下一步可以开始具体编写 HTML 代码。

以下是首页对应的 HTML 代码：

```
<HTML>
<HEAD>
```

```html
<TITLE>唐诗宋词网首页</TITLE>
</HEAD>
<BODY bgcolor="#FFFF99">
<P> </P>
<P> </P>
<P> </P>
<P> </P>
<P align="center"> <FONT size="7" face="隶书"> <A href="tangshi/index.htm">唐诗</A> |
<A href="songci/index.htm">宋词</A></FONT></P>
<P> </P>
<P> </P>
<HR size="1" width="80%">
<P align="center"><FONT size="-1">&copy；版权所有
<A href="mailto:someone@263.net">someone@263.net</A></FONT></P>
</BODY>
</HTML>
```

以下是"唐诗首页"对应的 HTML 代码：

```html
<HTML>
<HEAD>
        <TITLE>唐诗首页</TITLE>
</HEAD>
<BODY bgcolor="#66FFFF">
<H1 align="center"><FONT face="楷体_GB2312">唐诗</FONT></H1>
<HR size="1">
<FONT size="-1">您的位置：<A href="../index.htm">首页</A> >唐诗</FONT>
<HR size="1">
<H2><FONT face="黑体"><A href="libai.htm">李白</A></FONT></H2>
<P>    <STRONG><A href="libai.htm#poem1">月下独酌</A> |
<A href="libai.htm#poem2">行路难</A> | <A href="libai.htm#poem3">长干行</A> | <A
href="libai.htm#poem4">长相思</A> | <A href="libai.htm#poem5">将进酒</A> | <A href="libai.
htm#poem6">梦游天姥吟留别</A></STRONG></P>
    <BR>
<H2><FONT face="黑体"><A href="dufu.htm">杜甫</A></FONT></H2>
<P> ； ； ； ；<STRONG><A href="dufu.htm#poem1">蜀相</A> | <A
href="dufu.htm#poem2">春望</A> | <A href="dufu.htm#poem3">赠卫八处士</A> | <A
href="dufu.htm#poem4">佳人</A> | <A href="dufu.htm#poem5">春夜喜雨</A> </STRONG> </P>
    <HR size="1">
<P align="center"><FONT size="-1"><A href="../index.htm">首页</A> | <A href="index.htm">
```

唐诗</A> | <A href="../songci/index.htm">宋词</A></FONT></P>

  <P align="center"><FONT size="-1">&copy；版权所有

  <A href="mailto:someone@263.net">someone@263.net</A></FONT></P>

  </BODY>

  </HTML>

  以下是"李白诗篇"页面对应的 HTML 代码：

  <HTML>

  <HEAD>

    <TITLE>李白诗篇</TITLE>

  </HEAD>

  <BODY bgcolor="#66FFFF">

  <H1 align="center"><FONT face="楷体_GB2312">李白</FONT></H1>

  <HR size="1">

  <FONT size="-1">您的位置：<A href="../index.htm">首页</A> > <A href="index.htm">唐诗</A> &gt；李白</FONT>

  <HR size="1">

  <DIV align="center">

    <P><STRONG>------ <A href="#poem1">月下独酌</A> | <A href="#poem2">行路难</A> |<A href="#poem3">长干行</A> | <A href="#poem4">长相思</A> | <A href="#poem5">将进酒</A> | <A href="#poem6">梦游天姥吟留别</A> ------ </STRONG></P>

    <P> </P>

    <H3><FONT face="黑体"><A name="poem1">月下独酌</A></FONT></H3>

    <P>花间一壶酒，独酌无相亲。</P>

    <P>举杯邀明月，对影成三人。</P>

    <P>月既不解饮，影徒随我身。</P>

    <P>暂伴月将影，行乐须及春。</P>

    <P>我歌月徘徊，我舞影零乱。</P>

    <P>醒时同交欢，醉后各分散。</P>

    <P>永结无情游，相期邈云汉。</P>

    <P> </P>

    <H3><FONT face="黑体"><A name="poem2">行路难</A></FONT></H3>

    <P>金樽清酒斗十千，玉盘珍羞值万钱。</P>

    <P>停杯投箸不能食，拔剑四顾心茫然。</P>

    <P>欲渡黄河冰塞川，将登太行雪满山。</P>

    <P>闲来垂钓碧溪上，忽复乘舟梦日边。</P>

    <P>行路难，行路难！多歧路，今安在？</P>

    <P>长风破浪会有时，直挂云帆济沧海。</P>

    <P> </P>

```
<H3><FONT face="黑体"><A name="poem3" id="poem3">长干行</A></FONT> </H3>
<P>妾发初覆额，折花门前剧。郎骑竹马来，绕床弄青梅。</P>
<P>同居长干里，两小无嫌猜。十四为君妇，羞颜未尝开。</P>
<P>低头向暗壁，千唤不一回。十五始展眉，愿同尘与灰。</P>
<P>常存抱柱信，岂上望夫台！十六君远行，瞿塘滟滪堆。</P>
<P>五月不可触，猿鸣天上哀。门前迟行迹，一一生绿苔。</P>
<P>苔深不能扫，落叶秋风早。八月蝴蝶来，双飞西园草。</P>
<P>感此伤妾心，坐愁红颜老。早晚下三巴，预将书报家。</P>
<P>相迎不道远，直至长风沙。</P>
<P> </P>

<H3> <FONT face="黑体"><A name="poem4" id="poem4">长相思</A></FONT></H3>
<P>长相思，在长安。络纬秋啼金井阑，微霜凄凄簟色寒。</P>
<P>孤灯不明思欲绝，卷帷望月空长叹，美人如花隔云端。</P>
<P>上有青冥之长天，下有渌水之波澜。</P>
<P>天长路远魂飞苦，梦魂不到关山难。</P>
<P>长相思，摧心肝！</P>
<P> </P>

<H3><FONT face="黑体"><A name="poem5" id="poem5">将进酒</A></FONT> </H3>
<P>君不见，黄河之水天上来，奔流到海不复回。</P>
<P>君不见，高堂明镜悲白发，朝如青丝暮成雪。</P>
<P>人生得意须尽欢，莫使金樽空对月！</P>
<P>天生我材必有用，千金散尽还复来。</P>
<P>烹羊宰牛且为乐，会须一饮三百杯！</P>
<P>岑夫子，丹丘生，将进酒，君莫停！</P>
<P>与君歌一曲，请君为我侧耳听！</P>
<P>钟鼓馔玉不足贵，但愿长醉不愿醒！</P>
<P>古来圣贤皆寂寞，惟有饮者留其名！</P>
<P>陈王昔时宴平乐，斗酒十千恣欢谑。</P>
<P>主人何为言少钱？径须沽取对君酌。</P>
<P>五花马，千金裘，呼儿将出换美酒，与尔同消万古愁！</P>
<P> </P>

<H3><FONT face=" 黑体 "><A name="poem6" id="poem6">梦游天姥吟留别</A></FONT> </H3>
<P>海客谈瀛洲，烟涛微茫信难求。越人语天姥，云霞明灭或可睹。</P>
<P>天姥连天向天横，势拔五岳掩赤城。天台四万八千丈，对此欲倒东南倾。</P>
<P>我欲因之梦吴越，一夜飞渡镜湖月。湖月照我影，送我至剡溪。</P>
<P>谢公宿处今尚在，渌水荡漾清猿啼。脚著谢公屐，身登青云梯。</P>
<P>半壁见海日，空中闻天鸡。千岩万壑路不定，迷花倚石忽已暝。</P>
<P>熊咆龙吟殷岩泉，栗深林兮惊层巅。云青青兮欲雨，水澹澹兮生烟。</P>
```

<P>裂缺霹雳，丘峦崩摧。洞天石扇，訇然中开。</P>

<P>青冥浩荡不见底，日月照耀金银台。霓为衣兮风为马，云之君兮纷纷而来下。</P>

<P>虎鼓瑟兮鸾回车，仙之人兮列如麻。忽魂悸以魄动，恍惊起而长嗟。</P>

<P>惟觉时之枕席，失向来之烟霞。世间行乐亦如此，古来万事东流水。</P>

<P>别君去兮何时还？且放白鹿青崖间，须行即骑访名山。</P>

<P>安能摧眉折腰事权贵，使我不得开心颜！</P>

</DIV>

<HR size="1">

<P align="center"><FONT size="-1"><A href="../index.htm">首页</A> | <A href= "index. htm">唐诗</A> | <A href="../songci/index.htm">宋词</A></FONT></P>

<P align="center"><FONT size="-1">© 版权所有<A href="mailto:someone@263.net" >someone@263.net</A></FONT></P>

</BODY>

</HTML>

其他页面由于篇幅关系，不再列出。其中，"宋词首页"与"唐诗首页"类似，其他 3 个三级页面与"李白诗篇"页面类似。

提示：本章内容学习完毕之后，可以先学习部分第 6 章中 CSS 的内容，以便简化网页制作过程中文本格式化的工作。

练 习 题

1. 自行编写实例，尝试本章中介绍的所有标记符和属性。
2. 实现图 2-28 所示的网页（"浣溪沙"三字均为楷体，分别为红色、绿色和蓝色）。
3. 实现图 2-29 所示的网页。

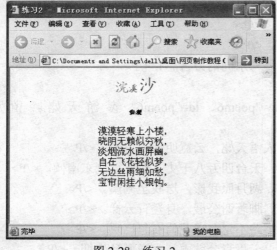

图 2-28　练习 2

图 2-29　练习 3

4．说明相对 URL 与绝对 URL 的区别。

5．超链接一般包括哪些类别，各有什么作用？

6．已知站点文件夹结构如图 2-30 所示，现在要在 index.htm 中链接到 interest.htm，请问应加入什么 HTML 语句？如果要在 interest.htm 中链接回 index.htm 呢？

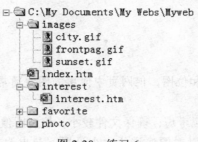

图 2-30　练习 6

第 3 章 使 用 图 像

本章提要:

- 图像一般分为矢量图和位图,但网页中使用的图像通常都是以下位图格式之一: GIF, JPEG 和 PNG。
- 在网页中使用图像,应考虑:确保文件较小、控制图像的数量和质量、合理使用动画。
- 使用图像处理软件可以对图像进行大小设置、导出为不同格式等操作。
- 在网页中插入图像需要使用 IMG 标记符,它包括 src, alt, width, height 等属性,这些属性可控制图像的显示效果。
- 图像映射就是指在一幅图中定义若干个区域,每个区域中指定一个不同的超链接,当单击不同区域时可以跳转到相应的目标页面。

3.1 网页图像基础

本节介绍在网页中使用图像的一些基本知识,包括位图与矢量图、网页图像格式以及在网页中使用图像的要点。

3.1.1 位图与矢量图

位图和矢量图的概念,是图像处理领域最基本的概念之一。

位图图形由排列成网格的称为像素的点组成。例如,在一个位图的叶子图形中,图像由网格中每个像素的位置和颜色值决定;每个点被指定一种颜色;在以正确的分辨率查看时,这些点就像马赛克那样拼合在一起形成图像,如图 3-1 左图所示。在编辑位图图形时,修改的就是这些像素点。

位图,用点描述图像　　　　　　矢量图,用线条等数学信息描述图像

图 3-1　位图与矢量图的对比

常用的位图编辑软件有 Photoshop, Fireworks, PhotoImpact 等。

矢量图形使用称为矢量的线条和曲线（包括颜色和位置信息）描述图像。例如，一片叶子的图像可以使用一系列的点（这些点最终形成叶子的轮廓）描述；叶子的颜色由轮廓（即笔触）的颜色和轮廓所包围的区域（即填充）的颜色决定，如图 3-1 右图所示。

由于矢量图像是用数学信息描述的，因此矢量格式的文件通常比较小。当对矢量图形进行编辑时，可以修改描述图形形状的线条和曲线的属性；可以对矢量图形进行移动、调整大小、重定形状以及更改颜色的操作而不更改其外观品质。矢量图形与分辨率无关，这意味着它们可以显示在各种分辨率的输出设备上，而丝毫不影响品质。

常用的矢量绘图软件包括 FreeHand，Illustrator 和 CorelDraw 等，Flash 是一种著名的基于矢量图的动画制作软件。一些位图图像处理软件也提供矢量绘图的功能，例如 Photoshop 和 Fireworks。

3.1.2　网页图像格式

虽然有很多种计算机图像格式，但由于受网络带宽和浏览器的限制，在 Web 上常用的图像格式包括以下 3 种：GIF，JPEG 和 PNG。它们都是标准的位图格式。

1.　GIF

GIF（Graphic Interchange Format，图形交换格式）采用术语上称为无损压缩的算法进行图像的压缩处理（所谓无损压缩是指在压缩过程中图像的质量不会丢失），是目前在 Web 上应用最广泛的图像格式之一。

虽然 GIF 可以高度压缩图像，但它只能包含最多 256 种颜色，因此只能适用于线条图（如含有最多 256 色的剪贴画）以及使用大块纯色的图片，而不适用于表现真彩色照片或具有渐变色的图片。当我们把包含多于 256 色的图片压缩成 GIF 时，肯定会丢失某些图像细节。在网页制作中，GIF 的图片往往用于制作标题文字、按钮、小图标等。

对于目前广泛使用的 GIF 而言，还具有透明色的特点，即可以将图片中的某种颜色设置为透明色。这对于实现某些网页效果来说，具有非常现实的意义。例如，图 3-2 对比了一般的 GIF 图像和具有透明色的 GIF 图像。对于多数图像处理软件甚至某些网页制作软件（例如 FrontPage），都提供了将图片中的某种颜色转换为透明色的功能。

图 3-2　普通 GIF 与透明 GIF 的区别

GIF 的另外一个典型特点是可以支持动画效果，即所谓 GIF 动画（Animated GIF）。GIF 动画的基本原理是：在同一个文件中包含多幅图像（术语上称为帧），这多幅图像按照一定顺序依次播放，就产生了动画的效果，如图 3-3 所示。GIF 动画在网站中的应用非常广泛，多数动画小图标和简单的横幅广告都是采用了该格式。

（1） （2） （3） （4）
（5） （6） （7） （8）

图 3-3 构成 GIF 动画的原始素材

2. JPEG 格式

JPEG（Joint PhotoGraphics Expert，联合图形专家组图片）格式是另外一种在 Web 上应用最广泛的图像格式。由于它支持的颜色数几乎没有限制，因此适用于使用真彩色或平滑过渡色的照片和图片。与 GIF 采用无损压缩不同，JPEG 格式使用有损压缩来减小图片文件的大小，因此用户将看到随着文件的减小，图片的质量也降低了。这也是 JPEG 格式的一个典型特点，即可以控制图片的压缩比率。例如，图 3-4 中显示了两种不同压缩比率的 JPEG 图像的效果。

质量为 100%，文件大小 109.9KB   质量为 30%，文件大小 8.9KB

图 3-4 不同质量 JPEG 图像的对比

注意：JPEG 格式不支持透明色，也没有动画的概念。

3. PNG 格式

PNG（Portable Networks Graphics，可移植的网络图形）格式是近年来新出现的一种图像格式，它适于任何类型、任何颜色深度的图片。该格式用无损压缩来减小图片文件的大小，同时保留图片中的透明区域。此外，该格式是仅有的几种支持透明度概念的图片格式之一（透明 GIF 的透明度只能是 100%，但 PNG 格式可以是 0%～100%）。

相比而言，PNG 格式比 GIF 和 JPEG 格式的压缩率要小一些，也就是说 PNG 格式的文件往往要大一些。不过，随着网络带宽的不断加大，该格式将逐步普及，毕竟它具有更强大的表现能力。

尽管该格式适用于所有图片，但有些 Web 浏览器并不支持它。目前，该格式往往用做一种过渡格式，即先用它来表现图片，最后再导出为 GIF 或 JPEG 格式。

3.1.3　使用网页图像的要点

在网页上显示图片之前，通常需要考虑下列 3 个问题：①确保文件较小；②控制图像的数量和质量；③合理使用动画。

1．确保文件较小

由于网络带宽的限制，对用于 Web 的图像的一个最基本要求就是保持文件较小。文件越小，图片下载速度越快，给浏览者的感觉通常也就越好。确保文件较小通常应从两个方面来处理：①使图像具有所需的像素大小；②采用正确的格式进行优化处理。

说明：要对图像进行这些处理，需要使用图像处理软件，具体操作请参见 3.2 节。

2．控制图像的数量和质量

在网页中使用的图像的数量显然也会影响网页文件的下载速度，不但如此，使用不合理的图像还会使网页脱离网站的主题，同时分散浏览者的注意力。初学者最容易出现的一个问题就是把一大堆图像堆积到网页上，而不管这些图像是否符合需要，这样做的结果一是网页下载速度非常慢（即使在本地计算机上显示也要较长时间），二是不符合网页制作的基本标准——用适当的形式表现适当的内容。解决这个问题的最好办法是多看，也就是多上网浏览，当见识了足够多的设计优秀的网站之后，就能够提高自己的鉴赏能力，从而能够逐步设计出自己的优秀作品。

3．合理使用动画

与普通图像一样，在网页中使用动画也要非常小心。只有设计合理，并且大小合适的动画才适合出现在网页中。如果动画的设计不合理，可能就吸引不了浏览者。另外，制作动画时也应确保其最终文件较小，以便保证下载速度。

初学者在动画方面很容易犯的毛病也是"滥用"，即将五花八门、风格各异的大量动画塞进网页，让浏览者眼花缭乱、目不暇接。一般来说，除非网页内容非常丰富，页面中的动画不应该超过三处，最好是只有一两处画龙点睛的动画。同样，多上网浏览，看看别人的网站都是怎样设计使用动画的，对提高自己的动画制作和应用能力很有帮助。

3.2　图像处理基本操作

本节以 Fireworks 为例，介绍图像处理的基本操作。首先介绍 Fireworks 的工作界面，然后介绍如何使用 Fireworks 对图像进行处理，以便使图像能够适合网页制作的需要，包括修改图像大小、以适当的格式导出图像以及制作 GIF 动画。

3.2.1　Fireworks 的界面

Fireworks 是来自 Macromedia 公司的首选 Web 图形工具软件，目前最新的版本是

Fireworks MX 2004。Fireworks 完全将功能集中在 Web 上，同时又提供了许多独创的、适合于 Internet 的功能，可以说 Fireworks 是立足于 Web 应用而建立的。它与 Dreamweaver，Flash 两款软件合称为梦幻组合，是当前最流行的 Web 图形工具之一。

启动 Fireworks MX 2004 之后，默认情况下并没有打开任何文档，按【Ctrl+N】组合键新建一个文档或者按【Ctrl+O】组合键打开一个文档，此时它的界面如图 3-5 所示。

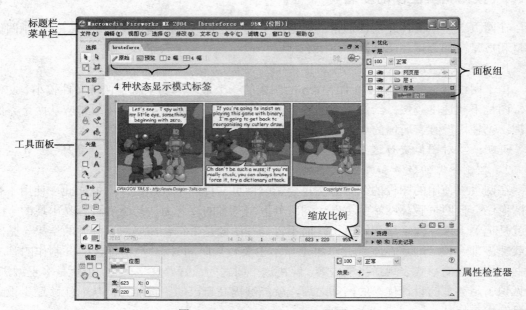

图 3-5　Fireworks MX 2004 界面

在 Fireworks 的标题栏下方是菜单栏，这些菜单包含了 Fireworks 的绝大多数功能。如果显示了工具栏，那么它们通常位于菜单栏之下。界面的左方为工具面板，右边为选项面板，界面的中间是放置图像的文档窗口，界面的下面是属性检查器。

工具面板中的工具按钮被组织成 6 个类别：选择、位图、矢量、Web、颜色和视图。如果在按钮的右下角有一个小黑三角按钮（例如 ），表明这是一个工具组，在此按钮上按住鼠标不放，还可以选择同类的其他工具。

Fireworks 提供了多个选项面板，用于控制正在编辑文档中的对象。单击"窗口"菜单，选择相应的命令便可打开或关闭各种面板。单击面板标题可以将其扩展，再次单击可将面板折叠。也可在面板上单击鼠标右键，然后从快捷菜单中选择命令对面板进行操作。

Fireworks 在图像文档窗口上提供了 4 种状态显示模式，分别为"原始"、"预览"、"2 幅"和"4 幅"。在"原始"显示模式下，可以进行各种图像编辑操作；在"预览"显示模式下，可以预览目前所编辑的图像在网页中的效果；"2 幅"也是一种预览模式，在此模式下可以同时显示两种图像优化效果，并在图像下方会显示优化后的图像格式及文档大小等信息；"4 幅"显示模式的作用与"2 幅"类似，但可以同时显示 4 种优化后的效果。另外，使用图像窗口下方的显示比例列表可以放大或缩小显示图像。

当打开一个文档时，属性检查器将显示出该文档的属性；当在工具面板中选择一个工具时，可以在属性检查器中设置该工具的各种选项，例如，图 3-6 所示为选择"油漆桶"工具后属性检查器中出现的各种选项。

图 3-6　"油漆桶"工具的属性检查器

说明：结合使用属性检查器和工具面板中的工具，可以制作多种图像效果，例如图像边缘的柔化效果、文字的阴影效果等，具体操作请参见 Fireworks 方面的书籍。

3.2.2　修改图像的大小

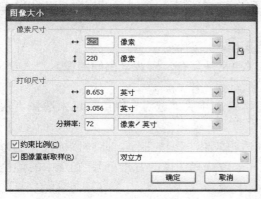

图 3-7　"图像大小"对话框

图像的大小一般指图像的像素大小，是指由图像本身的像素宽和像素高所确定的图像大小。例如，在同一种显示模式下，一个 1024×768 像素的图像就显然比 800×600 像素的图像大得多。

要改变图片的大小，可以选择"修改"菜单中"画布"命令，然后在其子菜单中选择"图像大小"命令，再在打开的"图像大小"对话框中进行设置（在"像素尺寸"选项区中修改），如图 3-7 所示。

一般在修改了图像的像素大小后，图像的文件大小会显著变化。

注意：如果原图像比较小，想通过修改像素大小的方式将它放大，那么图像的显示质量会下降。

3.2.3　用适当的格式导出图像

由于不同图像格式的特点不同，因此采用正确的格式可以确保在图像文件较小的情况下获得较好的显示效果。例如，对于不需要太多细节的真人照片来说，可以考虑采用 JPEG 格式，并且将图片质量设置得小一些（如 20%）。

一般在网页中使用的图像都是 GIF 或 JPEG 格式，以下介绍如何将需要使用的图像优化导出为 GIF 或 JPEG 格式。

1. 优化导出为 GIF

要将图像优化导出为 GIF，可以先打开需要优化为 GIF 的图像；然后选择"窗口"菜单中的"优化"命令，打开"优化"面板；可以单击"设置"列表框，在弹出的列表中选择一种预设的设置，也可以根据需要自行设定各选项。例如，图 3-8 显示了将一幅图像优化为 GIF 时的"优化"面板。

为了预览优化后的图像效果，单击图像窗口上的"2 幅"标签进入该模式显示图像，左边窗格中显示出原始图像的大小，右

图 3-8　GIF "优化"面板

边窗格中显示出优化后的图像的有关信息（包括选项设置和下载速度等）。

图像优化为 GIF 时，可以选择使用不同的调色板，"优化"面板中可供选择的调色板有"最适色彩"、"接近网页最合适"、"网页 216"、"精确"、"Macintosh"、"Windows"、"灰度"、"黑白"、"一致"和"自定义"等。例如，使用"黑白"调色板可以将图像导出为黑白图。

在"优化"面板中还可以通过"失真"下拉列表框设置导出图像的压缩损失值，默认值为 0。通常设置在 5～15 所产生的效果最好。

为了补偿图像压缩对图像颜色造成的损失，可以通过两种相近颜色的替换对目前所选择的调色板中没有的颜色进行抖动处理。在"抖动"下拉列表框内输入的百分比数值越高，生成的图像质量越好，但文档也越大。

在"优化"面板设置了优化选项之后，选择"文件"菜单中的"导出"命令，在"导出"对话框中选择适当的目录将优化好的图像保存即可。此时实际上是新创建了一个 GIF 图像文件，原始的文件并没有被改变。

要将图像优化导出为透明 GIF，可以执行以下操作。

（1）在 Fireworks 中打开要设置透明色的图像（通常是具有单一背景色的图像）。

（2）单击文档窗口中的"2 幅"标签进入 2 幅预览视图模式。

（3）在"优化"面板中选择"GIF"作为文件格式，并从"透明"弹出菜单中选择"索引色透明"选项。

（4）单击"优化"面板左下角的"添加颜色到透明效果中"按钮 ，此时鼠标指针变为"滴管"形状，在图像上选择一种颜色作为透明色（一般选择图像的背景色），则选中的颜色在右边的预览窗格中变成透明，如图 3-9 所示。

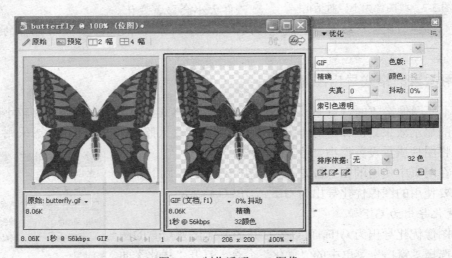

图 3-9　制作透明 GIF 图像

注意：对于某些图像，如果在执行步骤（3）时图像背景已经显示为透明，那么不需要执行此步骤，直接执行步骤（5）即可。

（5）选择"文件"菜单中的"导出"命令，在"导出"对话框中选择适当的目录将优化好的图像保存。以后在网页中使用该图像时，就可以看到透明效果。

2.　优化导出为 JPEG 格式

要将图像优化导出为 JPEG 格式，与优化导出成 GIF 类似，可以在"优化"面板中的"设

图 3-10　JPEG 格式"优化"面板

置"列表框选择一种预设的设置来优化图像，也可以根据"优化"面板上各个优化选项自行设置，如图 3-10 所示。为了预览优化后的图像效果，可以单击图像窗口上的"2 幅"标签进入该模式显示图像。

对于 JPEG 格式，图像质量是指图像被压缩后的质量，它是由图像文件的压缩程度来决定的，图像压缩程度越大，优化后的图像文件越小，则图像质量越差，也即效果最差；图像的压缩程度越小，优化后的图像文件越大，则图像质量越好。一般在进行 JPEG 格式图像的优化时，应该尽量获得图像质量与文件大小之间的某种平衡。

平滑是另一种有效减小图像文件大小的手段，设置平滑度后，图像会变得光滑（实际上是图像变得模糊了），图像文件也就相应地变小了，即平滑度越大，文件越小。

3.2.4　制作 GIF 动画

不论是什么类型的动画，不论是使用什么软件制作的动画，动画的最基本原理都是一样的，那就是：一系列的图像按累进顺序排列，每个图像的显示与前面的一个图像有所不同，当这些图像连续显示时，动画效果就会产生。假如图像与图像之间的差别很细微，而播放图像的速度又比较快，那么就会产生放电影一样的效果。实际上，这也就是视频的基本原理。

GIF 动画是最基本的一类动画，它的创建反映了动画的基本原理。以下通过在 Fireworks 中制作一个简单的球体下落并弹起的动画，简要说明 GIF 动画的制作过程（同时也介绍了一些 Fireworks 中的基本绘图方法）。

（1）启动 Fireworks。

（2）选择"文件"菜单中的"新建"命令，在"新建文档"对话框中，将宽度和高度设置为动画所需大小，将分辨率设置为 72 像素/英寸，画布颜色设置为白色，如图 3-11 所示。

（3）选择"直线"工具 ，在属性检查器中将"笔尖大小"设置为 2，其他选项保持不变，如图 3-12 所示。

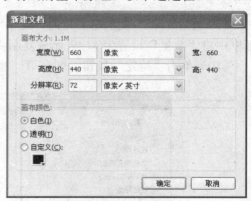

图 3-11　设置新文档的属性

图 3-12　设置笔尖大小

（4）按住【Shift】键在画布下部绘制一条水平的线段。

（5）在属性检查器中将"笔尖大小"设置为 1，然后按住【Shift】键在水平线段下绘制一条短些的 45°角的线段。

（6）选择"指针"工具 ，选中刚绘制的短线，按【Ctrl+C】组合键将其复制，按【Ctrl+V】组合键多次，将其粘贴到画布中，然后将复制的多条线段拖到适当位置，得到一个"地面"的效果，如图 3-13 所示。

（7）选择"椭圆"工具 （位于"直线"工具下的工具组中），在属性检查器中将填充色 和笔触色 都设置为某种橘黄色（#FF9933），在"填充类别"列表中选择"渐变"，然后选择"放射状"选项。

（8）按住【Shift】键在画布上部绘制一个具有渐变填充效果的圆形。选择"指针"工具 ，选中该圆形，将其移动到适当的位置，并向右上拖动圆心上的控制点，使渐变效果更加自然，此时的效果如图 3-14 所示。

图 3-13　制作"地面"效果　　　　　　图 3-14　制作"球"效果

（9）单击"帧"面板右上角的"菜单"按钮 ，选择"重制帧"命令，在"重制帧"对话框中将"数量"设置为 4，表示要复制 4 帧。

（10）单击"确定"按钮，则在第一帧之后复制了 4 帧，如图 3-16 所示。

图 3-15　"重制帧"对话框　　　　　　图 3-16　复制多帧

（11）单击"帧"面板左下角的"洋葱皮"按钮 ，确保不要选中"多帧编辑"选项，选择"显示所有帧"命令。

说明："洋葱皮"是动画制作时常用的一种技术，它可以让制作者同时查看甚至编辑多个帧，以便使动画效果更加流畅合理。

（12）在"帧"面板中选中"帧 2"，然后选择"指针"工具 ，将"球"向下移动，如图 3-17 所示。

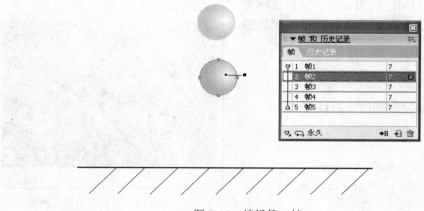

图 3-17　编辑第二帧

（13）在"帧"面板中选中"帧 3"，然后选择"指针"工具 ，将"球"向下移动，使其紧贴"地面"。

（14）用同样的方法编辑"帧 4"和"帧 5"。

（15）单击文档窗口下部的"播放"按钮 ，则可以观看动画的效果，如果觉得效果不合适，可以继续编辑各帧。

（16）如果要更改动画播放的速度，可以双击"帧"面板右边的"帧延时"数字列表项，然后在弹出的面板中修改该帧的延长时间。如果要同时修改所有帧的帧延时，应按住【Shift】键选中所有帧，然后双击"帧延时"列进行修改。

（17）在"优化"面板中将文件的"优化格式"设置为"GIF 动画"，选择"文件"菜单中的"导出"命令，然后在"导出"对话框中将文件保存，此时导出的文件格式为 GIF 动画（扩展名为.gif）。

3.3　图像标记符 IMG

了解了图形图像的一些基础知识和如何进行简单的图像处理之后，本节介绍如何使用 IMG 标记符在网页中插入图像。

3.3.1　插入图像

在 HTML 中，使用 IMG 标记符可以在网页中加入图像。它具有两个必要的基本属性：src 和 alt，分别用于设置图像文件的位置和替换文本。

src 属性表示要插入图像的文件名，必须包含绝对路径或相对路径，图像一般是 GIF 文件（后缀为.gif）或 JPEG 文件（后缀为.jpg）。alt 属性表示图像的简单文本说明，用于不能显示图像的浏览器或浏览器能显示图像但显示时间过长时先显示。

注意：有关绝对路径和相对路径的内容，请参见本书第 2 章。以下为简便起见，均将图像放置在网页所在目录，所以可以直接使用文件名指定（即使用相对路径）。

例如，以下 HTML 代码说明了如何在网页中插入一个图像，在浏览器中的显示效果如图 3-18 所示。

<HTML>

<HEAD>

　　<TITLE>插入图像示例</TITLE>

</HEAD>

<BODY>

<P>我插入的第一幅图像：</P>

<IMG src="sunset.jpg" alt="落日风景">

</BODY>

图 3-18　在页面中插入图像

</HTML>

注意：如果在应该显示图像的位置显示出一个红叉和替换文本，例如 落日风景，则表示 src 属性值所对应的图像文件不能显示。最常见的原因是该文件的路径或文件名指定错误（例如使用了错误的文件后缀）。

3.3.2　设置图像属性

1. 指定图像的宽和高

在 HTML 中，使用 IMG 标记符的 width 和 height 属性可以指定图像的宽度和高度，以告诉浏览器网页应分配给图像多少空间（以像素为单位）。当浏览器解释网页时，在实际下载图像之前会给图像预留出空间，以避免在每个图像下载时重新绘制网页，从而加快网页的下载速度。width 和 height 属性的取值既可以是像素数，也可以是百分数。如果用百分数，表示图像占当前浏览器窗口大小的比例。

例如，以下 HTML 代码为图像预留出宽度占屏幕宽度 60%，高度占屏幕高度 40%的空间：

<IMG src=mm.gif alt="mm photo" **width="60%" height="40%"**>

在指定宽高时，如果只给出宽度或高度中的一项，则图像将按原宽高比例进行缩放；否则，图像将按指定的宽度和高度显示（有可能发生变形）。具体效果请读者自行编写实例比较。

注意：一般情况下建议不要使用指定 width 和 height 属性的方式缩小图像，而应该采用 3.2.2 节中介绍的方式进行处理。因为用前一种方式无法实际更改图像文件的尺寸，而只是更改了显示大小。

2. 图像的边框

使用 IMG 标记符的 border 属性，可以给图像添加边框效果，边框的取值是像素数。例如，<IMG src="mm.gif" **border="1"**>将使显示的图像具有一个像素粗细的边框。

3. 设置图像周围的空白

可以在 IMG 标记符内使用属性 hspace 和 vspace 属性设置图像周围的空白，其中 hspace 属性表示水平方向的空白，vspace 属性表示垂直方向的空白，它们的取值都是像素数。通过指定图像周围的空白，可以使页面的版式更加合理。有关 hspace 属性和 vspace 属性的效果，请参见下面的"图文混排时的图像对齐"实例。

4. 图像的对齐

（1）图像在页面中的对齐

设置图像在页面中的对齐与设置文本对齐类似，可以使用 DIV 或 P 标记符将 IMG 标记符括起来，然后使用 align 属性。

图 3-19　图像在页面中居中对齐

例如，以下 HTML 语句将使图像居中对齐（图像默认时与文本一样是左对齐的）：

```
<P align="center">
    <IMG src="tulip.gif" alt="郁金香">
</P>
```

效果如图 3-19 所示。

（2）图像与周围内容的垂直对齐

使用 IMG 标记符的 align 属性，可以控制图像与周围内容的垂直对齐。此时，align 属性的值可以如下。

● top：表示图像与周围内容的顶部对齐。

● middle：表示图像与周围内容的中央对齐。

● bottom：表示图像与周围内容的底部对齐，此值为默认值。

例如，以下 HTML 代码说明了 align 属性如何控制文本与图像的垂直对齐（同时显示了 border 属性的效果），如图 3-20 所示。

```
<HTML>
<HEAD><TITLE>文本与图像的垂直对
齐示例</TITLE></HEAD>
<BODY>
<DIV align="center">
<P>此图像与文本<IMG src="star.gif"
border="1" align="top">顶部对齐</P>
<P>此图像与文本<IMG src="star.gif"
border="1" align="middle">中央对齐</P>
```

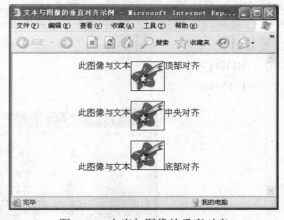

图 3-20　文字与图像的垂直对齐

```
<P>此图像与文本<IMG src="star.gif" border="1" align="bottom">底部对齐</P>
</DIV>
</BODY>
</HTML>
```

注意：在 IE 中，使用 align="middle"无法将图像与周围内容完全垂直居中对齐。对于图像和文字，只能是文字底部与图像垂直居中对齐。如果要获得完全垂直居中的效果，应使用一个非标准的属性值 absmiddle，即设置 align="absmiddle"，具体效果请读者自行尝试。

（3）图文混排时的图像对齐

如果要在图像的左、右环绕文本，也应该使用 IMG 标记符的 align 属性，此时 align 的取值可以如下。

● left：表示图像居左，文本在图像右侧。

● right：表示图像居右，文本在图像左侧。

例如，以下 HTML 代码显示了文本与图像的环绕效果（同时显示了 hspace 和 vspace 属性的效果），如图 3-21 所示。

<HTML>

<HEAD><TITLE>文本与图像的环绕示例</TITLE></HEAD>

<BODY>

<P><IMG src="peony1.jpg" align="left" hspace="10" vspace="10">牡丹，别名木芍药、洛阳花、谷雨花、鹿韭等。属毛茛科多年生落叶灌木，与芍药同科。我国以牡丹为花王，芍药为花相。它高 1-2 米，老干可达 3 米。叶互生，二回三出羽状复叶。花单瓣至重瓣。一般各种花冠直径 15-30 厘米。花色有红、粉、黄、白、绿、紫等，花期 5 月上中旬。牡丹性宜凉爽，畏炎热，喜燥忌湿，原产我国西北，栽培历史久远。河南洛阳、山东荷泽、四川彭县都盛产牡丹。牡丹花丰姿绰绝，形大艳美，仪态万方，色香俱全，观赏价值极高，在我国传统古典园林广为栽培。除观赏外，其根可入药，称"丹皮"，可治高血压、除伏火、清热散瘀、去痈消肿等。花瓣还可食用，其味鲜美。</P>

<P><IMG src="peony2.jpg" align="right" hspace="10" vspace="10">牡丹原产中国，为落叶亚灌木。喜凉恶热，宜燥惧湿，可耐-30℃的低温，在年平均相对湿度 45%左右的地区可正常生长。喜光，亦稍耐阴。要求疏松、肥沃、排水良好的中性壤土或砂壤土，忌粘重土壤或低温处栽植。</P>

</BODY>

</HTML>

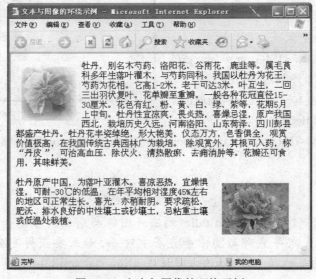

图 3-21　文本与图像的环绕示例

3.4　使用图像映射

本节首先介绍图像映射的基本概念，接着介绍如何在网页中使用图像映射。

3.4.1　什么是图像映射

所谓图像映射就是指在一幅图中定义若干个区域（这些区域被称为热点，也就是 hotspot），每个区域中指定一个不同的超链接，当单击不同区域时便可以跳转到相应的目标页面。

图像映射在 Web 上有很多应用，最常见的用法包括电子地图、页面导航图、页面导航条等。

3.4.2　创建图像映射

要创建一个图像映射，首先应在图像上标记出映射区域，然后再在 IMG 标记符中对所定义的区域信息进行引用。

1．定义映射区域

定义映射区域应使用 MAP 标记符，在<MAP>和</MAP>之间添加映射区域信息。为了能够引用相应的映射信息，应在 MAP 标记符中使用 name 属性指定图像映射的名称。例如，要建立一个名为 mymap 的图像映射，就应输入：

<MAP name="mymap"></MAP>

添加映射区域信息应使用 AREA 标记符（没有结束标记符），每个映射区域用一个 AREA 标记符。例如，如果一幅图上需要有 3 个映射区域（即包含 3 个超链接），则应使用 3 个 AREA 标记符。

AREA 标记符具有以下 3 个基本属性。

（1）href 属性

对于每个区域，AREA 标记符的 href 属性标识出超链接的目标文档，这与 A 标记符的 href 属性类似。

（2）shape 属性

AREA 标记符中的 shape 属性用于标出图像映射中映射区域的形状。shape 属性的取值可以是：rect（矩形），circle（圆形），poly（多边形）和 default（整个图像区域，IE 不支持此取值）。

（3）coords 属性

AREA 标记符中的 coords 属性用于标识图像映射中的区域边界。对于矩形而言，coords 有 4 个值，分别用逗号隔开，表示矩形区域左上角 x 坐标、左上角 y 坐标、右下角 x 坐标和右下角 y 坐标；对于圆形而言，coords 有 3 个值，分别表示圆心的 x 坐标、y 坐标以及圆的半径值；而对于多边形来说，则 coords 有多个值，分别表示各顶点的坐标值。

例如，以下 HTML 语句标记出了一个包含 3 个映射区域的图像映射：

<MAP name="mymap">

<AREA href="page1.htm" shape="rect" coords="1,1,30,30">

<AREA href="page2.htm" shape="circle" coords="400,200,100">

<AREA href="page3.htm" shape="poly" coords="250,200,300,250,200,250">

</MAP>

2. 对映射区域进行引用

标记了映射区域之后，就可以通过在 IMG 标记符中使用 usemap 属性来引用相应的映射信息，此时应将 usemap 的属性值设定为等于 MAP 标记符中 name 属性值。注意与锚点超链接类似，引用映射名称时也要用#号。例如，以下代码就定义了一个引用映射信息的图像映射：

<IMG src="imagemap.gif" usmap="#mymap">

说明：以上制作图像映射的方法在实际网页制作中使用非常少，多数情况下都是直接用所见即所得的网页制作工具制作图像映射的，有关信息请参见本书第 9 章。

练 习 题

1. 简要说明 GIF 和 JPEG 格式各自的特点。

2. 说明在网页中使用图像时应注意的基本原则。

3. 使用 Fireworks 对图像素材进行处理，对比使用不同像素大小、不同优化选项时的文件大小和显示效果。

4. 使用 Fireworks 制作一个 GIF 动画，并将动画插入到网页中。

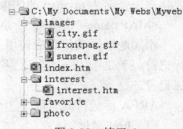

5. 使用 Fireworks 将现有的一副白色背景的图像制作成透明 GIF 图像，并将其插入到一个具有背景颜色的网页中。

6. 已知站点文件夹结构如图 3-22 所示，现在要在 index.htm 中插入图像 city.gif，请问应加入什么 HTML 语句？如果要在 interest.htm 中插入 city.gif 呢？

图 3-22 练习 6

7. 制作一个网页，满足以下要求：①单击一个图像跳转到另一个图像，作为超链接的图像不能有默认的蓝色边框（提示：在 IMG 标记符中指定 border="0"）；②单击页面中的一个超链接，跳转到另一个页面中的特定位置；③包含一个具有下载效果的超链接；④包含一个电子邮件超链接。

8. 制作一个简单的图像映射页面。

第 4 章　表格与框架

本章提要:

- 创建表格一般需要使用 TABLE 标记符、TR 标记符和 TD 标记符, 在 TD 标记符中使用 colspan 和 rowspan 属性可以合并单元格。
- 在创建表格的各种标记符内使用不同的属性, 可以控制表格的显示效果。
- 表格在网页中最常用的功能就是进行页面版式的控制。
- 框架是在同一个浏览器窗口中显示多个网页的技术, 创建框架需要使用 FRAMESET 和 FRAME 标记符。
- 在制作框架结构的网页时, 最重要的是指定超链接的目标框架, 从而获得交互式的界面效果。

4.1　创建表格

本节介绍如何在网页中创建表格, 包括表格的基本元素构成、合并单元格以及构造表格的基本步骤。

4.1.1　表格的基本构成

不论是在什么类型的文档中, 表格都是最常见的一种页面元素。表格由行和列组成, 行列交叉构成了单元格, 对于某些表格来说, 还有用于说明表格用途的标题。

在 HTML 中创建一个普通的表格应包括以下标记符。

- TABLE

TABLE 标记符用于定义整个表格, 表格内的所有内容都应该位于<TABLE>和</TABLE>之间。

- CAPTION

如果表格需要标题, 那么就应该使用 CAPTION 标记符将表格标题包括在<CAPTION>和</CAPTION>之间。如果使用了 CAPTION 标记符, 它应该直接位于<TABLE>之后。可以用 CAPTION 标记符的 align 属性控制表格标题的显示位置, align 属性可以有 4 种取值: top(标题放在表格上部), bottom(标题放在表格下部), left(标题放在表格上部的左侧)和 right(标题放在表格上部的右侧), 默认情况下使用 top。

- TR

TR 标记符用于定义表格的行, 对于每一个表格行, 都对应于一个 TR 标记符。TR 标记符的结束标记符可以省略。

● TD 和 TH

在表格行中的每个单元格，都对应于一个 TD 标记符或者 TH 标记符，用于标记表格的内容，其中可以包括文字、图像或其他对象。TD 与 TH 的功能和用法几乎完全相同（可以任意混合使用，但效果略有不同），唯一不同之处在于 TD 表示普通表格数据，而 TH 表示表格的行列标题数据（也就是通常所说的表头）。TD 和 TH 的结束标记符都可以省略，并且可以不包括任何内容（此时即为空单元格）。

例如，以下实例显示了如何在 HTML 中生成一个表格，效果如图 4-1 所示。

```
<HTML>
<HEAD><TITLE>表格示例</TITLE></HEAD>
<BODY>
<TABLE border>
<CAPTION><H2>课程表</H2></CAPTION>
<TR>
    <TH><IMG src="fire.gif"><TH>星期一<TH>星期二<TH>星期三<TH>星期四<TH>星
期五
<TR>
    <TH>第 1 大节<TD>数学<TD>英语<TD>数学<TD>英语<TD>哲学
<TR>
    <TH>第 2 大节<TD>物理<TD>计算机<TD>计算机<TD><TD>计算机
<TR>
    <TH>第 3 大节<TD>计算机<TD><TD>英语<TD>计算机<TD>
</TABLE>
</BODY>
</HTML>
```

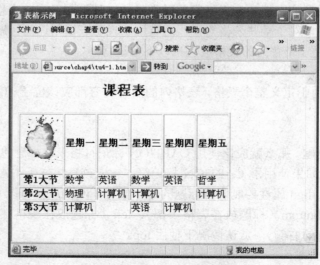

图 4-1　表格示例

说明：表格默认是没有边框的，因此以上代码中在 TABLE 标记符添加了 border 属性显示边框。有关边框显示的内容，请参见 4.2.1 节。

4.1.2 合并单元格

如果在网页中需要创建不规则的表格，那么就需要进行单元格的合并。

● 行合并

在<TD>和<TH>标记符内使用 rowspan 属性可以进行行合并，rowspan 属性的取值表示纵方向上合并的行数。rowspan 这个单词本身的含义就是跨越的行数。

● 列合并

在<TD>和<TH>标记符内使用 colspan 属性可以进行列合并，colspan 属性的取值表示水平方向上合并的列数。colspan 这个单词本身的含义就是跨越的列数。

例如，以下 HTML 代码制作了一个不规则的表格，效果如图 4-2 所示。

图 4-2 不规则表格示例

<HTML>

<HEAD><TITLE>合并单元格示例</TITLE></HEAD>

<BODY>

<TABLE border>

<CAPTION><H2>学生情况表</H2></CAPTION>

<TR>   <!--第一行-->

  <TH rowspan="2">学号

  <TH colspan="3">个人信息

  <TH colspan="2">入学信息

<TR>   <!--第二行-->

  <TH>姓名<TH>性别<TH>年龄<TH>班级<TH>入学年月

<TR>   <!--第三行-->

  <TD>007<TD>张晓明<TD>不详<TD>19<TD>888888<TD>2001 年 9 月

<TR>   <!--第四行-->

  <TD>008<TD>陈鹏<TD>男<TD>20<TD>888888<TD>2001 年 9 月

</TABLE>

</BODY>

</HTML>

4.1.3 构造表格的步骤

根据 4.1.2 节的示例可以看出，构造表格的基本步骤如下。

（1）使用 TABLE 标记符包括所有表格内容。如果需要表格标题，则在<TABLE>后使用 CAPTION 标记符。

（2）从第一行开始，使用 TR 标记符分隔每一行。表格有多少行，就应该有多少个 TR 标记符。表格的行数应该是垂直方向上单元格的最大数。例如，在 4.1.2 节的示例中，该表格共有 4 行。

（3）在每一行（即 TR 标记符后）内，依次用 TH 或 TD 标记符标记每个单元格的内容。如果碰到跨行的单元格，则用 rowspan 属性进行标记，并且只在首次出现的行中包括（例如，在 4.1.2 节的示例表格中，第二行中只有 5 个 TH 标记符，这是由于第一列的内容跨行显示）。如果碰到跨列的单元格，则用 colspan 属性进行标记（例如，在 4.1.2 节的示例表格中，第一行只包括 3 个 TH 标记符，但占据了 6 列的位置）。

（4）按照步骤（3）的做法，顺次一行一行处理，直到表格结束。如果遇到空单元格，只需使用空的 TH 或 TD 标记符即可。

注意：创建表格时，最好能事先在纸上画出草图，以便能清楚地了解表格的结构。

4.2 表格的属性设置

本节介绍如何使用各个标记符中的属性控制表格的显示效果，包括 TABLE 标记符中的各种属性和 TR，TD 标记符中的各种属性。

4.2.1 边框与分隔线

在 TABLE 标记符内使用 frame，rules 和 border 属性可以设置表格的边框和单元格分隔线。

1. frame 属性

表格边框表示表格最外层的 4 条框线，可以用 frame 属性进行控制，该属性的取值可以如下。

- void：表示无边框。void 是默认值，即默认时不显示边框。
- above：表示仅有顶框。
- below：表示仅有底框。
- hsides：表示仅有顶框和底框。
- vsides：表示仅有左、右侧框。
- lhs：表示仅有左侧框。
- rhs：表示仅有右侧框。
- box：表示包含全部 4 个边框。
- border：表示包含全部 4 个边框。

2. rules 属性

rules 属性用于控制是否显示以及如何显示单元格之间的分隔线，取值可以如下。

- none：表示无分隔线。none 是默认值，即默认时不显示单元格间的分隔线。
- groups：表示仅在行组和列组间有分隔线。

说明：行组和列组是 HTML 4.0 中有关表格的两个概念，但一般不常用，所以本书忽略不讲。

- rows：表示仅有行分隔线。
- cols：表示仅有列分隔线。
- all：表示包括所有分隔线。

3．border 属性

border 属性用于设置边框的宽度，其值为像素数。如果设置 border="0"，则意味着 frame="void"，rules="none"（除非另外设置）。如果设置 border 属性为其他值（如果使用不指定值的单独一个 border，相当于 border="1"），则意味着 frame="border"，rules="all"（除非另外设置）。

例如，以下两条语句的含义相同：

<TABLE border="2">

<TABLE border="2" frame="border" rules="all">

以下 HTML 代码显示了表格设置边框和分隔线时的显示效果，如图 4-3 所示。

<HTML>

<HEAD>

<TITLE>表格的边框和分隔线示例</TITLE>

</HEAD>

<BODY>

<TABLE border="4" frame="hsides" rules="rows">

<!--边框宽度为 4 像素，仅显示上下边框和横向分隔线-->

　<CAPTION><H3>我的日程表</H3></CAPTION>

<TR>

<TH>星期一<TH>星期二<TH>星期三<TH>星期四<TH>星期五

<TR>

<TD>学习<TD>学习<TD>学习<TD>学习<TD>看电影

<TR>

<TD>看电视<TD>Warcraft<TD>下棋<TD>升级<TD>学习

<TR>

<TD>WOW<TD>上网<TD>学习<TD>打篮球<TD>打篮球

</TABLE>

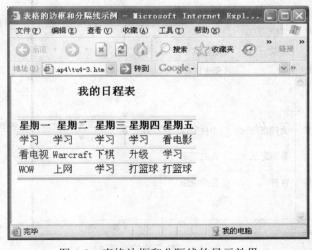

图 4-3　表格边框和分隔线的显示效果

</BODY>

</HTML>

4.2.2　控制单元格空白

在 TABLE 标记符中使用 cellspacing 属性可以控制单元格之间的空白，使用 cellpadding 属性可以控制表格分隔线和数据之间的距离，这两个属性的取值通常都采用像素数。

例如，以下示例显示了这两个属性如何影响单元格内和单元格间的空白，效果如图 4-4 所示。

```
<HTML>
<HEAD><TITLE>表格单元格空白示例</TITLE></HEAD>
<BODY>
表格 1<HR align="left" width="50%">
<TABLE border cellspacing=10>
<TR><TD>大话西游<TD>大内密探 008<TD>少林足球
<TR><TD>鹿鼎记<TD>喜剧之王<TD>九品芝麻官
<TR><TD>逃学威龙<TD>食神<TD>百变金刚
</TABLE>
<P>
表格 2<HR align="left" width="50%">
<TABLE border cellpadding="10">
<TR><TD>大话西游<TD>大内密探 008<TD>少林足球
```

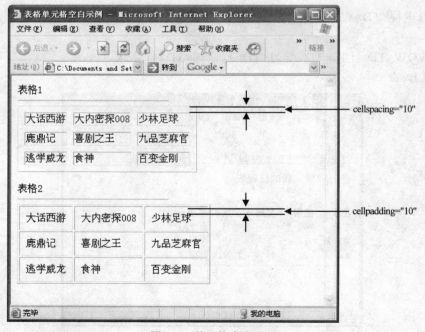

图 4-4　单元格空白示例

```
<TR><TD>鹿鼎记<TD>喜剧之王<TD>九品芝麻官
<TR><TD>逃学威龙<TD>食神<TD>百变金刚
</TABLE
</BODY>
</HTML>
```

4.2.3 表格的对齐

表格的对齐包括表格在页面中的对齐和表格数据在单元格中的对齐。

1. 表格的页面对齐

表格在页面中的对齐与其他页面内容一样，可以直接在 TABLE 标记符中使用 align 属性。例如，以下语句将使表格在页面中居中对齐：

```
<TABLE align="center">
```

另外，也可以用 DIV 标记符的 align 属性设置表格的对齐，方法是：将 TABLE 标记符包含在<DIV align="">和</DIV>之间。

如果不使用 TABLE 标记符的 align 属性设置表格的页面对齐，则跟在表格后的文本自动显示在表格下的一行。如果使用了 TABLE 的 align 属性设置页面对齐，并且使用的是 left 或 right 值，则跟在表格后的文本会位于表格的右边或左边，从而形成文本与表格环绕的效果。

2. 表格内容的水平对齐

表格单元格内容的对齐包括各数据项在水平方向和垂直方向上的对齐。

设置水平对齐的方法是：在标记符<TR>，<TH>，<TD>内使用 align 属性，其常用的取值可以如下。

- center：表示单元格内容居中对齐。
- left：表示单元格内容左对齐，此值为默认值。
- right：表示单元格内容右对齐。
- justify：表示单元格内容两端对齐，但一般浏览器均不支持此取值。

如果是在 TR 标记符中使用 align 属性，则可以控制整行内容的水平对齐；如果是在 TD 或 TH 标记符中使用 align 属性，则是控制相应单元格中内容的水平对齐。

例如，以下 HTML 代码显示了单元格内容水平对齐的效果，如图 4-5 所示。

```
<HTML>
<HEAD><TITLE>表格数据的水平对齐</TITLE></HEAD>
<BODY>
<TABLE border>
<CAPTION><H3>表格数据的水平对齐</H3></CAPTION>
<TR align ="right"><TD>本行数据右对齐<TD>右<TD>右
<TR><TD>左<TD>本行数据为默认左对齐<TD>左
<TR align="center"> <TD>中<TD>中<TD>本行数据居中对齐
</TABLE>
</BODY>
```

</HTML>

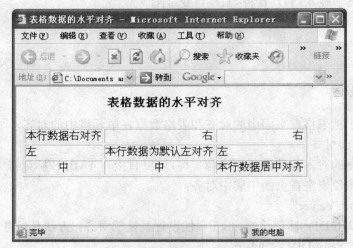

图 4-5　表格数据的水平对齐

3．表格内容的垂直对齐

设置表格数据在垂直方向的对齐应在 TR，TD 或 TH 标记符中使用 valign 属性，valign
属性的常用取值如下。

● top：表示数据靠单元格顶部。

● bottom：表示数据靠单元格底部。

● middle：表示数据在单元格的垂直方向上居中，此值为默认值。

与 align 属性类似，如果是在 TR 标记符中使用 valign 属性，则可以控制整行内容的垂
直对齐；如果是在 TD 或 TH 标记符中使用 valign 属性，则是控制相应单元格中内容的垂直
对齐。

例如，以下 HTML 代码显示了单元格内容垂直对齐的效果，如图 4-6 所示。

<HTML>

<HEAD><TITLE>表格数据的垂直对齐</TITLE></HEAD>

<BODY>

<TABLE border align="center">

<CAPTION><H3>表格数据的垂直对齐</H3></CAPTION>

<TR valign ="top">

<TD><IMG src="world.gif"><TD>垂直顶端对齐

<TR>

<TD><IMG src="world.gif"><TD>垂直居中对齐（默认）

<TR valign="bottom">

<TD><IMG src="world.gif"><TD>垂直底部对齐

</TABLE>

</BODY>

</HTML>

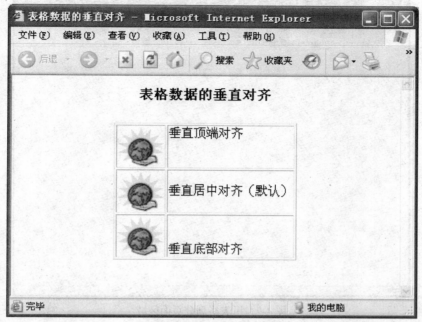

图 4-6　表格数据的垂直对齐

4.3　使用表格设计网页布局

本节介绍表格在网页中最重要的应用——设计页面布局，包括控制表格和单元格大小、设置表格和单元格的背景、使用嵌套表格以及表格布局的一些应用实例。

4.3.1　控制表格和单元格大小

由于表格能将网页划分为任意大小的矩形区域，所以表格在网页中更多的是用做排版工具。如果要分割页面区域，经常要做的就是设置表格和单元格大小。

可以使用标记符的 width 和 height 属性设置表格和单元格大小，这两个属性的取值可以是像素数，也可以是百分比，但一般都使用绝对的像素数。

说明：通常只需要设置表格宽度即可，表格高度会由浏览器根据表格中的内容自动确定。在下面的例子中，由于表格中没有放置内容，所以设置了单元格高度。

例如，以下 HTML 代码将页面划分为 4 个部分（为了显示效果，为表格添加了边框），如图 4-7 所示。

```
<TABLE borderalign="center">
<TR height="400">
  <TD width="200"> <TD width="300"> <TD width="200"> 
<TR>
  <TD colspan="3" height="100"> 
</TABLE>
```

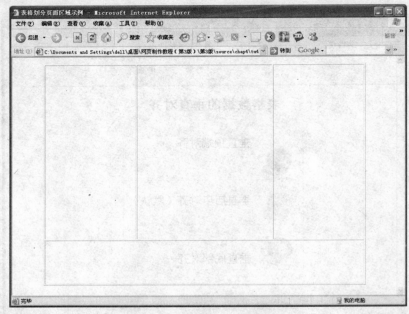

图 4-7　用表格划分页面区域

4.3.2　设置表格和单元格的背景

　　与设置整个页面的背景类似，表格或单元格也可以设置背景颜色或图案。设置方法为：在 TABLE 或 TD 标记符内使用 bgcolor 属性设置背景颜色，使用 background 属性设置背景图案。

　　例如，以下 HTML 代码显示了设置表格和单元格背景的效果，如图 4-8 所示。

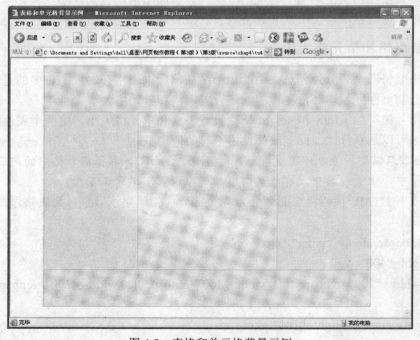

图 4-8　表格和单元格背景示例

```
<TABLE border align="center" background="background.jpg">
<TR>
    <TD colspan="3" height="100"> 
<TR height="350">
    <TD width="200" bgcolor="#DDDDDD"> 
<TD width="300"> 
<TD width="200" bgcolor="#DDDDDD"> 
<TR>
    <TD colspan="3" height="80"> 
</TABLE>
```

4.3.3　使用嵌套表格

在设置页面布局时，非常常用的一种方法就是将表格嵌套。嵌套表格的方法很简单，只要将表格作为一个单元格的内容，放置在<TD>之后即可。

例如，以下 HTML 代码显示了使用嵌套表格构造页面布局的效果（注意其中包括了很多学过的内容），如图 4-9 所示。

```
<HTML>
<HEAD><TITLE>游戏</TITLE></HEAD>
<BODY>
<TABLE align="center" cellpadding="0" cellspacing="0" width="619">
    <TR>
        <TD align="middle" height="103" valign="top">
<IMG src="tu4-9.files/shouyetitle.jpg" width="395" height="95">
    <TR>
        <TD align="left" background="tu4-9.files/daohangtiao1.jpg" height="30">
          <P><FONT size="2" color="white">   当前位置：<A href="#"><FONT
color="white"> 首 页 </FONT></A> &gt； <A href="#"><FONT color="white"> 个 人 天 地
</FONT></A> &gt；游戏</FONT>
    <TR>
        <TD align="middle" height="345" valign="top"><BR>
        <TABLE border="1" cellpadding="5" cellspacing="0" width="606">
          <TR>
            <TD bgcolor="#99ccff" height="253" width="85"> 
            <TD height="253" valign="top" width="495">
              <BR><P>暗黑破坏神 2
              <UL>
                <LI><A href="#">人物角色</A>
                <LI><A href="#">三个首要恶魔</A>
                <LI><A href="#">西部王国</A>
```

```
            <LI><A href="#">快速参考</A>
        </UL>
    </TABLE>
    <P align="center"><FONT size="2">| <A href="#">首页</A> | <A href="#">网页制
作</A> | <A href="#">读者服务</A> | <A href="#">个人天地</A> |</FONT>
</TABLE>
</BODY>
</HTML>
```

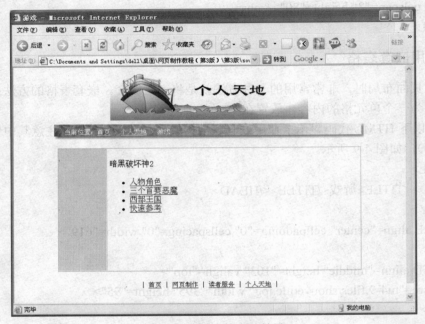

图4-9 嵌套表格布局效果

4.3.4 表格布局综合应用

1．设置各种细线效果

在很多网页上，我们经常看到各种细线的布局效果，使得页面简洁明快、条理清楚。这些细线效果要么是用图像的方式生成，要么是利用表格的各种特性制作。使用表格实现这些细线可以使网页文件更小，下载更快，因此更为实用。细线效果大致可以分为两类，一是表格框线，二是各种横竖分隔线。

（1）表格框线

以下HTML代码显示了表格框线的细线效果，如图4-10所示。

```
<TABLE cellspacing="1" cellpadding="5" align="center" bgcolor="purple">
<TR bgcolor="aliceblue">
    <TD width="200" align="middle"><B>剑客</B>
<TR bgcolor="white">
    <TD align="middle">
```

十年磨一剑，
霜刃未曾试。
今日把示君，
谁有不平事？
</TABLE>

图 4-10 表格框线的细线效果

说明：制作表格框线细线效果的要点为：将 TABLE 标记符的 bgcolor 属性设置为要显示的线的颜色，将 TABLE 标记符的 cellspacing 属性设置为细线的粗细（通常为"1"），将单元格或表格行的 bgcolor 属性设置为不同于表格 bgcolor 的值。

（2）横竖分隔线

以下 HTML 代码显示了横竖分隔线的细线效果，如图 4-11 所示。

<TABLE cellspacing="0" cellpadding="0" align="center">

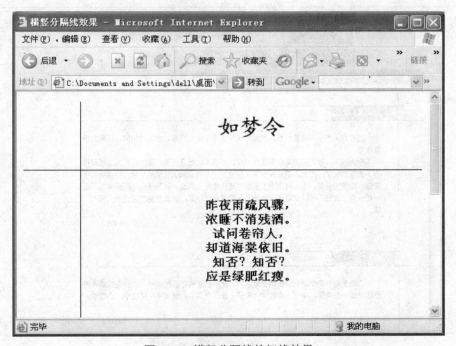

图 4-11 横竖分隔线的细线效果

```
    <TR height="100">
      <TD width="100"> 
      <TD width="1" bgcolor="black">
      <TD width="600"><H1 align="center"><FONT face="楷体_gb2312">如梦令
</FONT></H1>
    <TR height="1">
      <TD colspan="3" bgcolor="black">
    <TR height="600">
      <TD width="100"> 
      <TD width="1" bgcolor="black">
      <TD width="600" align="middle" valign="top"><H3><BR><BR>昨夜雨疏风骤，<BR>
浓睡不消残酒。<BR>试问卷帘人，<BR>却道海棠依旧。<BR>知否？知否？<BR>应是绿肥
红瘦。</H3>
    </TABLE>
```

说明：制作横竖分隔线细线效果的要点为：将 TABLE 标记符的 cellspacing 属性和 cellpadding 属性都设置为"0"，将要作为细线的单元格的 bgcolor 属性设置为细线的颜色，将该单元格的 width 属性（竖线）或 height 属性（横线）设置为细线的粗细（通常为"1"），注意该单元格中不能有任何内容（包括空格）。

2. 表格布局的综合实例

图 4-12～图 4-16 所示为一些实际的网页布局效果，请读者自行分析其中用到的各种技巧。

图 4-12　表格布局综合实例 1

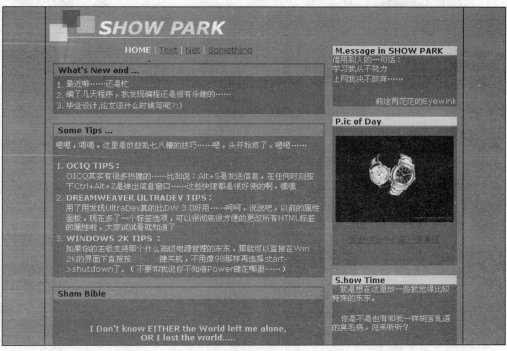

图 4-13　表格布局综合实例 2

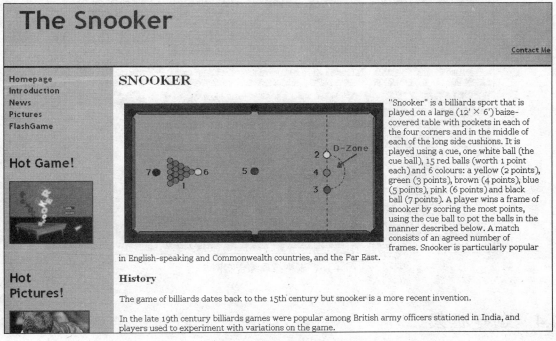

图 4-14　表格布局综合实例 3

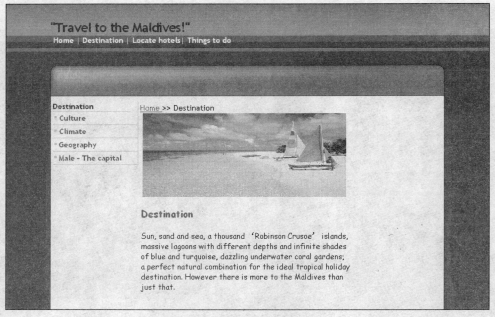

图 4-15　表格布局综合实例 4

图 4-16　表格布局综合实例 5

4.4　创建框架

本节首先介绍框架的基本概念，接着介绍如何用 FRAMESET 和 FRAME 标记符生成框架结构的网页。

4.4.1　什么是框架

为了能在同一个浏览器窗口中显示多个网页，需要使用框架结构。框架将浏览器窗口划分为不同的部分，每部分中装载不同的网页，从而获得一种特殊的效果。此外，通过为超链接指定目标框架，可以为框架之间建立起内容之间的联系，因而实现页面导航的功能。

最常见的框架结构是 Web 型的联机帮助系统（其本质也就是网页），它们通常都采用一种目录式结构，左边是帮助主题，右边是帮助内容；当单击左边的超链接时，相应内容显示在右边的框架中。例如，图 4-17 显示了 Dreamweaver 联机帮助的效果。

图 4-17　框架结构的联机帮助系统

框架的这种导航功能，在实际的网页制作中应用非常广泛。例如，图 4-18 所示为一个个人站点某栏目的导航结构，当单击左边的目录时，相应内容会在右边显示，图中左上是单击"大使教材"时的效果，右下是单击"辣极文章"时的效果。

4.4.2　指定框架结构

要创建框架结构的网页，首先必须有一个网页用于指定整个浏览器窗口如何划分，也就是所谓的框架集网页。在框架集网页中不包含任何可显示的内容，而只是包含如何组织各个框架的信息和框架中的初始页面信息。

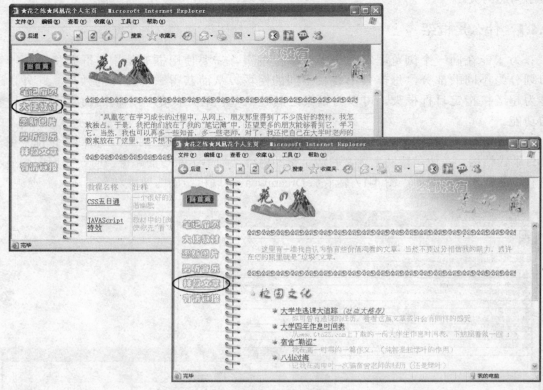

图 4-18　框架结构的网页

在框架集网页中，除了基本的 HTML，HEAD 等标记符以外，主要包括框架集标记符 FRAMESET（必须有结束标记符</FRAMESET>）和框架标记符 FRAME（没有结束标记符）。一个典型的框架集网页如下所示：

```
<HTML>
<HEAD><TITLE>框架集网页</TITLE></HEAD>
<FRAMESET cols="200,*">
    <FRAME>
    <FRAME>
</FRAMESET>
</HTML>
```

注意：在 HTML 文档中，如果包含 FRAMESET 标记符，则不能再包含 BODY 标记符，反之亦然。

该框架集的显示效果如图 4-19 所示。

由于框架是按行和列进行排列的，所以建立框架结构时使用 FRAMESET 标记符的 rows 属性或 cols 属性，分别可以构造出横向分隔框架和纵向分隔框架。根据 rows 属性或 cols 属性的取值，可以确定框架结构中包含多少框架，相应也就必须设置对应个数的 FRAME 标记符。

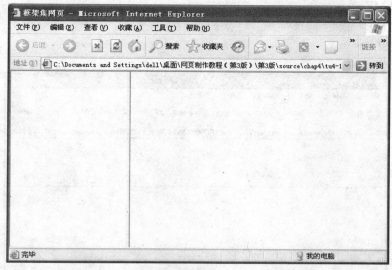

图 4-19　框架集示例 1

注意：rows 属性和 cols 属性通常不同时使用，如果需要创建同时包含横向框架和纵向框架的文档，应使用嵌套框架，具体请参见 4.4.3 节。

rows 属性和 cols 属性的取值包括 3 种类型：一是直接指定像素数；二是指定百分数（即相对于浏览器窗口大小的百分数）；三是使用 $n*$（其中 n 是 $\geqslant 1$ 的整数）指定相对大小。指定属性值时，值之间用"，"号分开并且不能有空格，根据值的个数和设置可以确定框架数目和位置。

当属性值为 $n*$ 时，表示框架的大小为由前两种方法（即像素数或百分数）指定框架大小后浏览器窗口的剩余部分。例如，如果指定 cols="30%,*"，则表示左边框架占浏览器窗口宽度的 30%，右边框架占剩余部分（也就是 70%）。如果取值包括多个 $n*$，那么 $n*$ 表示框架之间的比例关系。例如，使用 "*，*" 时表示窗口分成两个均等的框架，使用 "*，*，*" 时表示窗口分成 3 个均等的框架等，而 "*，2*，3*" 则表示最左边（或最上边）的框架占窗口宽度（或高度）的 1/6，中间的框架占窗口宽度（或高度）的 1/3，最右边（或最下边）的框架占窗口宽度（或高度）的 1/2。

例如，以下框架集将窗口在垂直方向上分为 3 个框架，上下两个框架分别为 80 像素高，中间的框架占窗口的剩余部分，效果如图 4-20 所示。

<FRAMESET rows="80,*,80">

  <FRAME>

  <FRAME>

  <FRAME>

</FRAMESET>

以下框架集将窗口在水平方向上分为 3 个框架，中间的框架为 250 像素高，而左边的框架占剩余空间的 1/4，右边的框架占剩余空间的 3/4，效果如图 4-21 所示。

<FRAMESET cols="*,250,3*">

  <FRAME>

```
    <FRAME>
    <FRAME>
</FRAMESET>
```

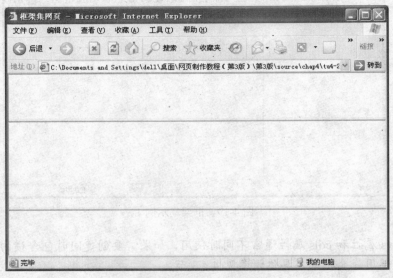

图 4-20　框架集示例 2

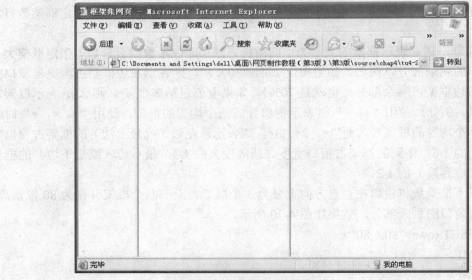

图 4-21　框架集示例 3

4.4.3　框架的嵌套

如果网页设计者需要创建复杂一些的框架集，也就是同时包含横向和纵向的框架，此时可以使用框架嵌套。框架嵌套时只需在要使用 FRAME 标记符标记框架时使用 FRAMESET 标记符再标记一个框架集即可。

例如，以下 HTML 代码创建了一个带有嵌套框架的框架集，其显示效果如图 4-22 所示。

```
<HTML>
<HEAD><TITLE>嵌套框架</TITLE></HEAD>
<FRAMESET rows="100,* ">
  <FRAME>
  <FRAMESET cols="150,*">
    <FRAME>
    <FRAME>
  </FRAMESET>
  <NOFRAMES>
    <BODY><P>太遗憾了，您的浏览器不支持框架！</P></BODY>
  </NOFRAMES>
</FRAMESET>
</HTML>
```

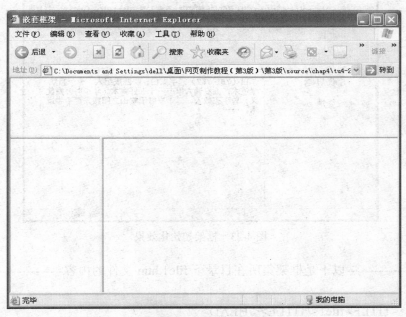

图 4-22　嵌套框架示例

说明：以上示例中用到了 NOFRAME 标记符，该标记符中的内容是在浏览器不支持框架时显示的。由于目前绝大多数浏览器都支持框架，所以通常可以不使用该标记符。

4.4.4　框架的初始化

框架初始化是指为各个框架指定初始显示的页面，此时应使用 FRAME 标记符的 src 属性，将该属性的值指定为要在框架中显示的页面即可。指定页面时可以使用相对路径，也可以使用绝对路径。

例如，以下 HTML 代码显示了为框架设置初始页面的效果，如图 4-23 所示。

--------------------------------以下是框架集文档的内容--------------------------------

```
<HTML>
<HEAD><TITLE>初始化框架</TITLE></HEAD>
<FRAMESET rows="100,* ">
    <FRAME src="file1.htm">
    <FRAMESET cols="200,*">
        <FRAME src="file2.htm">
        <FRAME src="file3.htm">
    </FRAMESET>
</FRAMESET>
</HTML>
```

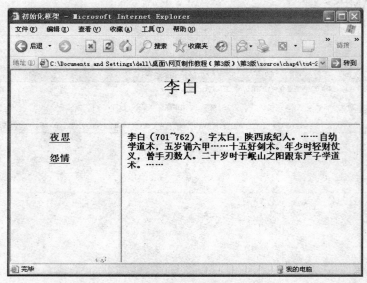

图 4-23　框架初始化效果

------------------------以下是框架集所在目录下 file1.htm 文件的内容------------------

```
<HTML>
<HEAD><TITLE>file1</TITLE></HEAD>
<BODY><H1 align="center">李白</H1></BODY>
</HTML>
```

------------------------以下是框架集所在目录下 file2.htm 文件的内容------------------

```
<HTML>
<HEAD><TITLE>file2</TITLE></HEAD>
<BODY>
    <H3 align="center"><A href="#">夜思</A></H3>
    <H3 align="center"><A href="#">怨情</A></H3>
```

</BODY>

</HTML>

------------------------以下是框架集所在目录下 file3.htm 文件的内容------------------

<HTML>

<HEAD><TITLE>file3.htm</TITLE></HEAD>

<BODY>

<H4>李白（701～762），字太白，陕西成纪人。……自幼学道术，五岁诵六甲……十五好剑术。年少时轻财仗义，曾手刃数人。二十岁时于岷山之阳跟东严子学道术。……</H4>

</BODY>

</HTML>

4.5　控制框架的显示效果

本节介绍如何通过设置 FRAME 标记符中的各种属性，控制框架的显示效果。

4.5.1　边框效果

1. 框架边框的设置

使用 FRAME 标记符的 frameborder 属性可以控制是否显示框架边框，该属性的取值为 1 或 0。如果取值为 1，表示生成 3D 边框（此为默认设置）；如果取值为 0，则不显示边框。

注意：只有将所有相邻框架的边框都设置为 0，才能隐藏边框。

例如，将图 4-23 所示实例的框架集文件更改为如下（其他文件保持不变），则显示效果如图 4-24 所示。

<HTML>

<HEAD><TITLE>框架边框的设置</TITLE></HEAD>

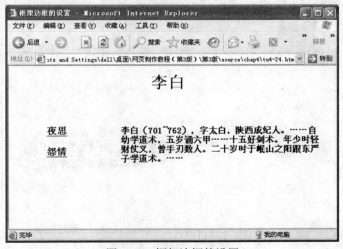

图 4-24　框架边框的设置

```
<FRAMESET rows="100,* ">
  <FRAME src="file1.htm" frameborder="0">
  <FRAMESET cols="200,*">
    <FRAME src="file2.htm" frameborder="0">
    <FRAME src="file3.htm" frameborder="0">
  </FRAMESET>
</FRAMESET>
</HTML>
```

2. 框架滚动条的设置

使用 FRAME 标记符的 scrolling 属性可以控制是否在框架内加入滚动条，其值可以取为"yes"，"no"或"auto"。yes 表示强制加垂直滚动条和水平滚动条，no 表示框架内不加滚动条，auto 表示需要时加滚动条（默认设置）。

说明：一般情况下采用默认设置即可，不同选项的设置请读者自行尝试。

3. 设置边框的不可移动属性

一般而言，浏览者可以使用鼠标移动框架的边框，以便查看内容。但很多时候为了保持页面的整体效果，需要将各框架的位置和大小固定，此时应使用 FRAME 标记符的 noresize 属性，该属性不需要任何取值，如下所示：

```
<FRAME noresize>
```

4.5.2 设置框架空白

FRAME 标记符的 marginwidth 属性可以控制框架内容和框架左右边框之间的距离，而 marginheight 属性则可以控制框架内容和框架上下边框之间的距离。这两个属性的取值都是像素数。

例如，将图 4-23 所示实例的框架集文件更改为如下（其他文件保持不变），则显示效果如图 4-25 所示（注意文字与周围边框的距离加大了）。

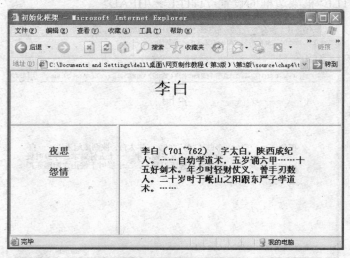

图 4-25　控制框架空白

```
<HTML>
<HEAD><TITLE>初始化框架</TITLE></HEAD>
<FRAMESET rows="100,* ">
   <FRAME src="file1.htm">
   <FRAMESET cols="200,*">
      <FRAME src="file2.htm" marginwidth="40" marginheight="40">
      <FRAME src="file3.htm" marginwidth="40" marginheight="40">
   </FRAMESET>
</FRAMESET>
</HTML>
```

4.6　使用框架设计网页布局

本节介绍框架在实际网页制作中最典型的应用——设计页面布局，主要包括指定超链接的目标框架和使用页内框架。

4.6.1　指定超链接的目标框架

由于每一个框架本身就是一个小窗口，所以在哪个框架中显示网页对于整个框架效果来说就是至关重要的。如果要获得框架的导航效果，就必须通过指定超链接的目标框架来实现。所谓目标框架，就是指超链接的目标文件要在哪个框架中显示。

控制超链接的目标文件在哪一个框架内显示的方法是在 A 标记符内使用 target 属性，格式为

<A href="目标文件" target="目标框架名">超链接内容</A>

target 属性的值可以是已定义的框架名（必须是框架集文件中为 FRAME 标记符指定的 name 属性值），也可以是以下特殊框架。

● _top：表示将超链接的目标文件装入整个浏览器窗口。
● _self：表示将超链接的目标文件装入当前框架（即超链接所在的框架），以取代该框架中正在显示的文件。此取值为默认值，即如果不指定别的目标框架，则超链接的目标文件将在超链接所在的框架打开。
● _blank：表示将超链接的目标文件装入一个新的浏览器窗口。
● _parent：表示将超链接的目标文件装入当前框架的父框架（也就是当前框架的最近一级的 FRAMESET 标记符），但一般浏览器将其实现为等同于_top，即在整个浏览器窗口中装载目标页面。

注意：特殊框架名称前面有下划线 "_"。

在框架集文件中为 FRAME 标记符指定 name 属性时，注意框架名应由字母（a～z 或 A～Z）打头，而不能以其他字符打头。

例如，以下实例将图 4-23 所示的例子全面更改，效果如图 4-26 所示。

------------------------------------以下是框架集文档的内容------------------------------------

```
<HTML>
<HEAD><TITLE>目标框架示例</TITLE></HEAD>
<FRAMESET rows="100,* ">
   <FRAME src="file1.htm">
   <FRAMESET cols="200,*">
      <FRAME src="file2.htm">
      <FRAME src="file3.htm" name="main">
   </FRAMESET>
</FRAMESET>
</HTML>
```

-----------------------以下是框架集所在目录下 file1.htm 文件的内容------------------
```
<HTML>
<HEAD><TITLE>file1</TITLE></HEAD>
<BODY><H1 align="center">李白</H1></BODY>
</HTML>
```

-----------------------以下是框架集所在目录下 file2.htm 文件的内容------------------
```
<HTML>
<HEAD><TITLE>file2</TITLE></HEAD>
<BODY>
   <H3 align="center"><A href="file4.htm" target="main">夜思</A></H3>
   <H3 align="center"><A href="file5.htm" target="_blank">怨情</A></H3>
</BODY>
</HTML>
```

-----------------------以下是框架集所在目录下 file3.htm 文件的内容------------------
```
<HTML>
<HEAD><TITLE>file3</TITLE></HEAD>
<BODY>
<H4>李白（701～762），字太白，陕西成纪人。……自幼学道术，五岁诵六甲……十五
好剑术。年少时轻财仗义，曾手刃数人。二十岁时于岷山之阳跟东严子学道术。……</H4>
</BODY>
</HTML>
```

-----------------------以下是框架集所在目录下 file4.htm 文件的内容------------------
```
<HTML>
<HEAD><TITLE>file4 </TITLE></HEAD>
<BODY>
```

<H4>床前明月光，
疑是地上霜。
举头望明月，
低头思故乡。</H4>
</BODY>
</HTML>

------------------------以下是框架集所在目录下 file5.htm 文件的内容------------------

<HTML>
<HEAD><TITLE>file5 </TITLE></HEAD>
<BODY>
<H4>美人卷珠帘，
深坐蹙蛾眉；
但见泪痕湿，
不知心恨谁？</H4>
</BODY>
</HTML>

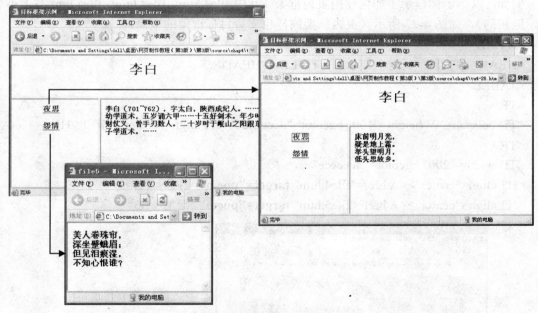

图 4-26　超链接目标框架效果

说明：在图 4-26 中，单击左边的"夜思"超链接时，其目标文件显示在右边命名为"main"的框架中，而单击左边的"怨情"超链接时，其目标文件会在一个新的浏览器窗口中打开。

注意：超链接的目标框架概念并非只在框架结构的网页中有用，在实际的网页制作过程中，也可以将 A 标记符的 target 属性指定为 _blank，从而使超链接目标文件在一个新的浏览器窗口中打开。但这种用法往往造成浏览时的混乱，所以一般建议不用。

4.6.2　使用页内框架

与框架结构网页是将整个浏览器划分为多个区域不同，页内框架是作为网页的一个组成部分，因此在一些场合常常可以获得很好的布局效果。

页内框架应使用 IFRAME 标记符指定，它是插入到网页中作为一个对象来使用的。对于包含在<IFRAME>和</IFRAME>标记符之间的内容，只有不支持框架或设置为不显示框架的浏览器才显示（类似于 NOFRAMES 标记符在框架结构网页中的作用）。

IFRAME 标记符包括以下属性，可以控制页内框架的显示。

● src 指定要在页内框架中显示的网页的 URL。

● width＝x 指定页内框架的宽，x 为像素数或相对于窗口宽度的百分数。

● height＝y 指定页内框架的高，y 为像素数或相对于窗口高度的百分数。

● align＝top | middle | bottom | left | right 指定页内框架对齐方式。

● frameborder＝1 | 0 指定页内框架是否采用边框。

● name 指定页内框架的名字。

● scrolling＝yes | no | auto 指定页内框架是否加滚动条。

● marginwidth＝x 指定页内框架水平方向上内容与边框的间隔，x 为像素数。

● marginheight＝y 指定页内框架垂直方向上内容与边框的间隔，y 为像素数。

例如，以下示例显示了如何使用页内框架（其中 file3.htm，file4.htm，file5.htm 与上小节的示例相同），如图 4-27 所示（页内框架同样也支持目标框架的概念）。

```
<HTML>
<HEAD><TITLE>页内框架示例</TITLE></HEAD>
<TABLE>
<TR>
<TD colspan="2" height="100" bgcolor="#cccccc"><H1 align="center">李白</H1>
<TR>
<TD width="200" bgcolor="#eeeeee">
<H3 align="center"><A href="file4.htm" target="poem">静思</H3>
<H3 align="center"><A href="file5.htm" target="poem">怨情</H3>
```

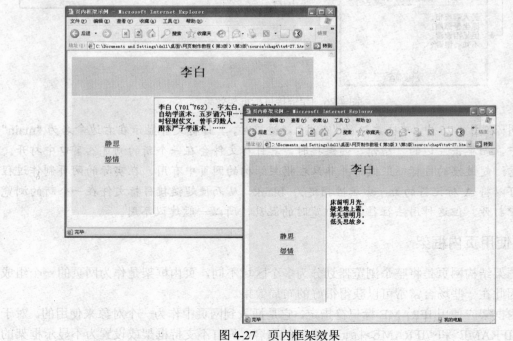

图 4-27 页内框架效果

```
<TD>
<IFRAME src="file3.htm" width="400" height="300" name="poem">
真可惜，您的浏览器不支持框架！
</IFRAME>
</TABLE>
</HTML>
```

练 习 题

1. 制作图 4-28 所示页面。

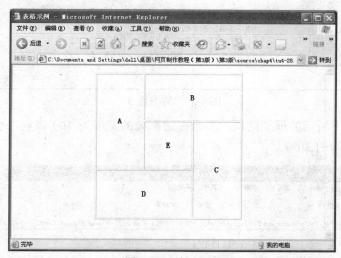

图 4-28 练习题 1

2. 制作一个布局效果如图 4-29 所示的页面。

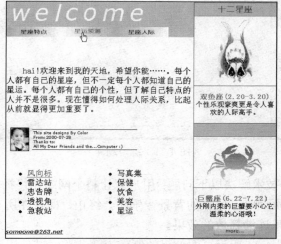

图 4-29 练习题 2

3．制作一个布局效果如图 4-30 所示的页面。

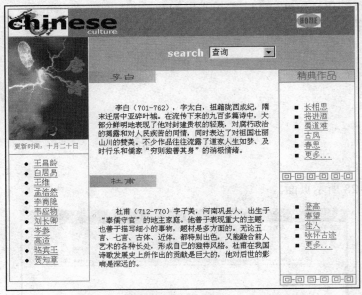

图 4-30　练习题 3

4．构造图 4-31 所示的框架结构，要求左边框架的宽度为 100 像素，右边框架的上半部分占整个浏览器窗口的 30%。

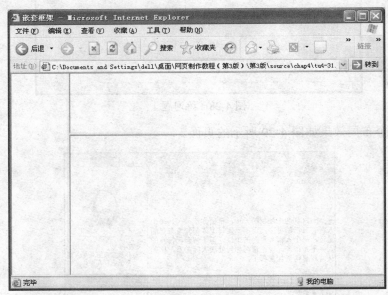

图 4-31　练习题 4

5．考虑如何用框架技术解决以下问题：用户想让整个网站始终播放一首背景音乐，但当单击超链接跳转到其他页面时，原来的背景音乐就会终止，即使在所有页面中添加同样的背景音乐，也无法获得音乐连续播放的效果。

6．分析图 4-32～图 4-34 所示页面效果的制作方法，并尝试使用表格实现类似的布局。

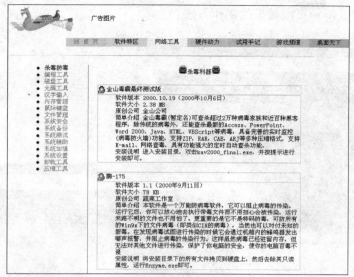

图 4-32　练习题 6-1

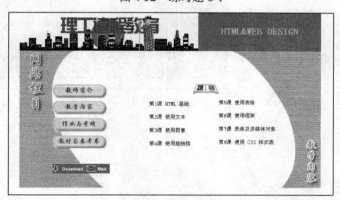

图 4-33　练习题 6-2

图 4-34　练习题 6-3

7. 分析图 4-35 所示页面效果的制作方法。

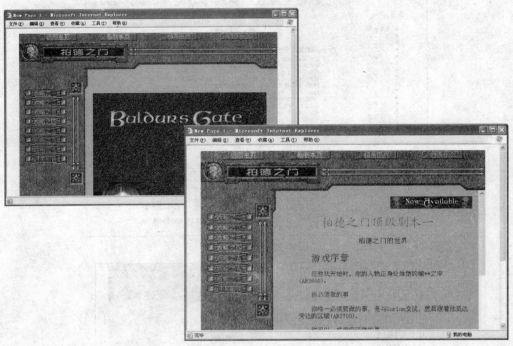

图 4-35　练习 7

第 5 章　表单与特殊对象

本章提要:

- 表单是用于实现网页浏览者与服务器之间信息交互的一种页面元素,它由表单控件和一般内容组成。
- 创建表单需要使用 FORM 标记符,在该标记符中可以指定处理表单的方式。
- 使用 INPUT 标记符可以创建文本框、口令框、复选框、单选框、文件选择框、按钮等表单控件,使用 TEXTAREA 标记符可以创建多行文本框,使用 SELECT 和 OPTION 标记符可以创建选项菜单。
- 使用 LABEL 标记符可以指定控件的标签。
- 使用 OBJECT 标记符可以插入 Flash,Shockwave 等多媒体对象,使用 APPLET 标记符可以插入 Java 小应用程序对象。
- Flash 中最常见的 3 种动画是逐帧动画、形状补间动画和补间动画。

5.1　创建表单

本节首先介绍表单的基本概念,接着简要介绍各种表单控件,最后介绍如何在页面中用 FORM 标记符插入一个表单。

5.1.1　什么是表单

表单是用于实现网页浏览者与服务器(或者说网页所有者)之间信息交互的一种页面元素,在 WWW 上它被广泛用于各种信息的搜集和反馈。例如,图 5-1 显示了一个用于进行电子邮件系统登录的表单。

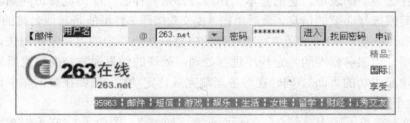

图 5-1　表单示例 1

在这个表单中,仅仅包含一些简单的文字和两个文本框(严格地说,是一个文本框和一个口令框),另外还有一个"进入"按钮。当浏览者在文本框中填写数据后单击"进入"按钮,则填写的内容将被传送到服务器，由服务器进行具体的处理，然后确定下一步的操作。例如，如果填写的会员代号和密码都正确，则可以进入自己的邮箱；如果填写内容有误，则会显示一个提示信息输入错误的页面。

除了这样直接嵌入到网页中的简单表单以外，在 WWW 中还有大量复杂的表单，可以传递更多的信息和完成更加复杂的功能。例如，在网上进行购物时，往往需要填写多个相关信息的表单，最后才能完成信息的提交；在申请一些免费账号（电子邮件账号或游戏账号）时，也同样需要填写一系列的表单才能最终获得想要的账号；另外，WWW 上大量的调查表也是用表单实现的。

图 5-2 显示了一个稍微复杂的表单，其中包含更多种类的表单控件：文本框、口令框、单选框、下拉菜单等。

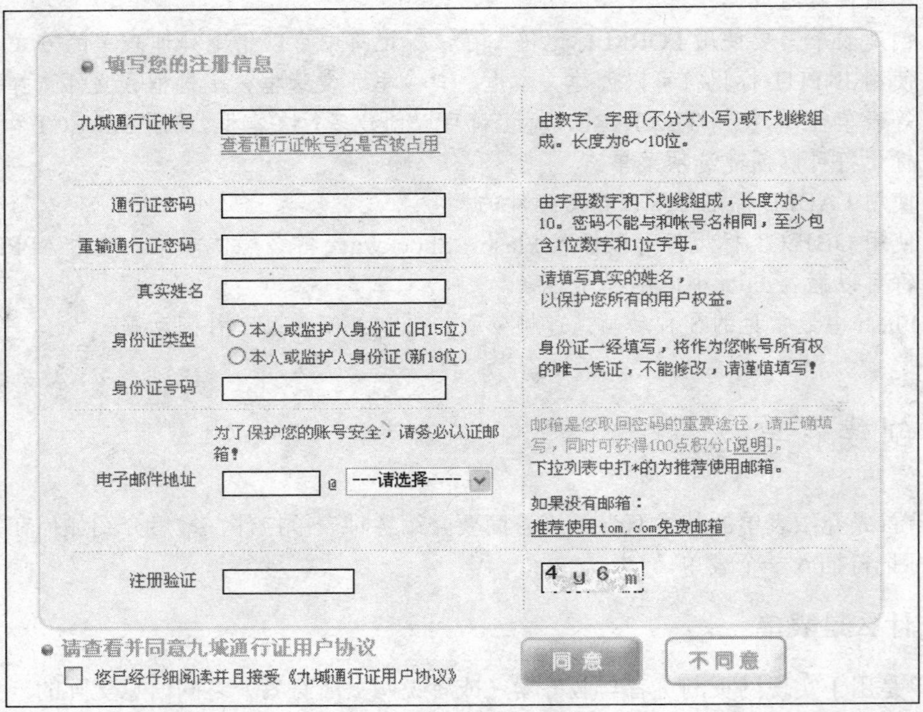

图 5-2　表单示例 2

不论是什么类型的表单，它的基本工作原理都是一样的，即浏览者访问到表单页面后，在表单中填写或选择必要的信息，最后单击"提交"按钮（有可能是其他名称的按钮，如"注册"、"同意"、"登录"等），于是填写或选择的信息就按照指定的方式发送出去，通过网络传递到服务器端，由服务器端的特定程序进行处理，处理的结果通常是向浏览器返回一个页面（例如通知注册成功的页面），同时在服务器端完成特定功能（例如在数据库中记录下新用户的信息）。这个过程如图 5-3 所示。

总而言之，表单不同于前面介绍的页面元素（如表格、图像等），它不但需要在网页中用 HTML 进行显示，而且还需要服务器端特定程序的支持。

说明：除了进行信息搜集和反馈以外，表单还有另外一个作用，就是创建各种动态网页效果。相关内容请参见本书第 7 章。

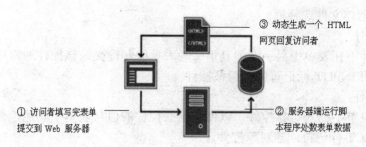

① 访问者填写完表单
提交到 Web 服务器

② 服务器端运行脚
本程序处数表单数据

③ 动态生成一个 HTML
网页回复访问者

图 5-3 表单的基本工作原理

5.1.2 表单控件的类型

根据前面的两个示例，我们已经看到，表单通常由两类元素构成，一是普通的页面元素，例如表格、图像、文字等；二是用于接收信息的特定页面元素，也就是所谓的表单控件，例如文本框、单选框等。

控件是表单中用于接收用户输入或处理的元素，典型的控件有：文本框、复选框、单选框、选项菜单等。每个控件都具有一个指定的名称（由控件的 name 属性指定），该名称的有效范围是所在的表单。对于每个控件，都具有一个初始值和一个当前值，这两个值都是字符串。控件的初始值是预先指定的，而当前值则根据用户的交互操作确定。当服务器端程序处理表单数据时，通常都是根据控件的这些值进行。

HTML 定义了以下类型的控件。

1. 文本框

可以创建 3 种类型的文本框：使用 INPUT 标记符可以创建单行文本框和口令框（单行文本框和口令框的区别在于在后者中输入的字符将以*显示）；而使用 TEXTAREA 标记符则可以创建一个多行文本框。对于任何一种文本框，所输入的文本将作为控件的当前值。

2. 复选框

复选框使用户可以选择信息。对于多个具有同一名称的复选框，用户可以选中其中的一个或多个。可以使用 INPUT 标记符创建复选框。

3. 单选框

单选框（也叫单选钮）与复选框类似，也是用于选择信息；但与复选框不同的是：对于具有同一控件名称的多个单选框，用户只能选择其中之一。可以使用 INPUT 标记符创建单选框。

4. 按钮

可以创建 3 种类型的按钮：提交按钮（即 Submit 按钮，单击该按钮将提交表单）、重置按钮（即 Reset 按钮，单击该按钮将使所有控件恢复其初始值，以便用户重新输入或选择）和普通按钮。可以使用 INPUT 标记符创建按钮。

5. 选项菜单

选项菜单使用户可以从多个选项中进行选择。SELECT 标记符和 OPTION 标记符用于创建选项菜单。

6. 文件选择框

文件选择框使用户可以选择文件，以便这些文件的内容可以与表单一起提交。可以使用

INPUT 标记符创建文件选择框。

7. 隐藏控件

隐藏控件并不在表单中显示，但其值会与表单一起提交。该控件通常用于保存一些特定信息。可以使用 INPUT 标记符创建隐藏控件。

8. 对象控件

也可以在表单中插入对象控件，以便使这些控件的值与表单中其他控件的值一起提交。可以使用 OBJECT 标记符创建对象控件。

5.1.3 FORM 标记符

如果要在网页中添加表单，应在文档中添加 FORM 标记符，其基本的语法是：

<FORM action="服务器端程序的 URL" method="get|post" enctype="type">

   <!—此处是各种表单元素（包括控件和其他内容）的定义-->

</FORM>

注意：FORM 标记符内不能再嵌入 FORM 标记符（即表单不能嵌套），并且必须使用结束标记符</FORM>。

FORM 标记符作为包含控件的容器，它指定了以下内容：

● 表单的布局（由包含在 FORM 标记符内的具体内容决定）；

● 用于处理已提交表单数据的程序（由 action 属性指定），该程序必须能够处理表单数据；

● 用户数据提交给服务器的方法（由 method 属性指定）；

● 表单发送时所使用的内容类型（由 enctype 属性指定）。

一个网页可以包含多个表单，每个表单的内容各不相同，但通常必须包含"提交"按钮。当用户填写完表单数据后，单击"提交"按钮则可以将表单数据提交。提交表单数据和处理表单数据的方法分别由 FORM 标记符中的 method 和 action 属性确定。

当向服务器发送表单数据时，method 属性表明所使用的方法，其中 get 和 post 是两种可以使用的方法。get 方法是在 URL 的末尾附加要向服务器发送的信息，而用 post 方法发送给服务器的表单数据是作为一个数据体发送的。具体使用哪种方法取决于系统正使用的服务器类型，此时可以询问一下系统管理员，看他建议使用两者中的哪一个。如果没有什么建议，则可以用任意一个。get 是默认的发送方法，但是许多 HTML 设计者却偏好使用 post 方法。

action 属性提供处理表单的程序的地址，这个程序可以用站点支持的任何语言来编写，常用的有 ASP，PHP，JSP，Perl 等。

注意：如果要处理表单数据，需要在服务器端（即放置网页的远程计算机上）编写程序（如 ASP 程序），这部分内容已超出了本书的范围，有兴趣的读者请参考其他有关编写服务器端程序的书籍。

虽然用服务器端程序处理表单数据是通用的方法，但如果只需要搜集一些简单的信息，而不需要完成及时的交互，那么可以采用电子邮件的方式传送表单信息，方法为：将 action 属性设置为"mailto:E-mail 信箱"，同时将 enctype 属性设置为"text/plain"（以便以纯文本格式提交表单数据），具体设置请读者自行尝试。

5.2　创建表单控件

本节介绍如何创建各种常用的表单控件，包括文本框、口令框、复选框、单选框、文件选择框、按钮、多行文本框和选项菜单。

5.2.1　文本框与口令框

如果需要浏览者输入单行文本（例如输入姓名、年龄等信息），则应在表单中使用单行文本框。单行文本框应使用 INPUT 标记符创建，将 type 属性指定为"text"即可。实际上，由于 INPUT 标记符 type 属性的默认值就是"text"，所以可以直接用 INPUT 标记符创建单行文本框。

创建单行文本框的基本语法如下：

`<INPUT type="text" name="" value="" size="" maxlength="">`

其中 name 属性指定了控件的名称，value 属性指定了控件的初始值（将在文本框中作为默认数据显示，如果用户填写了数据，则表单提交时使用填写的数据作为 value 的值进行处理），这两个属性的取值都是服务器端程序处理表单数据时需要使用的；size 属性指定了文本框的宽度；maxlength 属性指定了在文本框中可以输入的最长文本数。

如果需要隐藏用户在文本框中输入的内容（例如设置密码时），那么应使用口令框。口令框与单行文本框类似，但在其中输入的所有文本显示出来都是圆点或星号。口令框在要求用户输入具有一定安全性需要的数据时比较有用，例如，使用口令框输入用户密码可以防止其他人无意中看到该密码。

口令框的创建也与单行文本框类似，不同的是需要将 INPUT 标记符的 type 属性指定为password，如下所示：

`<INPUT type="password" name="" value="" size="" maxlength="">`

例如，以下 HTML 代码显示了单行文本框和口令框的用法（也包含了表单中必须有的"提交"按钮），显示效果如图 5-4 所示。

```
<HTML>
<HEAD><TITLE>单行文本框和口令框示例</TITLE></HEAD>
<BODY>
<DIV align="center">
<H2>表单——单行文本框和口令框</H2>
<HR>
<FORM>
请输入您的姓名：
<INPUT name="name" value="请输入您的名字" size="30"><BR>
请输入您的密码：
<INPUT type="password" name="pwd" value="password" size="30"><P>
<INPUT type="submit" name="submit_button" value="提交">
</FORM>
```

```
<HR>
</DIV></BODY></HTML>
```

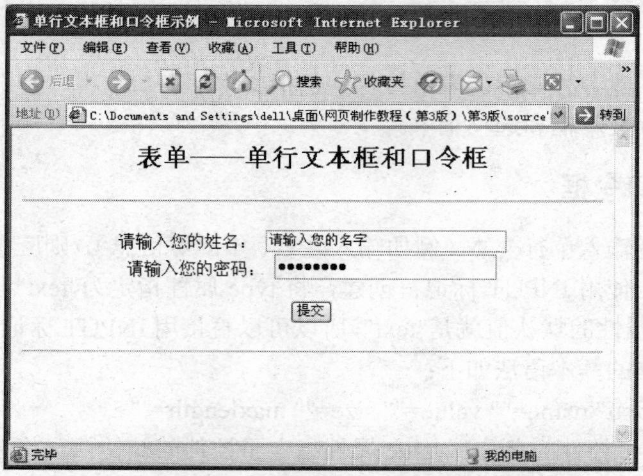

图 5-4　单行文本框和口令框示例

注意：在 IE 6.0 中，虽然在以上示例中将文本框和口令框的 size 属性设置为相同，但在实际显示时大小却不一样。如果要设置为显示大小一致，可以将它们的 CSS 属性 font-family 设置为相同，具体做法请参见本书第 6 章。

5.2.2　复选框与单选框

复选框和单选框都是允许用户进行选择的控件，常用于选择多种选项（如兴趣爱好），或选择互斥的选项（如性别）。创建复选框和单选框也是使用 INPUT 标记符，语法分别如下：

```
<INPUT type="checkbox" name="" value="" (checked)>
<INPUT type="radio" name="" value="" (checked)>
```

type 属性为"checkbox"，说明该控件是一个复选框，type 属性为 radio，说明该控件是一个单选框；name 属性和 value 属性的值都是程序处理表单数据时需要的；checked 属性是可选的，它告诉浏览器是否在第 1 次显示表单时将这个复选框或单选框显示为"被选中状态"。

例如，以下 HTML 代码显示了如何在表单中包含多个复选框和单选框，效果如图 5-5 所示。

```
<HTML>
<HEAD><TITLE>复选框与单选框示例</TITLE></HEAD>
<BODY>
<H2 align="center">表单--复选框与单选框</H2>
<HR>
<FORM>
请输入您的姓名：<INPUT name="name"><P>
请选择您的性别：
<INPUT type="radio" name="gender" value="1">男
```

```
<INPUT type="radio" name="gender" value="2">女
<INPUT type="radio" name="gender" value="3">东方不败
<INPUT type="radio" name="gender" value="4" checked>不告诉你<P>
请选择您的年龄：
<INPUT type="radio" name="age" value="20">20 岁以下
<INPUT type="radio" name="age" value="30" checked>20～30
<INPUT type="radio" name="age" value="40">30 以上<P>
您喜欢什么运动：
<INPUT type="checkbox" name="check1" value="yes" checked>篮球
<INPUT type="checkbox" name="check2" value="yes">足球
<INPUT type="checkbox" name="check3" value="yes">排球
<INPUT type="checkbox" name="check4" value="yes">其他球
<P align="center"><INPUT type="submit" name="submit_button" value="提交"></P>
</FORM>
<HR></BODY></HTML>
```

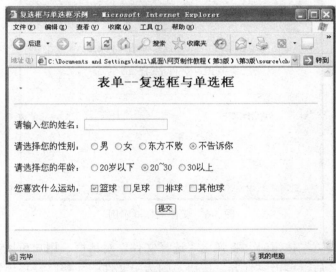

图 5-5　复选框与单选框示例

注意：如果要使一组若干个单选框具有单选的效果，则应该使多个单选框控件具有相同的 name 属性。具有相同 name 属性的单选框组成了一个组，在一个组中只能选中一个选项。例如，在图 5-5 的示例中包括了两组单选框。

5.2.3　文件选择框

如果需要用户在表单中选择文件，然后将选中文件的内容发送到服务器，则可以使用"文件选择框"控件。文件选择框在 Web 上的一种典型用法是：当用户在撰写电子邮件时，如果需要附加文件作为附件，则可以单击"附件"按钮，然后使用文件选择框选择需要附加的文件。

在 INPUT 标记中设置 type 属性为"file"，则可以创建文件选择框，语法如下：

<INPUT type="file" name="" size="" value="">

其中 type 属性表明此控件是一个文件选择框；name 属性和 value 属性的值用于程序处理；size 属性设置用于保存文件名的字段的宽度。

例如，以下 HTML 代码显示了如何在表单中包含文件选择框，效果如图 5-6 所示。

<HTML>

<HEAD><TITLE>文件选择框示例</TITLE></HEAD>

<BODY>

<DIV align="center"><H2>表单-文件选择框</H2><HR>

<FORM>

请选择文件：<INPUT type = file name=image size=20><P>

<INPUT type="submit" name="submit_button" value="提交">

</FORM>

<HR></DIV></BODY></HTML>

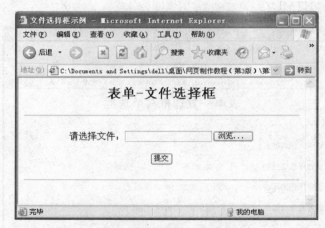

图 5-6 文件选择框示例

当用户单击"浏览"按钮时，将弹出"选择文件"对话框，用户可以在其中选择需要的文件。选择了文件之后，单击"打开"按钮，则选中文件的完整路径将出现在文件选择框的文本字段中。

5.2.4 按钮

当用户完成了表单的填写后，如果需要提交数据，则可以单击表单中的"提交"按钮（通常按钮上的文字为"提交"、"同意"、"进入"或"Submit"等）；如果希望恢复表单为填写前的状态，以便重新填写，则可以单击"重置"按钮（通常按钮上的文字为"重置"、"重新填写"或"Reset"等）。另外，还可以在表单中使用自定义按钮，以便响应特定的事件。

创建"提交"按钮、"重置"按钮和自定义按钮的语法分别如下：

<INPUT type="submit" name ="" value="">

<INPUT type="reset" name ="" value="">

```
<INPUT type="button" name ="" value="">
```

其中 type 属性说明按钮的类型，name 属性的值用于程序引用此控件，value 属性的值用于指定显示在按钮上的文字（如果不指定，则使用浏览器的默认设置）。

例如，以下 HTML 代码显示了如何在表单中包含各种按钮，效果如图 5-7 所示。

```
<HTML>
<HEAD><TITLE>按钮示例</TITLE></HEAD>
<BODY>
<DIV align="center"><H2>表单--按钮</H2><HR>
<FORM>
<INPUT type="button" name="mybutton" value="点点我试试！"
onClick="JavaScript:alert('呵呵，再点也没用！')">
<P>
<INPUT type="submit" name="submit_button" value="提交">
<INPUT type="reset" name="reset_button" value="重填">
</FORM>
<HR></DIV></BODY></HTML>
```

图 5-7　按钮示例

说明：在 IE 6.0 中，需要首先允许浏览器运行网页中的程序。之后单击自定义按钮，会弹出一个提示对话框。具体内容请参见本书第 7 章。

使用 INPUT 标记符还可以用一个小图像来作为"提交"按钮（例如图 5-2 中的"同意"按钮），方法是将 INPUT 标记符的 type 属性设置为 image，语法如下：

```
<INPUT type="image" src="" alt="">
```

type 属性表明用 src 属性指定的图像作为"提交"按钮，无法显示图形的浏览器则使用 alt 属性显示"提交"按钮。

例如，以下 HTML 代码显示了如何使用一个图形化的"提交"按钮，显示效果如图 5-8 所示。

```
<HTML>
<HEAD><TITLE>图形化提交按钮</TITLE></HEAD>
```

```
<BODY>
<DIV align="center">
<H2>表单--图形化提交按钮</H2><HR>
<FORM>
请输入您的姓名：<INPUT><P>
<INPUT type="image" src="mybutton.gif" alt="submit ">
</FORM>
</DIV><HR></BODY></HTML>
```

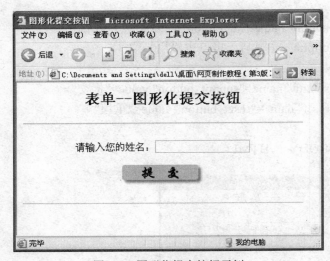

图 5-8　图形化提交按钮示例

5.2.5　多行文本框

当需要浏览者提交多于一行的文本时（例如希望获得用户的反馈意见），就不能再使用单行文本框，而应使用多行文本框。

创建多行文本框应使用 TEXTAREA 标记符，其使用格式如下：

`<TEXTAREA name="" rows="" cols="">默认多行文本</TEXTAREA>`

其中 name 属性用于指定控件名；rows 属性用于设置多行文本框的行数（用户的输入可以多于这个行数，超过可视区域的内容可以用滚动条进行控制操作）；cols 属性用于设置多行文本框的列数（用户的输入可以越过这个列数，超过可视区的内容用滚动条进行控制操作）。

例如，以下 HTML 代码显示了如何在表单中使用多行文本框，显示效果如图 5-9 所示。

```
<HTML>
<HEAD><TITLE>多行文本框示例</TITLE></HEAD>
<BODY>
<H2 align="center">表单——多行文本框</H2>
<HR>
<FORM>
请输入您的姓名：<INPUT><P>
```

请在下框内输入您的宝贵意见：

<TEXTAREA name="comments" rows="5" cols="60">请多指教！</TEXTAREA>

<P align="center"><INPUT type="image" src="mybutton.gif"> </P>

</FORM><HR></BODY></HTML>

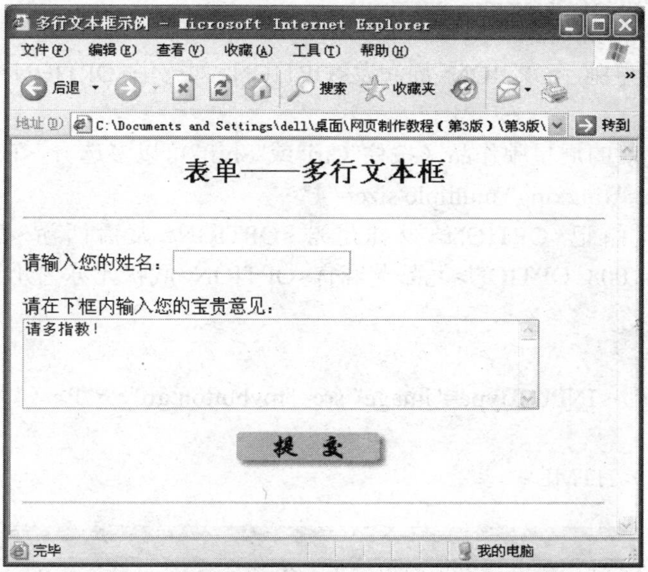

图 5-9　多行文本框示例

5.2.6　选项菜单

如果希望浏览者从多个选项中选取信息，则可以使用选项菜单控件。要创建选项菜单，应使用 SELECT 标记符，并将每个可独立选取的项用一个 OPTION 标记符标出来。

创建选项菜单的语法如下：

<SELECT name="" size="" (multiple)>

　<OPTION label="" value="" (selected)>选项 1 内容</OPTION>

　<OPTION label="" value="" (selected)>选项 2 内容</OPTION>

　<!--更多 OPTION 标记-->

</SELECT>

其中，SELECT 标记符的 name 属性用于指定控件名，size 属性用于指定选项菜单中一次显示多少行（默认值为 1），multiple 属性用于设置允许用户选择多个选项（如果不设置此属性，则仅允许选择一个选项）。OPTION 标记符的 label 属性可以为选项指定一个标签，当使用此属性时，浏览器将采用此属性的值而非 OPTION 标记符中的内容作为选项标签；selected 属性用于设置当前选项为预先选中状态；value 属性指定了控件的初始值，如果没有设置此属性，则控件的初始值为 OPTION 标记符中包含的内容（OPTION 标记符的结束标记符可以省略）。

例如，以下 HTML 代码显示了如何在表单中使用选项菜单，效果如图 5-10 所示。

<HTML>

<HEAD><TITLE>选项菜单示例</TITLE></HEAD>

```
<BODY>
<H2 align="center">表单--选项菜单示例</H2><HR>
<FORM>
请输入您的姓名：<INPUT><P>
请选择您最喜欢的影视明星：
<SELECT name="yingshi">
    <OPTION>周星驰  <OPTION>周润发<OPTION>刘德华<OPTION>其他
</SELECT>
<P>请选择您喜欢的周星驰作品（按住"Ctrl"或"Shift"可以多选）：<BR>
<SELECT name="xingxing" multiple size="4">
    <OPTION>鹿鼎记<OPTION>少林足球<OPTION>大话西游<OPTION>喜剧之王
<OPTION>大内密探008<OPTION>九品芝麻官<OPTION>武状元苏乞儿<OPTION>百变金刚
<OPTION>其他
</SELECT>
<P align="center"><INPUT type="image" src="mybutton.gif"> </P>
</FORM>
<HR></BODY></HTML>
```

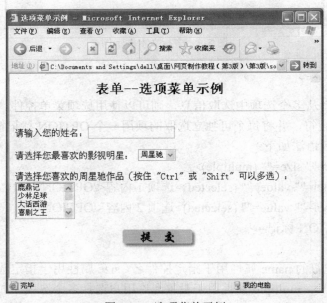

图 5-10　选项菜单示例

5.3　设置控件的标签

为了使浏览者能更方便地选择选项或定位输入点，在网页制作时应该使浏览者能在单击与某个控件相关的文本时，即选中该控件。例如，单击复选框右边的文本即可选中复选框，或者单击文本框左边的提示文本即可将插入点定位到该文本框。

实现这种功能的方法是用 LABEL 标记符为表单控件指定标签，语法如下：

<LABEL for="control ID">标签文本</LABEL>

其中，for 属性所指定的 ID 是表单中一个控件的 ID 属性。

例如，以下 HTML 代码显示了如何为控件指定标签，效果如图 5-11 所示。

<HTML>

<HEAD><TITLE>控件的标签示例</TITLE></HEAD>

<BODY>

<H2 align="center">表单--控件标签</H2><HR>

<FORM>

<TABLE align="center"> <!--此处用表格协助布局-->

  <TR>

    <TD><LABEL **for="name"**>请输入您的姓名：</LABEL>

    <TD><INPUT **id="name"** style="font-family:Arial">

  <TR>

    <TD><LABEL **for="pwd"**>请输入您的密码：</LABEL>

    <TD><INPUT type="password" **id="pwd"** style="font-family:Arial">

  <TR>

    <TD>请选择您要订阅的内容：

    <TD>

    <INPUT type="checkbox" **id="news"**><LABEL **for="news"**>娱乐新闻</LABEL>

    <INPUT type="checkbox" **id="film"**><LABEL **for="film"**>影视预告</LABEL>

    <INPUT type="checkbox" **id="games"**><LABEL **for="games"**>最新游戏</LABEL>

  <TR>

    <TD colspan="2">

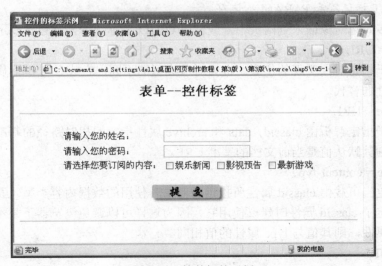

图 5-11　控件标签示例

```
    <TR>
        <TD colspan="2" align="center"><INPUT type="image" src="mybutton.gif">
    </TABLE>
    </FORM>
    <HR>
    </BODY>
</HTML>
```

5.4　网页中的特殊对象

本节介绍网页中常见的两类特殊对象，包括多媒体对象和 Java 小应用程序对象。

5.4.1　多媒体对象

随着网络带宽的不断加大，在网页中使用多媒体对象已经越来越普遍。例如，很多网页中都包括了 Flash 动画，有些网页中也直接嵌入了音频或视频效果。

1. 在网页中使用多媒体对象

在网页中使用多媒体对象通常有两种方式：（1）直接链接；（2）嵌入到网页。

如果要确保绝大多数浏览者能够使用网页中的多媒体对象，最保险的方式是将多媒体对象对应的文件作为超链接的目标，这样就可以让浏览者将多媒体文件下载后再自行决定如何播放。

有时为了方便用户直接观看多媒体效果，也可以将多媒体对象直接嵌入到网页。例如，Flash 动画往往就是直接嵌入网页的，一些在线影院网站也是直接将视频嵌入到网页中的。在将多媒体对象嵌入网页的情况下，需要在浏览器中安装有相应的插件。所谓插件，是指作为浏览器的一部分而运行的程序，一般由浏览器自动安装。

2. OBJECT 标记符和 PARAM 标记符

如果要将多媒体对象嵌入到网页中，应使用 OBJECT 标记符，它包括以下常用属性。

● classid = URL

此属性用于指定对象实现的位置。根据对象类型的不同，它或者与 data 属性一起使用，或者作为该属性的替代。

● codebase = URL

此属性用于指定解析由 classid，data 和 archive 属性指定的相对路径的基准路径。如果不指定此属性，则其默认值是当前文档的基准 URL。

● codetype = content-type

此属性指定当下载由 classid 属性所指定的对象时使用的数据内容类型。虽然此属性是可选的，但当指定了 classid 属性时建议使用它，因为这样可以避免浏览器下载不支持的数据。如果不设置此属性，则其值与 type 属性的值相同。

● data = URL

此属性用于指定对象数据的位置。如果使用相对路径，则基准地址为 codebase 属性指定的地址。

● type = content-type

此属性指定由 data 属性指定的数据的内容类型。此属性同样是可选的，但也建议在指定了 data 属性时使用它，以避免浏览器下载不支持的数据。

● archive = URL 列表

此属性指定了一个由空格分隔的存档文件列表（绝对 URL 或由 codebase 属性指定的相对 URL），这些存档文件中可能包含由 classid 和 data 属性所指定的资源。使用此属性可以使用户能在一个链接上同时下载多个文件，从而减少了总的下载时间。

● declare

当使用此布尔属性时，将使当前的 OBJECT 标记符定义成为一个声明，而在后面引用此声明的 OBJECT 标记符定义中实现该对象。

● standby = text

此属性指定了当装载对象数据时显示的简短文本说明。

● align，border，width，height，hspace，vspace 等

这些属性与在 IMG 标记符中的使用方法相同，请读者参见本书第 3 章。

一般情况下，在使用 OBJECT 标记符插入对象的同时，还需要使用 PARAM 标记符指定对象的相关参数。该标记符的常用属性如下。

● name

此属性定义了一个运行时参数的名称，此名称必须由所插入的对象识别。

● value

此属性指定了由 name 属性指定的运行时参数的值。

● valuetype = data | ref | object

此属性指定了 value 属性的类型。可能的取值为：data（此为默认值，表示 value 属性指定的值将作为一个字符串传递给对象），ref（表示 value 属性指定的值是一个 URL，该 URL 指定了保存运行时参数的位置）和 object（表示 value 属性指定的值是一个指向同一文档中一个 OBJECT 声明（参见 OBJECT 标记符的 declare 属性）的标识符，该标识符的值必须是声明的 OBJECT 标记符的 id 属性值）。

● type = content-type

当 valuetype 属性的值设置为 ref 时，此属性指定了 URL 所代表资源的内容类型。

说明：一般来说，凡需要使用 OBJECT 标记符和 PARAM 标记符插入对象并指定参数的情况都可以由特定软件自动生成相应的 HTML 代码（例如可以在 Dreamweaver 中插入 Flash 对象），所以读者只需了解以上说明即可。

3. Flash 对象

Flash 对象是目前在 Web 上应用最广泛的一种多媒体对象，它为浏览者带来了美妙的视听感受。如果要在网页中插入 Flash 对象，通常应该在 Dreamweaver 中通过"插入栏"上的"Flash"按钮 进行操作。插入 Flash 对象之后，Dreamweaver 自动生成的代码如下：

```
<OBJECT classid="clsid:D27CDB6E-AE6D-11cf-96B8-444553540000"
codebase="http://download.macromedia.com/pub/shockwave/cabs/flash/swflash.cab#version=6,0,29,0" width="350" height="350">
```

```
    <PARAM name="movie" value="flashexp.swf">
    <PARAM name="quality" value="high">
    <EMBED src="flashexp.swf" quality="high"
        pluginspage="http://www.macromedia.com/go/getflashplayer"
        type="application/x-shockwave-flash" width="350" height="350">
    </EMBED>
</OBJECT>
```

说明：在以上代码中，OBJECT 标记符内除了 PARAM 标记符用于指定参数以外，还包括了非标准的 EMBED 标记符，这是为了兼容更多的浏览器而设置的。此外，使用不同版本的软件，插入 Flash 对象后生成的 HTML 代码可能略有不同。

插入 Flash 对象的网页效果如图 5-12 所示（默认时浏览器可能禁止显示 Flash 对象，只要将其设置为允许即可）。

图 5-12　插入 Flash 对象的网页

4. 其他多媒体对象

除了 Flash 对象以外，常用的多媒体对象还包括 Shockwave 对象、Authorware 对象、音频对象和视频对象等。要在浏览器中显示这些对象，都需要相应的插件支持。

Shockwave 对象由 Director 开发，相比 Flash 对象而言多媒体表现力更为强大，经常用于商业演示和多媒体产品的开发。Authorware 对象由 Authorware 开发，一般用于教学领域，主要用做多媒体课件开发，在一些远程教育网站上应用较多。在网页中，音频文件和视频文件也可以作为对象直接插入（实际上，可以使用<EMBEDsrc="">\</EMBED>方式嵌入各种多媒体对象，浏览器会自动决定在相应位置显示什么播放插件）——只要有相应的插件（例如 RealMedia 或 QuickTime 插件）支持即可。

5.4.2　Java 小应用程序对象

Java 小应用程序是由 Java 语言编写的一种程序，可以直接插入到网页中，以便增强网页效果或实现某些特定功能。

说明：要在网页中显示 Java 小应用程序，系统中必须已经安装 Java 运行环境。如果没有安装，可到 http://www.java.com/zh_CN/上安装。此外，需要允许浏览器运行 Java 小程序才能在网页中显示相应效果。

1．APPLET 标记符

APPLET 标记符用于在网页中插入 Java 小应用程序。虽然在 HTML4 中，此标记符已经过时，建议使用 OBJECT 标记符代替，不过该标记符仍然在大多数网页中使用，并且得到所有支持 Java 语言的浏览器的支持，所以在此做简要介绍。

APPLET 标记符的常用属性如下。

● codebase = URL

此属性用于指定小应用程序的基准 URL。如果不指定此属性，则默认采用与当前文档相同的基准 URL。

● code

此属性包含 Java 小应用程序已编译好的类文件（.class 文件），或者包含可以取得该文件的路径。此属性与 object 属性在 APPLET 标记符中必居其一。

● name

此属性指定了小应用程序的名称，以便同一个网页上的其他小应用程序识别它或与之通信。

● archive = URL 列表

此属性指定了一个由空格分隔的存档文件列表（绝对 URL 或由 codebase 属性指定的相对 URL），这些存档文件中包含了可以预装载的类文件和其他资源。通过预装载资源可以在很大程度上提高 Java 小应用程序的性能。

● object

此属性命名了一个序列化数据，该数据包含了 Java 小应用程序的类名。该类名用于从其他类文件或存档文件中获得类的实现。如果同时指定了此属性和 code 属性，并且类名不同，则会出错。

● width = length

此属性指定了 Java 小应用程序初始显示区域的宽度。

● height = length

此属性指定了小应用程序初始显示区域的高度。

同样，如果要指定 Java 小应用程序的参数，也应该使用 PARAM 标记符。当使用 PARAM 标记符指定 Java 小程序的参数时，该参数必须可以被 Java 小程序识别。Java 小应用程序的参数是由其作者指定的，读者在使用其他人编写的 Java 小应用程序时，应参考相关文档以获得相应参数的用法。如果 Java 小应用程序是由软件自动生成，则相应软件通常会提供自动生成 HTML 代码的功能。

2．自动生成 Java 小应用程序效果

由于编写 Java 小应用程序效果需要掌握 Java 语言，涉及相对复杂的编程技术，所以大多数情况下网页制作者都是采用由其他软件自动生成的 Java 小应用程序效果。目前应用比较多的是两类 Java 小应用程序，一类是由 Anfy 生成的，另一类是由 FrontPage 生成的。

（1）使用 Anfy 自动生成 Java 小应用程序特效

Anfy 是最著名的 Java 特效工具之一，使用它可以制作出多达 40 种 Java 特效。如果要使用该软件，可到 http://www.anfyteam.com 或一些软件下载网站下载。安装并启动 Anfy 之后，它的界面如图 5-13 所示（本书为方便起见，采用了汉化的界面）。

图 5-13　Anfy 的界面

使用 Anfy 制作 Java 特效非常简单，只要按照对话框的提示一步一步操作即可。做到最后一步，总是显示类似图 5-14 所示的对话框，单击其中的"复制进入剪贴板"按钮，则可以把自动生成的 HTML 代码复制到剪贴板中，然后就可以将其直接插入到网页源文件中。

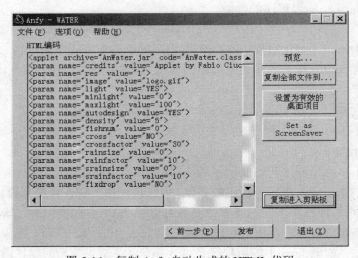

图 5-14　复制 Anfy 自动生成的 HTML 代码

需要特别注意的是，如果要让 Java 小应用程序正确工作，必须将相应的.class 文件（也就是 Java 可执行文件）复制到网页所在目录。比较简便的方法是：单击图 5-14 所示对话框中的"复制全部文件到"按钮，将所有相关文件都复制到网页所在目录（之后可以删除不需要的文件）。

例如，图 5-15 显示了插入 Anfy 特效的一个网页（其中显示的是图像的马赛克切换效果）。

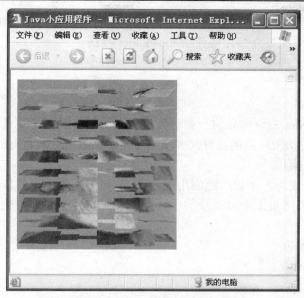

图 5-15　插入 Anfy 特效的网页

（2）使用 FrontPage 自动生成 Java 小应用程序特效

在所见即所得的网页编辑软件 FrontPage 中，也提供了若干种 Java 小应用程序特效。选择"插入"菜单中的"组件"命令，其中的"横幅广告管理器"和"悬停按钮"都是比较常用的 Java 特效，具体操作方法请读者自行尝试，图 5-16 显示了插入悬停按钮的网页。

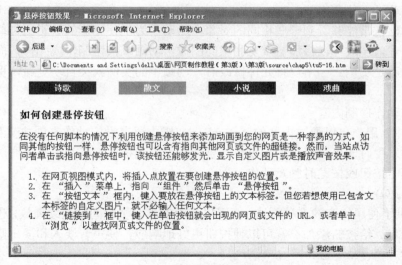

图 5-16　插入悬停按钮的网页

5.5　创建 Flash 对象

Flash 是当前最流行的交互式矢量动画制作软件，用它制作出来的 Flash 动画以其强大的表现力获得了广泛的应用。Flash 可以制作导航按钮、具有声音效果的动画、动画横幅，甚至完整的 Web 站点。本节简要介绍如何使用 Flash 制作动画。

5.5.1　什么是 Flash

1．Flash 简介

Flash 是 Macromedia 公司出品的一款动画软件，由于其采用了流式媒体技术和矢量图形技术，用它制作出来的动画作品的文件尺寸非常小，而且能在有限带宽的条件下顺畅地播放，所以被广泛地用于 Web 上。

目前，Flash 已经成为一个被广泛应用的专业 Web 动画软件，其作品以优秀的表现力和良好的交互性日益成为网页上不可或缺的组成部分，同时为创建大型交互式网站提供了一种全新的解决方案。

2．Flash 的基本功能

Flash 的基本功能如下。

（1）绘图和填充

在 Flash 中，用户可以通过使用"工具箱"上的绘图工具及相关的操作面板绘制出自己需要的任何图形，而且还可以很方便地对这些图形进行编辑和修改。

（2）文字的输入和修改

在 Flash 电影中可以使用文字，不但可以设置文字的字体、字号、样式、间距、颜色以及对齐方式等，而且还可以对文字进行旋转、缩放、倾斜、扭曲和翻转等变形操作。另外，用户还可以将文字转换成矢量图形，极大地增强了文字的表现力。

（3）创建动画元件和实例

在动画中，常常能够看到一些相同的对象在运动，为了使电影的编辑更加简单化、减小动画文件的尺寸，一般可以将那些重复利用的图像、动画或按钮制作成元件，而元件在动画中的具体体现就是实例。当用户将元件修改时，动画中的实例就会自动更新，保持与元件的一致性。

（4）使用动作控制内容

在 Flash 中，用户可以通过内嵌的 ActionScript 脚本语言设置动作来创建交互式电影。动作是指定事件发生时即可以运行的指令集，事件既可以在播放磁头到达某帧时触发动作，也可以在用户单击按钮或按键时触发动作。

（5）添加声音

Flash 提供了使用声音的多种方法，既可以使声音独立于时间轴连续播放，也可以使声音和动画保持同步。给按钮添加声音可以使按钮更好地响应，使声音淡入和淡出则可以创造优美的声音效果。

（6）集成电影

在 Flash 中，用户可以很容易地将创建的图像、场景、元件、动画、按钮以及声音组合在一起形成一个有完整内涵的、交互式的电影，而且用户还可以控制每一个对象出现的时间、位置以及变化等。

3．Flash 的工作界面

启动 Flash（以 Flash MX2004 为例），其工作界面如图 5-17 所示。

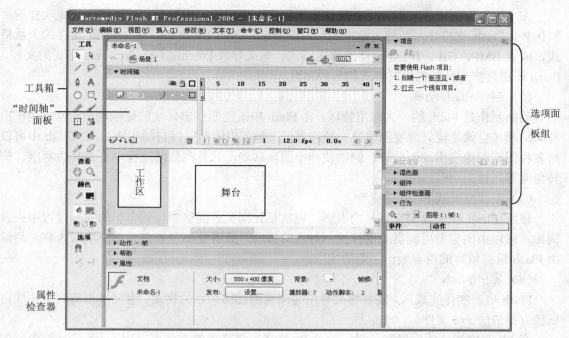

图 5-17 Flash 的工作界面

舞台类似于其他软件中的画布，用户可自定义动画的尺寸和舞台的颜色。舞台就是创作影片中各个帧的内容的区域，可以在其中直接绘制图像，也可以在舞台中安排导入的图像。舞台外面的灰色区域就是工作区，类似于剧院的后台，它也可以放置对象，但只有舞台上的内容才能在最终的作品中显示，工作区内的对象是不能显示的。

工具箱中的工具可用于编辑舞台和工作区中的对象。选中了特定对象之后，可使用属性检查器设置该对象的属性。界面的右端是选项面板组（但"动作"面板一般位于属性检查器之上），可用于完成各种常用功能。

"时间轴"面板是组织动画不同图层和不同帧的窗口，移动时间轴上的播放头，动画中的内容就随着所在帧的不同而发生相应的变化，连续播放就产生了动画。"时间轴"面板的主要部件是帧、图层、播放头。

4. Flash 的工作流程

使用 Flash 时一般遵循以下工作流程：首先创建一个电影，然后在其中绘制或者直接导入图形图像，接着在舞台上安排这些内容并使用时间线创建动画效果，在此过程中，可以使用动作使 Flash 电影能够响应特定事件，从而获得交互效果。

电影制作完成之后，应将其导出为一个 Flash 播放器能够播放的 swf 文件，也可以将其制作成一个能够独立于播放器运行的项目文件（即 .exe 可执行文件）。

（1）在 Flash 中作图

在 Flash 中作图是一件非常容易的事，不但可以使用 Flash 提供的工具进行原始艺术创作，而且可以方便地将在其他软件中制作好的图片或现成图片导入到 Flash 中。

Flash 的绘图工具提供了强大的绘图功能，使用户可以方便地绘制出需要的图形，而且可以随时编辑绘制好的图形。

在 Flash 电影中也可以使用在其他应用程序中创建的图形图像，以便结合其他软件的不同优势。Flash 支持导入多种矢量格式和位图格式，例如 Illustrator，Freehand 这样的矢量格式，或者 BMP，GIF，JPEG 这样的位图格式。如果导入 Freehand 和 Fireworks 格式的文件，Flash 还将直接支持它们原有格式的各种属性。

（2）制作 Flash 动画

动画制作是 Flash 的一大应用领域，在 Flash 中既能制作出传统的逐帧动画，也能制作出补间动画（也就是说只需要创建第一帧和最后一帧，中间帧可以自动生成）。在 Flash 中可以对各种图形图像应用动画效果，例如使一个图形移动，并且在运动过程中更改其透明度、旋转角度等属性。

（3）制作交互式 Flash 电影

使用 Flash 能创建出交互式的电影，也就是让浏览者能够参与到电影的执行过程中去。例如，可以由浏览者用键盘或鼠标控制对象的移动，或者让浏览者在表单中填写内容，然后由 Flash 根据填写的内容做出一定的响应。

（4）导出 Flash

Flash 电影制作完成后，需要将其导出为浏览器能够识别的格式，也可以再将其制作成可以独立播放的.exe 文件。

在 Flash 中制作的电影默认采用的是.fla 格式，该格式的文件可以用 Flash 进行编辑，但无法在浏览器中播放，因此需要将其导出为.swf 格式，步骤如下。

① 制作电影。

② 选择"文件"菜单中的"导出影片"命令，或者按【Ctrl+Alt+Shift+S】组合键。

③ 在"导出影片"对话框中选择保存路径，文件类型保持选中为.swf 格式，在"文件名"框中输入文件名后单击"保存"按钮。

除了将动画导出为.swf 格式外，还可以将它制作成可执行文件，以便没有安装 Flash 插件的浏览者也能够下载观看。制作可执行文件的步骤如下。

① 选择"开始"菜单下的"所有程序"菜单，在弹出菜单中选择安装 Flash 程序的文件夹，然后在子菜单中选择"Macromedia Flash Player 7"文件夹，在打开的"Players"文件夹中双击"SAFlashPlayer.exe"文件。

② 选择"文件"菜单中的"打开"命令，在打开的"打开"对话框中单击"浏览"按钮，定位到要制作可执行文件的文件（.swf 格式）后，单击"打开"按钮，最后单击"确定"按钮。

③ 选择"文件"菜单中的"创建播放器"命令，打开"另存为"对话框，在"文件名"文本框中输入文件名称后，单击"保存"按钮。

5.5.2 创建逐帧动画

1. 什么是逐帧动画

逐帧动画是最基本的一类动画，它是通过更改每一帧中的舞台内容而获得动画效果，它最适合于每一帧中的图像都在更改而不是仅仅简单地在舞台中移动的复杂动画。逐帧动画的缺点是太耗费时间和精力，而且最终生成的动画文件偏大。但是，它也有自己的优点，即能最大限度地控制动画的变化细节，如图 5-18 所示。

第 1 帧　　　　　　第 4 帧　　　　　　第 7 帧　　　　　　第 9 帧

图 5-18　逐帧动画示例

2. 图层与帧

创建 Flash 动画之前，首先需要了解两个概念：图层和帧。

图层就像一摞透明的纸，每一张都保持独立，它们的内容相互没有影响，可以进行独立的操作，同时又可以合成一个完整的电影。使用层的好处就是能够轻松地控制复杂动画中的多个对象，使它们不会互相干扰。可以新建、选定、删除、复制、锁定、显示或隐藏、重命名一层或多层，也可以执行调整层位置、设置层属性、将层上的对象用轮廓显示等操作。在时间轴的图层上单击鼠标右键，可以执行各种图层操作，也可以使用时间轴和图层上的各种按钮执行图层操作。

Flash 制作的动画是由一帧一帧组成的，帧就是不同时间点上显示的内容。在时间轴上可以看到几种不同类型的帧：黑色的实心小圆圈代表关键帧，就是指一个有内容的，或者说是有内容改变的帧，它的作用是定义动画中的对象变化；白色的空心小圆圈代表空白关键帧，就是一个没有内容的关键帧；带有空心矩形的帧表示该帧是一系列相同帧中的最后一帧，如图 5-19 所示（在时间轴上还有一个红色播放头，用来显示当前帧的位置，同时在标尺上还会显示帧的编号）。

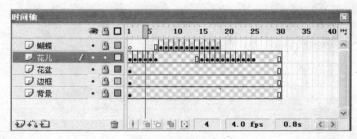

图 5-19　层与帧

在时间轴的帧格中单击鼠标右键，可以使用快捷菜单中的命令执行各种帧操作，例如，添加关键帧、复制帧、清除帧等。

3. 逐帧动画的创建过程

创建逐帧动画的基本过程是：在各帧中绘制逐渐变化的图像，如果有必要，添加图层以使多个对象不互相干扰（不同图层上也可以是另外的逐帧动画）。

例如，创建类似图 5-18 所示逐帧动画的基本步骤如下。

（1）单击图层 1 名称使之成为当前层，然后在动画开始播放的层中选择第 1 帧（该帧为默认的空白关键帧）。

（2）在第 1 帧上创建图像（使用工具箱中的绘图工具或直接导入），如图 5-20 所示。

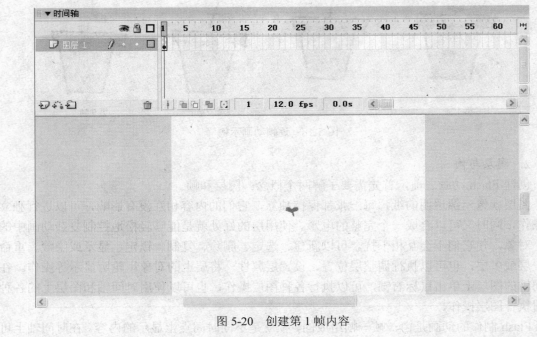

图 5-20　创建第 1 帧内容

　　（3）单击同一行中右侧的下一个帧，然后按【F6】键插入关键帧，这将添加一个新的关键帧，其内容和第一个关键帧一样。

　　（4）在舞台中改变该帧的内容，如图 5-21 所示（可以使用 Flash 提供的洋葱皮功能或使用"信息"面板来确定两帧的相对位置）。

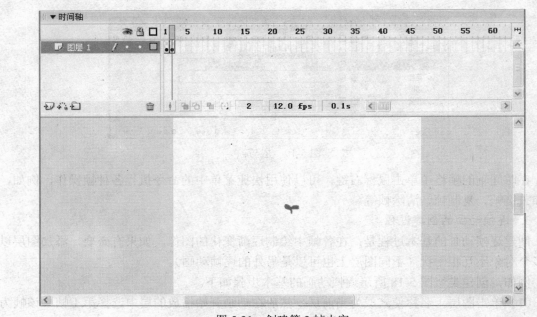

图 5-21　创建第 2 帧内容

（5）重复第（3）步和第（4）步继续创建动画后面的帧直到动画完成（一共创建了 6 帧）。

（6）单击时间轴上的"插入图层"按钮，新建一个图层，并利用绘图工具在该层第 1 帧上绘制一个"花盆"，此时的窗口如图 5-22 所示。

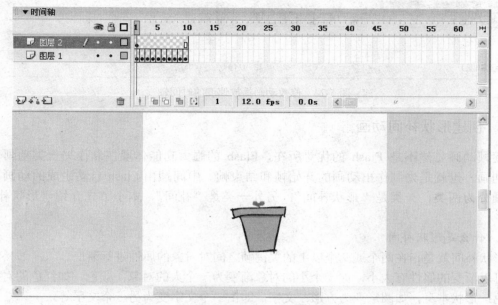

图 5-22　创建好的逐帧动画

（7）按【Ctrl+S】组合键保存文件。

（8）按【Ctrl+Enter】组合键测试动画。

（9）如果需要，将动画导出为.swf 格式或者.exe 格式。

4. 修改逐帧动画的播放速度

如果要修改逐帧动画的播放速度，通常有两种方法：一是修改动画的帧频率（这种方法也适用于其他类型的 Flash 动画）；另一种是延长每一个关键帧的播放时间。

所谓帧频率是指动画播放的速度，计量单位是 fps，即每秒多少帧，默认值是 12fps。双击"时间轴"面板下部的"帧频率"区域（其中通常显示为"12.0fps"），打开"文档属性"对话框，如图 5-23 所示，可以在其中修改帧频率和舞台的大小。

如果当前没有选中任何对象，属性面板中显示的是文档属性，那么也可以直接在属性面板中修改帧频率。

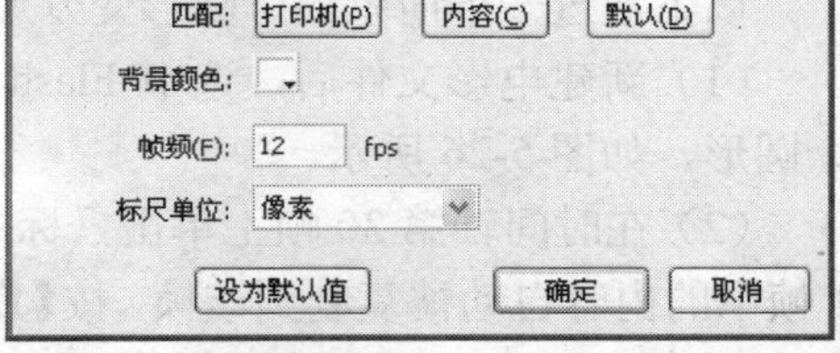

如果想让不同关键帧的播放延迟时间不同，那么可以采用第二种方法修改动画的播放速度。在创建好第 1 个关键帧后，先确定需要其持续多少帧，然后在相应帧上单击鼠标右键，在快捷菜单中选择"插入帧"命令，则从关键帧开始一直到该帧都将重复关键帧中的内容（重复的帧显示为灰色），接着再创建第 2 帧，用同样的方法指定延续多少帧，依次下去创建多个关键帧。例如，图 5-24 所示就是用这种方法修改刚才

图 5-23　"文档属性"对话框

制作的"花儿"动画的时间轴。

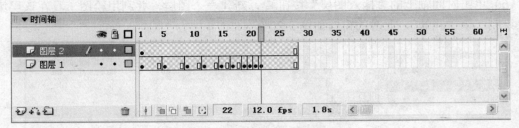

图 5-24　修改动画播放速度的时间轴

5.5.3　创建形状补间动画

逐帧动画显然不是 Flash 的优势所在，Flash 的强大功能体现在制作另一类动画——补间动画，也就是先制作出动画的开始帧和结束帧、中间帧由 Flash 自动生成的动画。补间动画分为两类，一类是"形状补间"；另外一类是"补间"，本小节先介绍"形状补间"动画。

1. 什么是形状补间

形状补间就是指在两个或两个以上的关键帧之间对对象的属性进行渐变。

可以渐变的属性有大小，如一个小的对象渐变为一个大的对象；颜色，如红色的对象变为蓝色；形状本身，如圆形变为方形；文字，即由一个文字变为另一个文字等。

生成形状补间动画的对象必须是"形状"。所谓"形状"是指直接用绘图工具绘制出来的对象，或对文字或元件实例选择"修改"菜单中的"分离"命令（快捷键为【Ctrl+B】）打散后分离成的形状。

例如，图 5-25 所示便是一个形状补间动画的效果。

图 5-25　形状补间动画示例

2. 创建形状补间动画的步骤

以下通过一个简单的"圆形变方形"动画，来说明制作形状补间动画的步骤。

（1）新建电影文件后，选中 Flash 工具箱中的"椭圆工具" ，按住【Shift】键绘制一个圆形，如图 5-26 所示。

（2）在时间轴第 30 帧上单击鼠标右键，在快捷菜单中选择"插入关键帧"命令，此时第 1 帧中的内容自动被复制到该帧，按【Delete】键将其删除。选择"矩形工具" ，按住【Shift】键在舞台右边绘制一个正方形，可以在绘制前使用"填充色"工具 设置不同的颜色，此时的效果如图 5-27 所示。

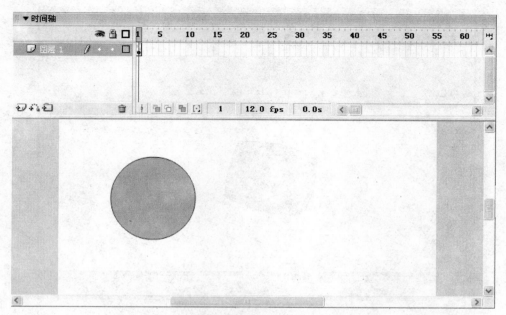

图 5-26　绘制第 1 帧

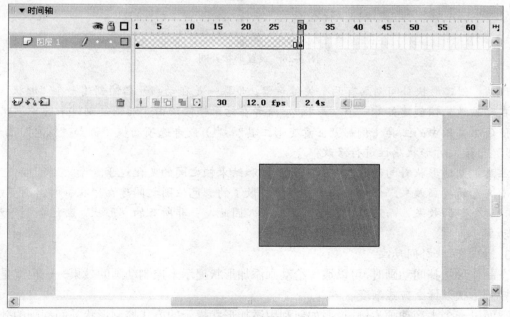

图 5-27　绘制第 30 帧

（3）在时间轴第 1 帧到第 30 帧之间的任意一帧上单击鼠标，在属性检查器的"补间"列表中选择"形状"，则时间轴上显示出绿色背景上的一个箭头，表示生成了形状补间，如图 5-28 所示。

（4）按【Ctrl+S】组合键保存文件。按【Ctrl+Enter】组合键测试动画。如果需要，将动画导出为.swf 格式或者.exe 格式。

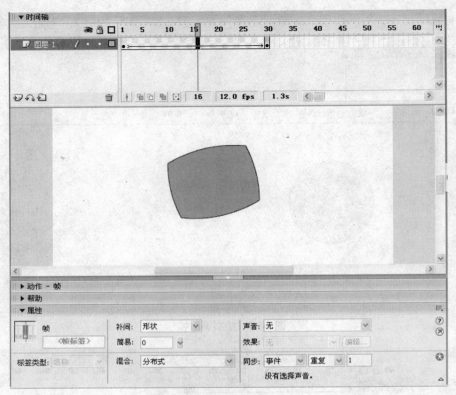

图 5-28　设置形状补间

说明：创建形状补间动画有两个关键步骤，步骤一是在动画开始帧创建一个"形状"，步骤二在动画结束帧创建另外一个"形状"，或者在结束帧修改由开始帧复制过来的"形状"。可以使用工具箱中的工具（例如"任意变形工具" ⊞ ）或者选项面板（例如"信息"面板、"变形"面板）对形状属性进行修改。

注意：创建形状补间动画时，如果开始帧和结束帧之间的变化过于复杂，则可能会生成令人不满意的动画效果。例如，如果在两幅打散了的彩色位图之间建立形状补间，则可能会产生"跳变"的效果，而不是"渐变"的效果。因此，并非所有的"形状"都适合制作形状补间动画。

3．控制形状补间动画

在制作形状补间动画时，可以通过给动画添加形状提示来控制动画的效果——也就是说，可以控制形状以什么方式渐变。

下面以一个水滴动画为例，说明如何利用添加形状提示的方式控制形状补间动画的效果，步骤如下。

（1）制作形状补间的水滴动画。

（2）选择水滴动画的第 1 帧。

（3）选择"修改"菜单中的"形状"命令，在子菜单中选择"添加形状提示"命令，第一个形状提示一般将出现在图形的中心，如图 5-29 所示。

（4）将出现的形状提示拖动到需要标识的点，并将需要标识的点按以上的方法全部标识，如图 5-30 所示。

图 5-29　第一个形状提示　　　　　　　　图 5-30　添加所有形状提示

（5）选取第 5 帧，在第 5 帧图形上也出现了 4 个
形状提示的标识（可能会重叠在一起），将 4 个形状提
示的标识拖动到与第 1 帧形状提示标识相对应的点上，
当第 5 帧的形状提示标识与第 1 帧中的形状提示标识位
置相对应时，第 5 帧的形状提示标识就会以绿色显示，
而第 1 帧中的形状提示标识则会以黄色显示，如图 5-31 所示。

第 1 帧　　　　　　　第 5 帧

图 5-31　两帧形状提示相对应

（6）将动画保存，然后按【Enter】键预览动画，如图 5-32 所示。

图 5-32　预览水滴动画

5.5.4　创建补间动画

1. 什么是补间动画

补间动画是在两个关键帧之间建立渐变的一种动画，如图 5-33 所示。

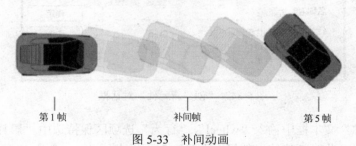

第 1 帧　　　　　　　补间帧　　　　　　　第 5 帧

图 5-33　补间动画

补间动画关键帧的对象必须是元件的实例、群组体或文字。其中，元件是可以重复利用
的图像、动画或按钮；实例是元件在舞台上的具体体现；群组体是指在舞台上同时选中多个
对象，然后选择"修改"菜单中的"组合"命令（通常可使用【Ctrl+G】组合键）将多个对
象组合到一起而生成的对象。

补间动画的原理是：在第一个关键帧中设置元件实例、群组体或文字的属性，然后在第
二个关键帧中修改对象的属性，从而在两帧之间产生动画效果，可以修改的属性包括大小、
颜色、旋转和倾斜、位置、透明度以及各种属性的组合。

2. 元件与实例

元件是 Flash 电影中的重要元素，它是一个可以重复使用的图像、按钮或电影剪辑。实例是元件在舞台上的具体体现，创建了一个元件后可多次在舞台上使用，从而形成不同的实例。元件位于"库"面板中。要使用元件，可以将它从"库"面板中拖动到舞台上。在拖动到舞台上之后，元件就变成了实例。实例来源于元件，舞台上的任何实例都是由元件衍生的，如果元件被修改，则舞台上所有由该元件衍生的实例也将发生变化。但如果修改舞台上的实例，将不会影响元件，也不会影响其他实例。

元件的类型有 3 种，即影片剪辑、按钮和图形。我们可以使用影片剪辑元件来创建独立于时间轴播放的动画片段，用图形元件创建可重复在时间轴使用的动画片段，而用按钮元件创建按钮对象。图形元件与影片剪辑元件的区别是：在图形元件的连续动画中不能使用声音或交互式对象，而影片剪辑元件则可使用一切对象，如声音、交互式对象、实例等。

创建元件有两种方式：一种是选定舞台上的对象将其转换为元件（选择"修改"菜单中的"转换为元件"命令）；另一种是直接创建一个新元件（选择"插入"菜单中的"新建元件"命令）。

将创建完成的元件从"库"面板中拖动到舞台上，便形成该元件的一个实例。实例来源于元件，因此在起初创建时，其属性与元件完全相同。但有时需要重新设置实例的属性，一般可通过以下方式：在"信息"面板中设置实例的大小，在"变形"面板中设置实例的变形效果，在属性检查器中设置实例的颜色效果等。

3. 创建补间动画的步骤

以下通过一个简单的"汽车运动"动画，来说明制作补间动画的步骤。

（1）新建电影文件后，按【Ctrl+L】组合键打开"库"面板，单击左下角的"新建元件"按钮 ⊞，打开图 5-34 所示的"创建新元件"对话框。

图 5-34 "创建新元件"对话框

（2）在"名称"文本框中输入"wheel"，"行为"选项区保持选中"影片剪辑"单选栏，单击"确定"按钮，此时新建的元件显示在"库"面板中。

（3）双击"wheel"元件，进入元件编辑模式，使用绘图工具和编辑工具绘制一个轮子的图形，如图 5-35 所示。

（4）用"箭头工具" ▸ 框选中整个圆形，按【Ctrl+G】组合键将其组合。

（5）在时间轴第 20 帧上单击鼠标右键，在快捷菜单中选择"插入关键帧"命令，此时第 1 帧中的组合体自动复制到第 20 帧。在时间轴第 1 到第 20 帧之间单击鼠标右键，在快捷菜单中选择"创建补间动画"命令，然后在属性检查器中设置"旋转"为"顺时针 1 次"，如图 5-36 所示。

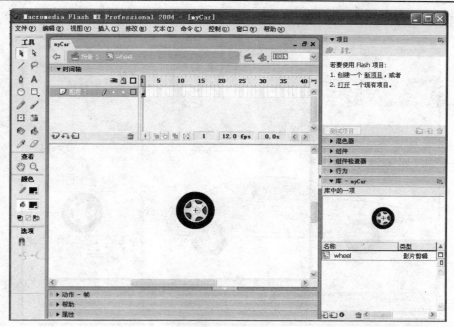

图 5-35 绘制车轮

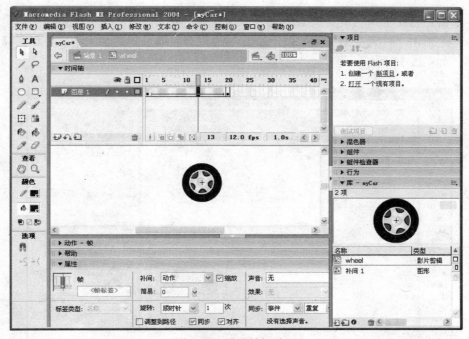

图 5-36 设置补间动画

（6）单击"库"面板左下角的"新建元件"按钮⊡，再创建一个名为"car"的电影剪辑元件，双击该元件进入元件编辑模式，绘制一个没有轮子的"汽车"。然后从"库"面板中将"wheel"元件拖动到矩形上，如果轮子大小不合适，可以使用属性检查器修改。选中修改完成的轮子后，分别按【Ctrl+C】和【Ctrl+V】组合键复制一个轮子，最后形成一个完整的"汽车"，如图 5-37 所示。

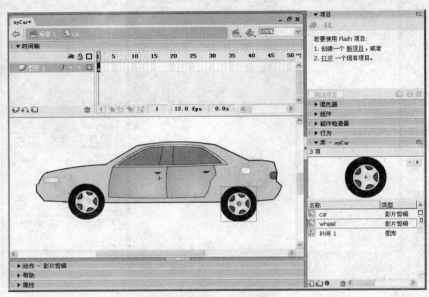

图 5-37　制作"汽车"元件

（7）单击舞台左上角的"场景 1"，切换到场景编辑模式，将"car"元件从"库"面板拖动到舞台上。单击"任意变形工具"按钮，将"汽车"缩放到适当大小，并将其移动到舞台的右下，如图 5-38 所示。

图 5-38　制作"汽车"动画的第 1 帧

（8）在时间轴第 40 帧上单击鼠标右键，在快捷菜单中选择"插入关键帧"命令，然后将"汽车"拖动到舞台左边。在第 1 到第 40 帧之间单击鼠标右键，在快捷菜单中选择"创建补间动画"命令，则创建出了"汽车"从右到左运动的动画，如图 5-39 所示。

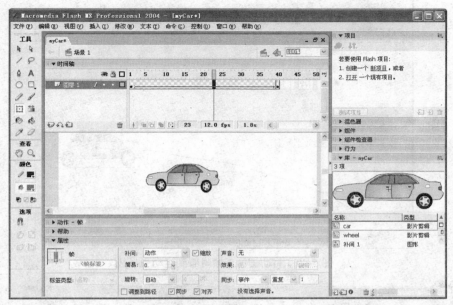

图 5-39 "汽车"运动动画

（9）按【Ctrl+S】组合键保存文件。按【Ctrl+Enter】组合键测试动画，可以看到"汽车"边运动，车轮边滚动的效果。如果需要，将动画导出为.swf 格式或者.exe 格式。

说明：创建补间动画有两个关键步骤，步骤一是在动画开始帧创建一个对象（必须是元件的实例、群组体或文字）；步骤二是在动画结束帧修改由开始帧复制过来的对象。修改时可以使用工具箱中的工具，也可以使用选项面板或属性检查器。

4. 控制补间动画的运动路径

在 Flash 中不但能创建沿着直线运动的动画，还能让对象沿着曲线运动。创建沿曲线运动的补间动画时，需要将该曲线路径放置在一个"运动引导层"中，然后再指定动画中的对象沿此路径运动。在运动引导层中通常绘制一条运动引导线，这条线为动画的播放提供了一条路径。运动引导线在最终发布的影片中是不可见的。

创建运动引导层的方法为：首先选中要指定运动路径的图层；然后单击时间轴窗口下方的"添加运动引导层"按钮 。

例如，要使刚才创建的"汽车"动画沿曲线运动，可以执行以下步骤。

（1）选中汽车所在的图层，然后单击时间轴窗口下方的"添加运动引导层"按钮 ，则创建出了一个运动引导层。

（2）在时间轴上单击引导层的第 1 帧，选择工具箱中的"铅笔工具" ，然后在工具箱下方的"选项"中设置铅笔模式为"平滑"，绘制一条曲线。

（3）单击"图层 1"的第 1 帧，使用"箭头工具" 将"汽车"拖动，使其中心点与曲线的开始点重合，如图 5-40 所示。

（4）单击"图层 1"的第 40 帧，用"箭头工具" 将"汽车"拖动，使其中心点与曲线的终点重合，如图 5-41 所示。

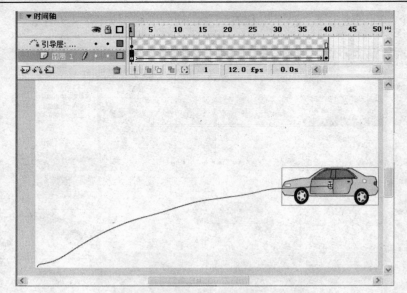

图 5-40　将动画第 1 帧附着到运动引导线

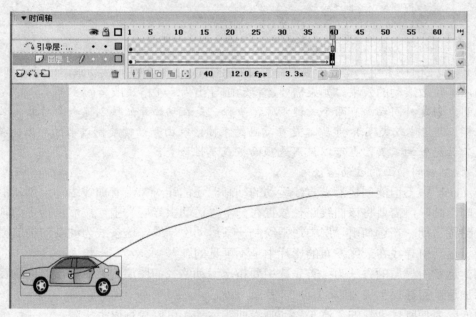

图 5-41　设置运动引导线终点与对象中心重合

（5）按【Ctrl+Enter】组合键测试动画，可以看到汽车沿曲线运动的效果。

说明：运动引导线在实际动画播放时并不显示，其作用只是确定动画的运动轨迹。

练　习　题

1. 制作一个表单网页，要求满足以下条件：①包含各种常见的表单控件；②使用图形化的提交按钮；③文本框、复选框和单选框要设置文本标签。

2．制作一个网页，在其中插入 Flash 对象和 Java 小应用程序对象。

3．制作 Flash 动画通常应遵循什么流程？

4．什么是图层？什么是帧？它们在动画制作中起什么作用？

5．什么是形状补间动画？什么是补间动画？它们有什么区别？

6．创建一个逐帧动画（表现每帧的变化比较细腻的动作，例如人走路的动作），并修改动画的播放速度。

7．制作一个文字渐变的形状补间动画，例如，让"欢迎光临"四个字依次变换显示（即先显示"欢"字，然后变换到"迎"字，再变换到"光"字，再变换到"临"字）。

8．参考 5.5.4 节制作补间动画的步骤，制作一个"汽车行驶"的补间动画，注意"汽车车轮"应该在"汽车"移动的同时滚动。

第 6 章　CSS 技术

本章提要：

- CSS 技术是一种格式化网页的标准方式，它通过设置 CSS 属性使网页元素获得各种不同效果。
- CSS 样式定义的基本形式为：selector {property1:value1; property2:value2; …}，其中，selector 可以是 HTML 标记符、具有上下文关系的 HTML 标记符、用户定义的类、用户定义的 ID 以及虚类；而 property 和 value 则分别是由 CSS 标准定义的 CSS 属性和相应的值。
- 在网页中使用 CSS 包括 3 种常用方式：将样式定义直接嵌入到标记符中，将样式定义嵌入到网页中以及将样式定义包含在外部 CSS 样式文件中。
- CSS 样式的优先级遵循"就近优先"的原则。
- CSS 属性包括字体与文本属性、颜色与背景属性、布局属性、定位和显示属性、列表属性以及鼠标属性。
- 过滤器（Filter）是 CSS 的一种扩充，它能够将特定的效果应用于文本容器、图片或其他对象。

6.1　CSS 入门

本节首先介绍 CSS 技术的基础知识，然后介绍 CSS 的属性单位。

6.1.1　什么是 CSS

CSS（Cascading Style Sheet，层叠样式表）技术是一种格式化网页的标准方式，它扩展了 HTML 的功能，使网页设计者能够以更有效的方式设置网页格式。

下面就以一个实际的问题来看一下 CSS 技术的优越性和单纯 HTML 的局限性。假如现在要在网页中为所有的"标题 1"标记符（H1）应用"居中"对齐方式和"楷体"字体（请参见本书第 2.5 节中的实例，其中有多个类似的格式设置问题），如果使用 HTML 方式解决，则必须在每次出现该标记符时使用 align="center"属性，并将标题中的文字用 FONT 标记符括起来以设置字体，如下所示。

```
<HTML>
<HEAD><TITLE>使用 HTML 方式</TITLE></HEAD>
<BODY>
<H1 align=center><FONT face ="楷体_GB2312">一级标题</FONT></H1>
```

```
<P>…其他正文…</P>
<H1 align=center><FONT face ="楷体_GB2312">一级标题</FONT></H1>
</BODY>
</HTML>
```

显而易见，如果出现 100 个 H1 标记符，那么就要重新设置同样的格式 100 次；另外，如果我们要更改格式，如将"楷体"更改为"黑体"，那么就需要再次重复上面的设置过程，工作量实在太大。但假如使用 CSS 技术解决，就会简单有效得多，代码如下。

```
<HTML>
<HEAD><TITLE>使用 CSS 方式</TITLE>
  <STYLE>
    H1 {text-align:center; font-family:楷体_gb2312}
  </STYLE>
</HEAD>
<BODY>
<H1>一级标题</H1>
<P>…其他正文…</P>
<H1>一级标题</H1>
</BODY>
</HTML>
```

上面的代码在 STYLE 标记符中定义了 CSS 样式，该样式应用于网页中的所有 H1 标记符，使该标记符中的内容采用"楷体"字体和"居中"对齐方式。这样，只要一个样式定义，就解决了前面 HTML 方式所固有的两种缺陷——格式定义的重复和格式维护的困难。

实际上，使用 CSS 样式不但能简化格式设置工作，增强网页的可维护能力，而且可以大大加强网页的表现力。因为相比 HTML 标记符而言，CSS 样式属性提供了更多的格式设置功能。例如，可以通过 CSS 样式定义使网页中的超链接去掉下划线，或者为列表指定图像作为项目符号，甚至可以为文字添加阴影效果等。

使用 CSS 技术除了可以在单独网页中应用一致的格式以外，对于大网站的格式设置和维护更具有重要意义。将 CSS 样式定义到样式表文件中，然后在多个网页中同时应用该样式表中的样式，就能确保多个网页具有一致的格式，并且能够随时更新（只要更改样式表文件就可以使所有网页自动更新），从而大大降低了网站的开发和维护工作量。由于 CSS 具有以上这些优点，它已经成为一种应用非常广泛的网页设计技术，甚至可以说，如果不懂 CSS 技术，那么就很难设计出专业化的网站。

6.1.2 CSS 的属性单位

由于 CSS 样式定义就是由属性及其值组成的，所以有必要了解属性值的各种单位。在 CSS 中，属性值的各种单位与在 HTML 中有所不同，请读者注意区分。

1. 长度单位

在 CSS 中用于描述长度的单位主要如下。

● cm：厘米。

- em：当前字体中 m 字母的宽度。
- ex：当前字体中 x 字母的高度。
- in：英寸。
- mm：毫米。
- pc：皮卡，1pc=12 点。
- pt：点，1pt=1/72 英寸。
- px：像素。

说明：以上单位中比较常用的是 cm，in，mm，pt 和 px，其他单位很少在实际场合使用。需要特别注意的是，当使用 pt 作为长度单位时，如果显示器的字体大小设置不同，那么显示效果会有所不同。

2．百分比单位

除了可以使用前面介绍的长度单位指定尺寸以外，在 CSS 中经常还可以使用百分比单位指定尺寸。例如：

P{line-height:150%}

表示该段文字的高度为标准行高的 1.5 倍。

使用百分比单位的格式是：先写上"+"号或"–"号，然后紧跟一个数字，最后是百分号"%"。如果百分比值是正，那么正号可以忽略不写，也就是说，"+50%"和"50%"是等效的。符号和百分号之间的数字可以是任意值，但由于在某些环境下浏览器不能处理带小数点的百分数，因此建议不要使用小数。另外，符号、数字和百分比号之间不能有空格。

百分比值总是相对于另一个值来说的，该值可以是长度单位或是其他单位。每一个可以使用百分比值单位指定的属性同时也自定义了这个百分比值的参照值。大多数情况下，这个参照值是该元素本身的字体尺寸。

并非所有属性都支持百分比单位，百分比单位不适用于以下 35 个属性：

font-family，font-style，font-variant，font-weight，color，background-color，background-image，background-repeat，background-attachment，word-spacing，letter-spacing，text-decoration，text-transform，text-align，border-top-width，border-right-with，border-bottom-width，border-left-width，border-width，border-color，border-style，border-top，border-right，border-bottom，border-left，border，height，float，clear，display，white-space，list-style-type，list-style-image，list-style-position，list-style。

但可以用于以下属性：

font-size，font，background-position，background，vertical-align，text-indent，line-height，margin-top，margin-right，margin-bottom，margin-left，margin，padding-top，padding-right，padding-bottom，padding-left，padding，width。

3．颜色单位

CSS 允许网页设计者使用以下方式中的一种指定颜色。

- 颜色名：直接使用标准颜色名称（或浏览器支持的其他颜色名称）。
- #RRGGBB：使用两位十六进制数表示颜色中的红、绿、蓝含量。
- #RGB：使用一位十六进制数表示颜色中的红、绿、蓝含量，它是#RRGGBB 方式的快捷方式。例如，颜色#002200 可以表示为#020；#00FFEE 可以表示为#0FE。

- rgb（rrr，ggg，bbb）：使用十进制数表示颜色的红、绿、蓝含量，其中 rrr，ggg 和 bbb 都是 0～255 的十进制数。
- rgb（rrr%，ggg%，bbb%）：使用百分比表示颜色的红、绿、蓝含量。例如，rgb（50%，0，50%）相当于 rgb（128，0，128）。

6.2　在网页中使用 CSS

本节介绍如何在网页中使用 CSS 技术，包括使用 HTML 标记符的 style 属性嵌套样式信息，通过在网页 HEAD 标记符中使用 STYLE 标记符嵌套样式信息，以及通过在网页 HEAD 标记符中使用 LINK 标记符链接外部的层叠样式表文件（.css 文件）。

6.2.1　在标记符中直接嵌套样式信息

使用 style 属性可以在 HTML 标记符中直接嵌入样式定义，如下所示：

　　<标记符 style="property1:value1; property2:value2; …">

也就是将 style 属性的值指定为 CSS 属性和相应值的配对，配对之间用分号分隔。例如，以下代码显示了在标记符中直接嵌套样式信息的用法，效果如图 6-1 所示。

图 6-1　在标记符中直接嵌套样式信息

　　<HTML>

　　<HEAD><TITLE>在标记符中直接嵌套样式信息</TITLE></HEAD>

　　<BODY>

　　　　<H1 style="font-family:楷体_gb2312; text-align:center">一代人</H1>

　　　　<P style="font-size:24px; text-align:center">黑夜给了我黑色的眼睛

　　
我却用它寻找光明</P>

　　</BODY>

　　</HTML>

6.2.2　在 STYLE 标记符中定义样式信息

在 HTML 标记符中直接指定样式信息显然没有发挥出样式表的主要优势——简化格式设置和维护工作，因为每一个 style 属性都必须单独设置。如果能将同类的样式都统一定义，然后再具体应用于网页中的元素，那么就能体现出 CSS 的优越性了。实际上，这正是 CSS 应用于网页的最常用方式，即在 HEAD 标记符内使用 STYLE 标记符，然后在 STYLE 标记符中定义样式。

定义样式的方式为

　　selector{property1:value1; property2:value2; …}

其中，selector 表示样式作用的对象，property 和 value 则表示相应 CSS 属性和值的配对，进一步信息请参见 6.3 节和 6.4 节。

例如，以下代码使用了在网页中定义样式信息的方式，效果与图 6-1 一样。

```
<HTML>
<HEAD><TITLE>在标记符中直接嵌套样式信息</TITLE>
<STYLE>
<!--
P{ font-size:24px; text-align:center }
H1{ font-family:楷体_gb2312; text-align:center }
-->
</STYLE>
</HEAD>
<BODY>
    <H1>一代人</H1>
    <P>黑夜给了我黑色的眼睛<BR>我却用它寻找光明</P>
</BODY>
</HTML>
```

说明：当在 STYLE 标记符内定义样式时，通过在样式信息周围加上注释标记符就可以确保不支持 STYLE 元素和 CSS 的浏览器把其作为注释而忽略掉，而支持的浏览器会对其进行分析并将样式设置应用于指定的网页内容。不过，由于当前的绝大多数浏览器都支持 CSS，所以注释标记符可以省略。

6.2.3　链接外部样式表中的样式信息

在 STYLE 标记符中定义样式对于单独网页的格式设置和维护很有效，但如果在一个大网站中，为每个页面都定义类似的样式，显然又是效率不高的，这时最好的办法就是将重复在多个网页中使用的样式放在外部样式表文件中（不具有重复使用特点的样式仍旧放在单独网页的 STYLE 标记符中），然后通过链接的方式引用其中的样式。链接式样式的优点很明显，网页设计者可以在一个链接的 CSS 文件上做修改，然后所有引用它的网页都会自动更新，如图 6-2 所示。

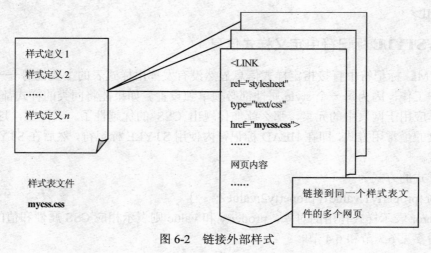

图 6-2　链接外部样式

链接引用外部样式表的方法为：在 HEAD 标记符内使用 LINK 标记符，通过指定相应属性链接到外部样式表。

当链接外部样式表时，LINK 标记符的用法如下：

`<LINK rel="stylesheet" type="text/css" href="样式表文件">`

其中，rel 属性规定了被链接文件的关系，在链接样式表文件（.css 文件）的情况下，取值永远是"stylesheet"；type 属性规定了链接文件的 MIME 类型，它的值永远是"text/css"；href 属性指定了要链接的样式表文件。

创建样式表文件的方式非常简单，只要将样式定义（也可以包括 STYLE 标记符）放置到一个空白的文本文件中，然后将文件保存为.css 扩展名即可，操作方法与用"记事本"程序保存.htm 文件类似。

例如，要将 6.2.2 节中的示例更改为外部样式表的方式，则代码如下，效果与图 6-1 一样。

```
------------------------------------网页源文件------------------------------------
<HTML>
<HEAD><TITLE>链接式样式示例</TITLE>
    <LINK rel="stylesheet" type="text/css" href="mycss.css">
</HEAD>
<BODY>
    <H1>一代人</H1>
    <P>黑夜给了我黑色的眼睛<BR>我却用它寻找光明</P>
</BODY>
</HTML>
--------------------与网页源文件同一目录下的 mycss.css 文件--------------------------
P{ font-size:24px; text-align:center }
H1{ font-family:楷体_gb2312; text-align:center }
```

6.2.4 样式的优先级

根据前面的介绍可以看出，网页上的同一个对象有可能由多个样式修饰，那么到底哪个样式生效呢？这就涉及一个样式的优先级的问题。

如果有多个样式同时修饰一个对象，样式如果冲突，则采用高优先级样式；如果不冲突，则采用叠加的样式效果。这实际上也是 CSS（层叠样式表）名称的由来。

在 IE 浏览器中，样式的优先级遵循"就近优先"的原则，也就是说，距离所修饰对象越近的样式，其优先级越高。因此，在 3 种使用样式的方法中，在标记符中直接用 style 属性定义的样式优先级最高；而对于用 STYLE 标记符定义的样式和用 LINK 标记符链接的样式，则谁距离所修饰对象越近，谁的优先级越高。

例如，对于以下代码，正文内容将显示为红色，因为 STYLE 中的样式定义比 LINK 中的样式定义距离正文内容更近。

```
<HTML>
<HEAD>
```

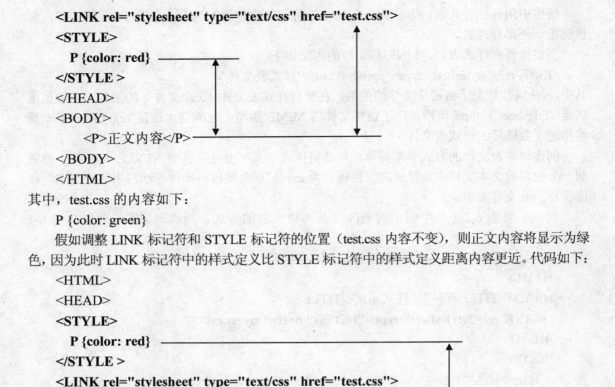

```
<LINK rel="stylesheet" type="text/css" href="test.css">
<STYLE>
    P {color: red}
</STYLE >
</HEAD>
<BODY>
    <P>正文内容</P>
</BODY>
</HTML>
```

其中，test.css 的内容如下：

P {color: green}

假如调整 LINK 标记符和 STYLE 标记符的位置（test.css 内容不变），则正文内容将显示为绿色，因为此时 LINK 标记符中的样式定义比 STYLE 标记符中的样式定义距离内容更近。代码如下：

```
<HTML>
<HEAD>
<STYLE>
    P {color: red}
</STYLE >
<LINK rel="stylesheet" type="text/css" href="test.css">
</HEAD>
<BODY>
    <P>正文内容</P>
</BODY></HTML>
```

6.3　CSS 样式定义

正如我们在前面看到的，样式表项的组成如下：

selector {property1:value1; property2:value2;…}

其中 selector 表示需要应用样式的内容，也叫做"选择器"；property 表示由 CSS 标准定义的样式属性；value 表示样式属性的值，如图 6-3 所示。

图 6-3　CSS 样式定义

有关样式属性和样式属性的值，将在第 6.4 节中介绍，本节介绍常用的 5 种选择器，包括 HTML 标记符、具有上下文关系的 HTML 标记符、用户定义的类、用户定义的 ID 和虚类。

6.3.1　HTML 标记符选择器

HTML 标记符是最典型的选择器类型，网页设计者可以为某个或某些具体的 HTML 元素应用样式定义。对于不同的标记符选择器，可以采用编组的方式简化样式定义（对于其他选择器，也可以用类似的编组方法）。例如，如果 3 个样式定义如下：

H1 {color:#ff0000}

H2 {color:#ff0000}

H3 {color:#ff0000}

则可以将其转换成编组样式，用逗号将不同的选择器分开，如下所示：

H1,H2,H3 {color:#ff0000}

6.3.2　具有上下文关系的 HTML 标记符选择器

如果需要为位于某个标记符内的标记符设置特定的样式规则，则应将选择器指定为具有上下文关系的 HTML 标记符。例如，如果只想使位于 H1 标记符内的 B 标记符具有特定的属性，则应使用以下格式：

H1 B{color:blue}　　/* 注意 H1 和 B 之间以空格分隔*/

说明：在定义样式表项时可以添加注释，以便增强文档的可读性。CSS 的文字注释形式与 C 语言（一种最常见的编程语言）相似，都是将注释语句放置在 "/*" 和 "*/" 之间，并且注释不能嵌套。

这表示只有位于 H1 标记符内的 B 元素具有指定样式，而其他 B 元素不具有该样式。实际上，这种嵌套关系可以有多层，不过通常仅用一层。

6.3.3　用户定义的类选择器

可以使用类（class）来为单一 HTML 标记符创建多个样式。要想将一个类包括到样式定义中，可将一个句点和一个类名称添加到选择器后，如下所示：

selector.classname {property: value;…}

可以使用任何名称命名类，但通常应使用有具体含义的名称。例如，如果需要在网页的 3 处使用 H1 标记符，每处的文本具有不同的颜色，此时可以定义以下类样式：

H1.color_red{color:red}

H1.color_yellow{color:yellow}

H1.color_blue{color:blue}

然后在网页中需要使用该类处用 class 属性引用这些类，如下所示：

<H1 class="color_red">此标题为红色</H1>

<H1 class="color_yellow">此标题为黄色</H1>

<H1 class="color_blue">此标题为蓝色</H1>

此时如果使用了 H1 标记符但没有使用相应的 class 属性，则不应用所定义的样式。

实际上，不仅可以为某个或某些标记符定义类，还可以定义应用于所有标记符的类（称为通用类），此时直接用句点后跟类名即可，如下所示：

.classname{property:value;…}

例如，可以定义一个类：

.red {color:red}

然后在需要引用该类的任意标记符内使用 class 属性，以便所有引用该类的标记符都可以采用所定义的样式。在定义了以上的 red 类后，就可以用以下方式引用它：

<P class="red"> 本行文字为红色</P>

　　　　<H1 class="red"> 本标题为红色</H1>

6.3.4　用户定义的 ID 选择器

当网页设计者想在整个网页或几个页面上多处以相同样式显示标记符时，除了使用 .classname 的方式定义一个通用类样式以外，还可以使用 ID 定义样式。

要将一个 ID 样式包括在样式定义中，应用一个井号（#）作为 ID 名称的前缀，如下所示：

#IDname{property:value …}

定义了 ID 样式后，需要在引用该样式的标记符内使用 id 属性。例如，可以定义一个 ID 样式如下：

#red {color:red}

然后可以在若干不同的 HTML 标记符中使用该样式规则，如下所示：

<P id="red">本行文字为红色。</P>

<H1 id="red">本标题为红色。</H1>

注意：使用 .classname 和使用 #IDname 这两种方式在效果上并没有区别，但最好只使用其中之一，以免造成混淆。

6.3.5　虚类选择器

对于 A 标记符，可以用虚类的方式设置不同类型超链接的显示方式。所谓不同类型超链接，是指访问过的、未访问过的、激活的以及鼠标指针悬停于其上的这 4 种状态的超链接。可以通过指定下列选择器之一设置超链接样式。

● A：link 或：link：当超链接没被访问过时，所设置的样式应用于超链接。

● A：visited 或：visited：当超链接已被访问过时，所设置的样式应用于超链接。

● A：active 或：active：当超链接当前为被选中状态时，所设置的样式应用于超链接。

● A：hover 或：hover：当鼠标指针移动到超链接之上时，所设置的样式应用于超链接。

例如，以下一组样式定义可以使网页中的超链接文字在未访问过时以黑色显示，访问过和被选中时以灰色显示，鼠标悬停其上时以红色显示，除了鼠标悬停时有下划线，其他状态均没有下划线。

:link {color:black; text-decoration:none}

:visited, :active {color:gray; text-decoration:none}

:hover {color:red; text-decoration:underline}

说明：如果要使所有的超链接都具有特定效果，只需为 A 标记符指定样式即可。另外，虚类选择器也可以与类选择器联合使用，例如：

:hover.green{color:green}

表示只有 class 属性为 green 的超链接悬停时才显示为绿色文字。

6.4　CSS 属性

本节介绍各种常用的 CSS 属性，包括以下类别：字体与文本属性、颜色与背景属性、布局属性、定位和显示属性、列表属性以及鼠标属性。

6.4.1　字体与文本属性

1．字体属性

字体属性用于控制网页中的文本的字符显示方式，例如控制文字的大小、粗细以及使用的字体等。CSS 中的字体属性包括 font，font-family，font-size，font-style，font-variant 和 font-weight。

（1）font-family 属性

font-family 属性用于确定要使用的字体列表（类似于 FONT 标记符的 face 属性），取值可以是字体名称，也可以是字体族名称，值之间用逗号分隔。例如：

H1{font-family：楷体_gb2312，黑体}

在使用字体或字体族时，字体或字体族名称中间的空格应用破折号进行替换（例如，new century schoolbook 变为 new-century-schoolbook），或对字体或字体族加上引号（例如"new century schoolbook"）。第 1 级 CSS 定义了以下字体族名：cursive，fantasy，monospace，serif 和 sans-serif。字体族中通常包含多种字体，例如，serif 字体族中包含 Times 字体；monospace 字体族中包含 Courtier 字体等。

（2）font-size 属性

font-size 属性用于控制字体的大小，它的取值分为 4 种类型：绝对大小、相对大小、长度值以及百分数。该属性的默认值是 medium。

当使用绝对大小类型时，可能的取值为：xx-small | x-small | small | medium | large | x-large | xx-large，表示越来越大的字体。

当使用相对大小时，可能的取值为 smaller | larger，分别表示比上一级元素中的字体小一号和大一号。例如，如果在上级元素中使用了 medium 大小的字体，而子元素采用了 larger 值，则子元素的字体尺寸将是 large。

说明：所谓上一级元素是指包含当前元素的元素，例如，BODY 元素显然是所有元素的上级元素。另外，元素与标记符的含义类似，本书不做区分。

当使用长度值时，可以直接指定。当使用百分比值时，表示与当前默认字体（即 medium 所代表字体的大小）的百分比。

（3）font-style 属性

font-style 属性确定指定元素显示的字形。font-style 属性的值包括 normal，italic 和 oblique 三种。默认值为 normal，表示普通字形；italic 和 oblique 表示斜体字形。

（4）font-variant 属性

font-variant 属性决定了浏览器显示指定元素的字体变体。该属性可以有两个值：small-caps 和 normal。默认值为 normal，表示使用标准字体；small-caps 表示小体大写，也就是说，字体中所有小写字母看上去与大写字母一样，不过尺寸要比标准的大写字母要小一些。

（5）font-weight 属性

font-weight 属性定义了字体的粗细值，它的取值可以是以下值中的一个：normal | bold | bolder | lighter | 100 | 200 | 300 | 400 | 500 | 600 | 700 | 800 | 900，默认值为 normal，表示正常粗细，bold 表示粗体。也可以使用数值，范围为 100～900，对应从最细到最粗，normal 相当于

400，bold 相当于 700。如果使用 bolder 或 lighter，则表示相对于上一级元素中的字体更粗或更细。

（6）font 属性

使用 font 属性可一次性设置前面介绍的各种字体属性（属性之间以空格分隔）。在使用 font 属性设置字体格式时，各字体属性可以省略，但如果包括相应属性，必须以以下顺序出现：font-weight，font-variant，font-style，font-size，line-height（此属性的值可以位于 font 属性中，用于指定行高，它必须在 font-size 后用斜线隔开）和 font-family。

说明：IE 对此属性的支持并不完善，例如以下示例中的样式 s5 没有按照预想方式显示为楷体。

以下示例显示了各种常用字体属性的用法，效果如图 6-4 所示。

```html
<HTML>
<HEAD><TITLE>字体属性示例</TITLE>
<STYLE>
<!--
    .s1{ font-family:黑体;font-size:x-large; font-style:italic }
    .s2{ font-size:larger}
    .s3{ font-variant:small-caps}
    .s4{ font-weight:bolder}
    .s5{ font:bolder italic 楷体_gb2312}
-->
</STYLE>
</HEAD>
<BODY>
    <P class="s1">生活最沉重的负担，不是工作，而是——无聊。</P>
    <P class="s2">我需要工作，工作就是我的生活。</P>
    <P class="s3">Life means struggle.</P>
```

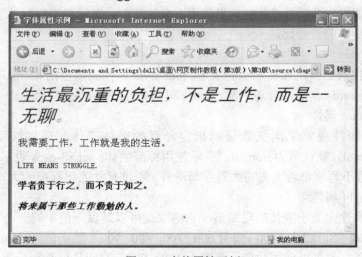

图 6-4　字体属性示例

　　<P class="s4">学者贵于行之，而不贵于知之。</P>

　　<P class="s5">将来属于那些工作勤勉的人。</P>

</BODY></HTML>

2．文本属性

　　文本属性用于控制文本的段落格式，例如设置首行缩进、段落对齐方式等。CSS 中的常用文本属性包括 letter-spacing，line-height，text-align，text-decoration，text-indent 和 text-transform。

　　（1）letter-spacing 属性

　　letter-spacing 属性的值决定了字符间距（除去默认距离外）。它的取值可以是 normal 或具体的长度值，也可以是负值。默认值为 normal，表示浏览器根据最佳状态调整字符间距。也就是说，如果将 letter-spacing 设置为 0，它的效果并不与 normal 相同。

　　（2）line-height 属性

　　line-height 属性决定了相邻行之间的间距（或者说行高）。其取值可以是数字、长度或百分比，默认值是 normal。当以数字指定值时，行高就是当前字体高度与该数字相乘的倍数。例如，DIV{font-size:10pt; line-height:1.5}表示的行高是 15pt。如果指定具体的长度值，则行高为该值。如果用百分比指定行高，则行高为当前字体高度与该百分比相乘。

　　（3）text-align 属性

　　text-align 属性指定了所选元素的对齐方式（类似于 HTML 标记符的 align 属性），取值可以是：left | right | center | justify，分别表示左对齐、右对齐、居中对齐和两端对齐。此属性的默认值依浏览器的类型而定。

　　（4）text-decoration 属性

　　text-decoration 属性可以对特定选项的文本进行修饰，它的取值为：none | [underline | overline | line-through | blink]，默认值为 none，表示不加任何修饰。underline 表示添加下划线；overline 表示添加上划线；line-through 表示添加删除线；blink 表示添加闪烁效果（有的浏览器并不支持此值）。

　　（5）text-indent 属性

　　text-indent 属性可以对特定选项的文本进行首行缩进，取值可以是长度值或百分比。此属性的默认值是 0，表示无缩进。

　　（6）text-transform 属性

　　text-transform 属性用于转换文本，取值为：capitalize | uppercase | lowercase | none，默认值是 none。capitalize 值指示所选元素中文本的每个单词的首字母以大写显示；uppercase 值指示所有的文本都以大写显示，lowercase 值指示所有文本都以小写显示。

　　以下示例显示了各种常用文本属性的用法，显示效果如图 6-5 所示。

<HTML>

<HEAD><TITLE>文本属性示例</TITLE>

<STYLE>

<!--

　　.s1{letter-spacing:10px} /* IE 6.0 不支持此属性*/

　　.s2{line-height:400%}

```
    .s3{text-align:center}
    .s4{text-decoration:underline overline} /*同时显示上划线和下划线*/
    .s5{text-indent:.75cm}
    .s6{text-transform:uppercase }
-->
</STYLE>
</HEAD>
<BODY>
    <P class="s1">Success</P>
    <P class="s2">伟大人物最明显的标志，就是他坚强的意志。</P>
    <P class="s3">天才就是耐心。</P>
    <P class="s4">人思考越多，话越少。</P>
    <P class="s5">有许多人是用青春的幸福作成功的代价的。</P>
    <P class="s6">Idleness makes the wit rut.</P>
</BODY></HTML>
```

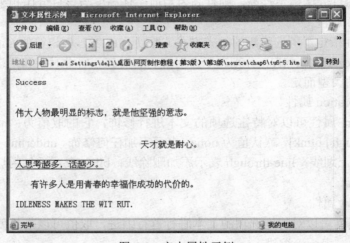

图 6-5　文本属性示例

6.4.2　颜色与背景属性

在 CSS 中，颜色属性可以设置元素内文本的颜色，而各种背景属性则可以控制元素的背景颜色以及背景图案。CSS 背景属性包括 background，background-attachment，background-color，background-image，background-position 和 background-repeat。

1. color 属性

color 属性用于控制 HTML 元素内文本的颜色，取值可以使用第 6.1.2 节中介绍的任意一种方式。例如，可以用以下任意一种方式为 H1 元素设置绿色的文本颜色：H1.green{color:green}，H1.green{color:#00FF00}，H1.green{color:#0F0}，H1.green{color:rgb (0,255,0)}，H1.green{color:rgb(0,100%,0)}。

2．background-color 属性

background-color 属性用于设置 HTML 元素的背景颜色，取值可以是第 6.1.2 节中介绍的任意一种表示颜色的方式。此属性的默认值是 transparent，表示没有任何颜色（或者说是透明色），此时上级元素的背景可以在子元素中显示出来。

3．background-image 属性

background-image 属性用于设置 HTML 元素的背景图案，取值为 url(imageurl)或 none。默认值为 none，即没有背景图案。当指定图案的位置时，应包括在 "url" 字样后的括号中。

4．background-attachment 属性

background-attachment 属性控制背景图像是否随内容一起滚动，取值为 scroll | fixed。默认值为 scroll，表示背景图案随着内容一起滚动；fixed 表示背景图案静止，而内容可以滚动，这类似于在 BODY 标记符中设置 bgproperties="fixed"所获得的水印效果。

5．background-position 属性

background-position 属性指定了背景图案相对于关联区域左上角的位置。该属性通常指定由空格隔开的两个值，既可以使用关键字 left | center | right 和 top | center | bottom，也可以指定百分数值，或者指定以标准单位计算的距离。例如，50%表示将背景图案放在区域的中心位置，25px 的水平值表示图像左侧距离区域左侧 25px。如果只提供了一个值而不是一对值，则相当于只指定水平位置，垂直位置自动设置为 50%。指定距离时，也可以使用负值，表示图像可超出边界。此属性的默认值是 "0% 0%"，表示图像与区域左上角对齐。

6．background-repeat 属性

background-repeat 属性表示当使用背景图案时，背景图案是否重复显示。取值可以是：repeat | repeat-x | repeat-y | no-repeat。默认值是 repeat，表示在水平方向和垂直方向都重复，即像铺地板一样将背景图案平铺；repeat-x 表示在水平方向上平铺；repeat-y 表示在垂直方向上平铺；no-repeat 表示不平铺，即只显示一幅背景图案。

7．background 属性

background 属性与 font 属性类似，它也是一个组合属性，可用于同时设置 background-color，background-image，background-attachment，background-position，background-repeat 等背景属性。不过，在指定 background 属性时，各属性值的位置可以是任意的。

以下示例显示了颜色和背景属性的用法，效果如图 6-6 所示。

```
<HTML>
<HEAD><TITLE>颜色与背景属性示例</TITLE>
<STYLE>
<!--
    .title{ font:bolder italic;font-family:楷体_GB2312; text-align:center;
        background-image:url(background.jpg) }
    .author{font-family:隶书; text-align:right; color:#00008b}
    .content{font-size:larger;text-align:center}
    BODY{background:#f0f8ff}
-->
</STYLE>
```

```
</HEAD>
<BODY>
    <H1 class="title">冬夜读书示子聿</H1>
    <P class="author">陆游</P>
    <P class="content">古人学问无遗力，<BR>少壮工夫老始成。<BR>纸上得来终觉浅，
<BR>绝知此事要躬行。</P>
    </BODY>
</HTML>
```

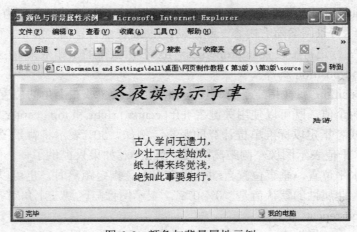

图 6-6　颜色与背景属性示例

6.4.3　布局属性

布局属性主要包括 4 类：边框属性、边界属性、填充属性和浮动属性。

1．页面元素周围的空白

在任何一个 HTML 元素的周围，都包含边框、边界和填充这 3 种空白。最接近元素内容的是填充，接下来是边框，最外围是边界。边界区总是透明的，可以显示出背景色或背景图案；而填充总是采用标记符的背景色或背景图案；边框则可以使用自己的颜色。以下示例可以显示出这 3 种空白的区别，效果如图 6-7 所示（A 表示边界、B 表示边框、C 表示填充）。

```
<HTML>
<HEAD><TITLE>边界、边框和填充的区别</TITLE>
<STYLE>
<!--
    P{margin:0.25in; border:0.25in solid black; padding:0.25in; background:gray}
-->
</STYLE>
</HEAD>
<BODY>
        <P>生命中的成功之道是，一个人应妥善准备，以待时机的到来。</P>
        <P>不一则不专，不专则不能。</P>
```

```
</BODY>
</HTML>
```

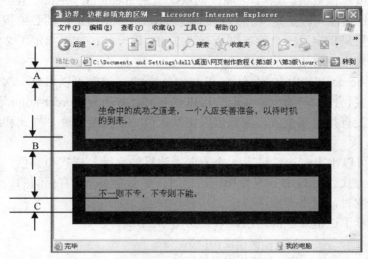

图 6-7　元素周围空白的区别

2. 边框属性

CSS 边框属性包括 border，border-bottom，border-bottom-color，border-bottom-style，border-bottom-width，border-color，border-left，border-left-color，border-left-style，border-left-width，border-right，border-right-color，border-right-style，border-right-width，border-style，border-top，border-top-color，border-top-style，border-top-width 以及 border-width 等。

根据属性的命名可以看出，有关边框的设置包括 3 项：边框颜色（color）、边框样式（style）和边框宽度（width）。而边框又包括 4 个方向：上（top）、下（bottom）、左（left）和右（right）。将边框设置和方向组合起来，则构成了多种属性。

border-bottom-color，border-left-color，border-right-color 和 border-top-color 属性分别用于指定下、左、右、上边框的颜色，取值可以使用各种指定颜色的方式。也可以使用 border-color 属性同时指定 4 个边框的颜色。如果分别指定，则必须按上、右、下、左的顺序指定；如果只指定了一个值，则所有边框的颜色一样；如果指定了 2 或 3 个值，则未指定颜色的边框采用相对边框的颜色值。

border-bottom-style，border-left-style，border-right-style 和 border-top-style 属性分别用于设置下、左、右、上边框的样式，取值可以是：none | dotted | dashed | solid |double | groove | ridge | inset | outset，默认值是 none。none 指示无边框（即使已设置了其边框宽度）；dotted 指定边框由点线组成；dashed 指定使用划线表示边框；solid 指边框由实线组成；double 指使用双线；groove 和 ridge 利用元素的颜色属性值描出具有三维效果的边框；类似地，inset 和 outset 利用修饰元素的颜色值描出边框效果。也可以用 border-style 属性同时指定 4 个边框的样式。如果分别指定，则必须按上、右、下、左的顺序指定；如果只指定了一个值，则所有边框的样式一样；如果指定了 2 或 3 个值，则未指定样式的边框采用相对边框的样式。需要注意的是，如果浏览器不支持边框样式的属性值，则除了 none 以外的所有属性值都用 solid 代替。

border-bottom-width，border-left-width，border-right-width 和 border-top-width 属性分别用于设置下、左、右、上边框的宽度，取值可以是：thin | medium | thick | \<length\>，其中\<length\>是可以使用的长度单位数值。这 4 个属性的默认值是 medium，并且取值不能是负数。也可以用 border-width 属性同时指定 4 个边框的宽度。如果分别指定，则必须按上、右、下、左的顺序指定；如果只指定了一个值，则所有边框的宽度一样；如果指定了 2 或 3 个值，则未指定宽度的边框采用相对边框的宽度。

border-left，border-right，border-top 和 border-bottom 属性可以用来一次性指定左、右、上、下边框的宽度、样式和颜色，其取值可以是 border-width，border-color 和 border-style 属性的取值。如果没有指定某个值，则该值采用默认值。当指定宽度、样式和颜色时，并没有顺序要求。

border 属性可以用来一次性设置 4 个方向上边框的宽度、样式和颜色，它是指定元素边框各个边的简捷方式。用 border 属性指定边框时，4 个边框都具有相同的设置。同样，指定宽度、样式和颜色时，也没有顺序要求。

以下示例显示了边框属性的用法，效果如图 6-8 所示。

```
<HTML>
<HEAD><TITLE>边框属性示例</TITLE>
<STYLE>
<!--
    .title{ font:bolder italic; font-family:楷体_GB2312; text-align:center;
            background-image:url(background.jpg);
            border-width:thin medium thick;
            border-style:solid;
            border-color:gray
            }
    .content{border:solid #5f9ea0 thin}
    .author{text-align:right}
    BODY {background:#f0f8ff}
-->
</STYLE>
</HEAD>
<BODY>
  <H1 class="title">惜春</H1>
  <DIV class="content">
      <P>黑发不知勤学早，白首方悔读书迟。</P>
      <P class="author">——颜真卿</P>
  </DIV>
  <BR>
  <DIV class="content">
      <P>莫等闲白了少年头，空悲切。</P>
```

```
    <P class="author">——岳飞</P>
  </DIV>
</BODY>
</HTML>
```

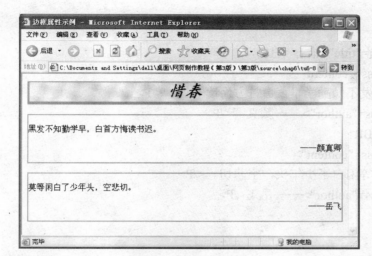

图 6-8　边框属性示例

3. 边界属性

CSS 边界属性包括 margin，margin-bottom，margin-left，margin-right 以及 margin-top。

margin-left，margin-right，margin-top 和 margin-bottom 属性可以分别用来设置左、右、上、下边界的宽度，它们的取值可以是长度、百分比或 auto。当使用百分比时，表示相对于父元素宽度的百分比。

margin 属性可以同时指定上、右、下、左（以此顺序）边界的宽度。如果只指定一个值，则 4 个方向都采用相同的边界宽度；如果指定了 2 或 3 个值，则没有指定边界宽度的边采用对边的边界宽度。指定边界宽度时也可以使用负值，以便获得特殊的效果。

以下示例显示了边界属性的用法（为前面边框属性示例的"标题"和"作者"文字增加了一定的边界空间），效果如图 6-9 所示。

```
<HTML>
<HEAD><TITLE>边界属性示例</TITLE>
<STYLE>
<!--
    .title{ font:bolder italic; font-family:楷体_GB2312; text-align:center;
        background-image:url(background.jpg);
        border-width:thin medium thick; border-style:solid; border-color:gray;
        margin:20px 50px;
        }
    .content{border:solid #5f9ea0 thin}
    .author{text-align:right;
```

         margin-right:0.75cm }

    BODY{background:#f0f8ff}

-->

</STYLE>

</HEAD>

<BODY>

  <H1 class="title">惜春</H1>

  <DIV class="content">

    <P>黑发不知勤学早，白首方悔读书迟。</P>

    <P class="author">——颜真卿</P>

  </DIV>

  <DIV class="content">

    <P>莫等闲白了少年头，空悲切。</P>

    <P class="author">——岳飞</P>

  </DIV>

</BODY>

</HTML>

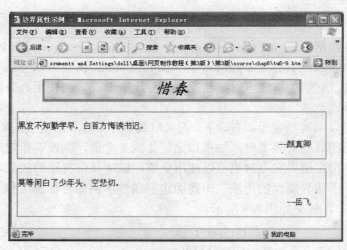

图 6-9　边界属性示例

4. 填充属性

CSS 填充属性包括 padding，padding-left，padding-right，padding-top 以及 padding-bottom。

padding-left，padding-right，padding-top 和 padding-bottom 这 4 个属性与对应的 4 个边界属性类似，用于设置左、右、上、下填充区的宽度，取值可以是长度和百分数，但不允许使用负值。当使用百分比时，表示相对于父元素宽度的百分比。

padding 属性用于同时指定上、右、下、左 4 个方向（以此顺序）填充的宽度。如果只指定一个值，则 4 个方向都采用相同的填充宽度；如果指定了 2 或 3 个值，则没有指定填充宽度的边采用对边的填充宽度。

以下示例显示了填充属性的用法（为前面边界属性示例的"标题"和"内容"文字增加了一定的填充距离），效果如图 6-10 所示。

```
<HTML>
<HEAD><TITLE>填充属性示例</TITLE>
<STYLE>
<!--
    .title{ font:bolder italic; font-family:楷体_GB2312; text-align:center;
            background-image:url(background.jpg);
            border-width:thin medium thick; border-style:solid; border-color:gray;
            margin:20px 50px;
            padding:10px 20px 20px
            }
    .content{border:solid #5f9ea0 thin;
            padding:10px}
    .author{text-align:right;margin-right:0.75cm}
    BODY{background:#f0f8ff}
-->
</STYLE>
</HEAD>
<BODY>
    <H1 class="title">惜春</H1>
    <DIV class="content">
        <P>黑发不知勤学早，白首方悔读书迟。</P>
        <P class="author">——颜真卿</P>
    </DIV>
```

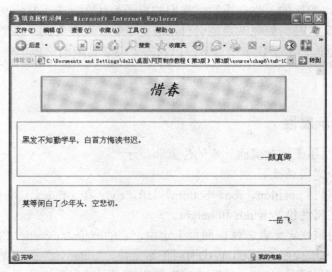

图 6-10　填充属性示例

```
<DIV class="content">
    <P>莫等闲白了少年头，空悲切。</P>
    <P class="author">——岳飞</P>
</DIV></BODY></HTML>
```

5．浮动属性

CSS 浮动属性包括 float 和 clear。通过 float 属性可以将元素的内容浮动到页面左边缘或右边缘，该属性的取值为 none | left | right，默认值为 none，指示元素不浮动到任一边缘。clear 属性指定了元素是否允许浮动元素在它旁边，取值可以是 none | left | right | both，默认值为 none，表示允许浮动元素在其旁边；值 left 表示跳过左边的浮动元素，right 表示跳过右边的浮动元素，both 表示跳过所有的浮动元素。

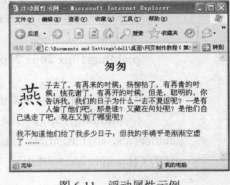

图 6-11　浮动属性示例

float 属性常常用来设置首字悬停效果，如以下示例所示，效果如图 6-11 所示。

```
<HTML>
<HEAD><TITLE>浮动属性示例</TITLE>
<STYLE>
<!--
    SPAN {font-family:楷体_gb2312;font-size: 45pt; float: left}
-->
</STYLE>
</HEAD>
<BODY>
    <H2 align="center">匆匆</H2>
```

<SPAN>燕</SPAN>子去了，有再来的时候；杨柳枯了，有再青的时候；桃花谢了，有再开的时候。但是，聪明的，你告诉我，我们的日子为什么一去不复返呢？——是有人偷了他们吧：那是谁？又藏在何处呢？是他们自己逃走了吧：现在又到了哪里呢？

```
    <P>我不知道他们给了我多少日子；但我的手确乎是渐渐空虚了……</P>
</BODY>
</HTML>
```

6.4.4　定位和显示属性

定位和显示属性用于控制页面元素的位置和显示。

1．定位属性和宽高属性

CSS 定位属性包括 position，top，bottom，left，right 和 z-index（其中 bottom 和 right 属性并不常用），宽高属性包括 width 和 height。

position 属性用来规定元素怎样在网页上定位，它的取值为：static（默认值），relative 或 absolute。"static" 表示按照 HTML 格式规则正常定位，"relative" 是指某元素将定位在相对于网页上前一个元素的尾端位置，"absolute" 是指某元素将定位在框架或浏览器窗口本身的左上角绝对位置。

top 和 left 属性用来规定某个元素与其父或其他元素之间的距离。这两个属性按像素来设定元素位置往下或往右的距离，这里既包括与其父的左上角（绝对定位）之间的距离，也包括相对于前一个元素尾端之间（相对定位）的距离。

使用 top 和 left 属性可能会造成元素相互堆叠在一起，此时可以使用 z-index 属性。z-index 属性用来控制元素的堆叠，值较高的元素将覆盖值较低的元素。如果使用值–1，则表示元素将置于页面默认文本的后边，这对于设置背景图案是很有用的。

width 和 height 属性可以控制元素的宽度和高度，此时 position 属性必须指定为 absolute。它们的取值可以是长度值，也可以是百分比。如果说 left 和 top 属性定义了元素的位置，那么 width 和 height 属性则规定了元素所占空间的大小。

说明：使用网页内容的绝对定位，可以使网页内容放置在页面上的任意位置，并且内容之间可以重叠，从而摆脱了表格布局不可重叠矩形区域的限制，为网页设计者提供了更广阔的设计灵感发挥空间。实际上，CSS 绝对定位的概念正是网页编辑软件（如 Dreamweaver）中"层"概念的基础。目前，越来越多的网站开始采用 CSS 定位技术来设计网页布局，而不是使用传统的表格。

以下示例显示了 CSS 定位属性和宽高属性的用法，效果如图 6-12 所示。

```
<HTML>
<HEAD><TITLE>定位属性和宽高属性示例</TITLE>
<STYLE>
<!--
  .block1 {background-color:#777744;
        position:absolute; top:20px; left:30px; z-index:1; width:400
  }
  .block2 {background-color:#7777aa;
        position:absolute; top:35px; left:80px; z-index:2; width:450
  }
  .block3 {background-color:#7777ff;
        position:absolute; top:50px; left:180px; z-index:3; width:400
  }
  .title1 {color:#ffffff; font-size:66pt;
        position:absolute; top:20px; left:300px; z-index:6 }
  .title2 {color:#000000; font-size:66pt;
        position:absolute; top:23px; left:303px; z-index:5}
  .title3 {color:#444444; font-size:66pt;
        position:absolute; top:26px; left:306px; z-index:4}
  .author {color:#ff0000; font-size:12pt; letter-spacing:16;
        position:absolute; top:100px; left:30px; z-index:7}
  .content{color:#007fff; font-size:18pt;
        position:absolute; top:200px; left:50px; z-index:8; width:650}
  .innerContent{ text-indent:.75cm;text-align:justify}
```

```
-->
</STYLE>
</HEAD>
<BODY>
<DIV class="block1"><H4> </H4> </DIV>
<DIV class="block2"><H5> </H5></DIV>
<DIV class="block3"><H6> </H6></DIV>
<DIV class="title1"><P>相见欢</P></DIV>    <!--文字重叠造成阴影效果-->
<DIV class="title2"><P>相见欢</P></DIV>
<DIV class="title3"><P">相见欢</P></DIV>
<DIV class="author">
   <P><I>李煜</I></P>
</DIV>
<DIV class="content">
   <P class="innerContent">林花谢了春红，太匆匆。无奈朝来寒雨晚来风。胭脂泪，留人
醉，几时重？自是人生长恨水常东。</P>
</DIV></BODY></HTML>
```

图 6-12　定位和宽高属性示例

2. 显示属性

在 CSS 中，有两个属性可以控制元素的显示和隐藏，即 display 属性和 visibility 属性。

display 属性确定一个元素是否应绘制在页面上，它的取值有多个，但在一般的浏览器中，只有一个 none 值可以使用。当使用 display 属性隐藏元素时，不但元素看不见，而且元素也将退出当前的页面布局层，不占用任何空间。

visibility 属性有时也被分类为定位属性，它控制定位的元素是否可见，取值包括 visible（可见），hidden（隐藏）和 inherit（继承），默认值为 inherit。visibility 属性与 display 属性的不同之处在于：当隐藏元素时，仍然为元素保留原有的显示空间。

静态设置这两个属性并没有什么实际意义，但当动态更改这两个属性时，却可以获得很多实用的效果，详细信息请参见第 7 章。

6.4.5　列表属性

列表属性用于设置网页中列表的格式，例如可以设置图像作为项目符号。CSS 中的列表属性包括 list-style、list-style-image，list-style-position 以及 list-style-type。

list-style-image 属性使网页设计者可以指定图片作为列表项目的符号，取值为 url(imageurl) | none，默认值为 none。

list-style-position 属性可以设置列表元素标记的位置，取值可以是 inside 或 outside，默认值是 outside。该值指定了相对于列表中其他文本的位置——如果选择 outside，标记就按规定出现在所有列表元素的外部；如果选择 inside，标记就位于列表元素的文本内部。

list-style-type 属性可以用来设置项目符号和编号的样式，取值如表 6-1 所示。

list-style 属性用于一次性地指定以上的 list-style-image，list-style-type 和 list-style-position 属性（不限顺序）。如果同时指定了 list-style-type 和 list-style-image 属性，则只有当浏览器不能显示图片作为项目符号时，list-style-type 属性才生效。

表 6-1　　　　　　　　　　**list-style-type 属性的取值**

样　　式	说　　明
disc	默认值；实心黑点
circle	空心圆圈
square	方形黑块
decimal	十进制数（1，2，3，4 等）
lower-roman	小写罗马数字（I，ii，iii，iv 等）
upper-roman	大写罗马数字（I，II，III，IV，V 等）
lower-alpha	小写字母（a、b、c、d 等）
upper-alpha	大写字母（A、B、C、D 等）
none	无

以下示例显示了列表属性的用法，效果如图 6-13 所示。

```
<HTML>
<HEAD><TITLE>列表属性示例</TITLE>
<STYLE>
    .UL-inside {list-style:url(bullet.gif) inside}
    .UL-outside{list-style:url(bullet.gif)}
    OL {list-style-type:upper-roman}
</STYLE>
</HEAD>
<BODY>
    <UL class=UL-inside>  <LI>李白  <LI>杜甫  </UL>
    <UL class=UL-outside>  <LI>白居易  <LI>王维  </UL>
    <OL>  <LI>辛弃疾  <LI>李清照  </OL>
```

图 6-13　列表属性示例

</BODY></HTML>

6.4.6 鼠标属性

鼠标属性用于设置在对象上面移动的鼠标指针显示的形状，取值如表 6-2 所示。

表 6-2	鼠标属性的取值
值	含　义
auto	浏览器基于当前文本决定显示哪种指针
crosshair	简单十字形
default	随平台而定的默认指针（通常为箭头）
hand	手形
move	指示某物被移动的交叉箭头
*-resize	指示边缘被移动的箭头（*可以是 n, ne, nw, s, se, sw, e 以及 w, 分别代表北、东北、西北、南、东南、西南、东以及西等方向）
text	编辑文本指针（通常为 I 形）
wait	指示程序正忙、用户需要等待的沙漏图标或监视图标
help	指示用户可以得到帮助的问号图标

例如，以下示例显示了鼠标属性的用法，效果如图 6-14 所示。

图 6-14　鼠标属性示例

```
<HTML>
<HEAD><TITLE>鼠标属性示例</TITLE>
<STYLE>
    A.mycursor{text-decoration:none; cursor:move}
    :hover{text-decoration:underline overline}
</STYLE>
</HEAD>
<BODY>
  <A class="mycursor" href="#">李白</A>
  <A class="mycursor" href="#">杜甫</A>
</BODY></HTML>
```

6.5　CSS 过滤器效果

过滤器（filter）是 CSS 的一种扩充，它能够将特定的效果应用于文本容器、图片或其他对象。例如，可以创建阴影效果、模糊效果、翻转效果等。

6.5.1　过滤器属性列表

过滤器效果是通过 filter 样式表属性定义的，格式如下：

filter：过滤器名称（参数）

其中的参数用于控制特定的过滤器效果。例如，如果要为 IMG 标记符定义透明度效果，可以使用以下样式定义：IMG {filter: alpha(Opacity=80)}。其中，Opacity=80 是参数指定，用于控制透明度。

也可以同时指定多个过滤器效果，此时只需将不同的过滤器用空格分隔即可。例如，以下样式定义为 IMG 标记符同时应用了透明度效果和垂直翻转效果：IMG{filter: alpha(Opacity=80) flipV()}。

表 6-3 列出了可以在 IE 4.0/5.0 中使用的各种常用过滤器效果和相关的说明。

表 6-3		常用过滤器效果
过　滤　器	语　　法	说　　明
alpha	filter:alpha(opacity=opacity, finishopacity=finishopacity, style=style,startX=startx,startY=starty,finishX=finishX, finishY=finishY)	设置透明度效果。参数 opacity 表示透明度，取值为 0～100；参数 finishopacity 用于设置渐变透明度效果的结束透明度；style 参数表示透明区域的形状特征，取值为 0，1，2，3；其他几个参数表示渐变效果的开始和结束坐标
blur	filter:blur(add=true|false,direction=direction,strength=strength)	设置模糊效果。参数 add 指定图片是否被改变成印象派的模糊效果，取值为布尔值；参数 direction 用于设置模糊效果的方向，方向为顺时针，取值为任意值，但只能显示从 0° 开始递增 45° 的 8 个方向；参数 strength 设置模糊效果所影响的像素数，值为整数
chroma	filter:chroma(color=color)	将指定颜色设置为透明。参数 color 用于指定要作为透明色的特定颜色，其取值可以是任意颜色值
dropShadow	filter:dropShadow(color=color,offX=offx,offY=offy,positive=true|false)	设置阴影效果。参数 color 表示阴影的颜色；参数 offX 和 offY 表示阴影的偏移量，取值为像素数；参数 positive 用于为透明对象指定阴影
flipH	filter:flipH	设置水平翻转效果
flipV	filter:flipV	设置垂直翻转效果
glow	filter:glow(color=color,strength=strength)	设置发光效果。参数 color 用于设置发光效果的颜色；参数 strength 用于设置发光效果的强度，取值为 0～255 的整数
gray	filter:gray	去除可视对象的颜色信息，使其变为灰度显示
invert	filter:invert	反转可视对象的色调、饱和度和亮度，创建底片效果
mask	filter:mask(color=color)	设置透明膜效果。参数 color 表示膜的颜色
shadow	filter:shadow(color=color,direction=direction)	设置阴影效果（与 dropShadow 不同）。参数 color 表示阴影的颜色；参数 direction 表示阴影的方向，取值与 blur 过滤器相同
wave	filter:wave(add=true|false,freq=freq,lightStrength=lightStrength,phase=phase,strength=strength)	设置波纹效果。参数 add 表示是否按正弦波形显示；参数 freq 用于设置波形的频率；参数 lightStrength 用于设置波形的光影效果，取值为 0～100 的整数；参数 phase 用于设置波形开始时的偏移量，取值为 0～100 的整数；参数 strength 用于设置波形的振幅
xray	filter:xray	设置 X 光效果

注意：与大多数 CSS 属性不同，可视化过滤器属性只能应用于 HTML 控件元素上。所谓 HTML 控件元素是指它们在网页上定义了一个矩形空间，浏览器窗口可以显示这些空间。合法的 HTML 控件元素包括 BODY，BUTTON，DIV，IMG，INPUT，MARQUEE，SPAN，TABLE，TD，TEXTAREA 和 TH。

6.5.2　过滤器效果示例

以下两个示例分别显示了各种过滤器效果。

1. 示例 1

以下示例对图片应用了一些过滤器效果，效果如图 6-15 所示（需要允许浏览器显示过滤器效果）。

```
<HTML>
<HEAD><TITLE>过滤器效果之一</TITLE>
<STYLE>
<!--
  IMG.alpha{filter:alpha(Opacity=80,Style=1);}
  IMG.chroma{filter:chroma(color=black);}
  IMG.flipH{filter:flipH;}
  IMG.flipV{filter:flipV;}
  IMG.gray{filter:gray;}
  IMG.invert{filter:invert;}
  IMG.wave{filter:wave(freq=3,lightStrength=20,phase=25;strength=20);}
  IMG.xray{filter:xray;}
-->
</STYLE>
</HEAD>
<BODY>
  <TABLE align="center" width=80%>   <!—使用表格辅助排版-->
    <TR>
      <TD colspan="4" align="center"><IMG src="filter.gif">
    <TR>
      <TD colspan="4" align="center">原图
    <TR align="center">
      <TD><IMG class="alpha" src="filter.gif">
      <TD><IMG class="chroma" src="filter.gif">
      <TD><IMG    class="flipH" src="filter.gif">
      <TD><IMG    class="flipV" src="filter.gif">
    <TR align="center">
      <TD>alpha 效果  <TD>chroma 效果  <TD>flipH 效果  <TD>flipV 效果
    <TR align="center">
```

```
        <TD><IMG class="gray" src="filter.gif">
        <TD><IMG class="invert" src="filter.gif">
        <TD><IMG class="wave" src="filter.gif">
        <TD><IMG class="xray" src="filter.gif">
    <TR align="center">
        <TD>gray 效果  <TD>invert 效果  <TD>wave 效果  <TD>xray 效果
    </TABLE>
</BODY></HTML>
```

图 6-15　过滤器效果之一

2．示例 2

以下示例对文本应用了一些过滤器效果，效果如图 6-16 所示。

```
<HTML>
<HEAD><TITLE>过滤器效果之二</TITLE>
<STYLE>
<!--
.blur{filter:blur(strength=6,direction=135);width=800}
.dropShadow{filter:dropShadow(color=gray,offX=3,offY=3);width=800}
.glow{filter:glow(color="#ff7f00",strength=10);width=800}
.mask{filter:mask(color="#238e68");width=800}
.shadow{filter:shadow(color=gray,direction=135);width=800}
-->
</STYLE>
</HEAD>
<BODY>
<DIV align="center">
    <H2>此段文本未使用效果</H2>
```

<H2 class="blur">此段文本使用了 blur 效果</H2>

<H2 class="dropShadow">此段文本使用了 dropShadow 效果</H2>

<H2 class="glow">此段文本使用了 glow 效果</H2>

<H2 class="mask">此段文本使用了 mask 效果</H2>

<H2 class="shadow">此段文本使用了 shadow 效果</H2>

</DIV></BODY></HTML>

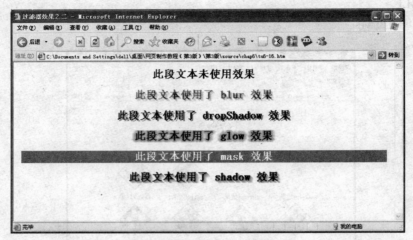

图 6-16   过滤器效果之二

练 习 题

1. 简要说明在网页中使用 CSS 的 3 种方式，并说明各自的特点。
2. 说明如何确定网页中特定 CSS 样式的优先级。
3. 已知某网页的 HTML 代码如下：

<HTML>

<HEAD>

<STYLE>

    :hover.green{color:green}

    :hover{color:red;text-decoration:none}

</STYLE>

</HEAD>

<BODY>

    <A href="#">link1</A><P>

    <A href="#" class="green">link2</A>

</BODY>

</HTML>

说明该网页的显示效果。

4．已知某网页的 HTML 代码如下：

```
<HTML>
<HEAD>
<STYLE>
    p{color:green}
    .red{color:red}
</STYLE>
<LINK rel="stylesheet" type="text/css" href="mycss2.css">
</HEAD>
<BODY>
    <P>第一行文字</P>
    <P class="red">第二行文字</P>
</BODY>
</HTML>
```

mycss2.css 内容如下：

```
    p{color:yellow}
    .gray{color:gray}
```

说明该网页的显示效果。

5．试验 6.4 节介绍的各种 CSS 属性效果。

6．试验 6.5 节介绍的各种 CSS 过滤器效果。

7．制作一个个人网站，要求合理使用 CSS 技术和其他网页制作技术。

第 7 章　JavaScript 与 DHTML 技术

本章提要：

- 在网页中插入脚本语言通常有 3 种方式：使用 SCRIPT 标记符、在标记符中直接嵌入脚本以及链接外部脚本文件。
- JavaScript 脚本语言的基本要素包括：变量、运算符、表达式、语句以及函数。
- JavaScript 是一种基于对象的脚本语言，它可以使用 JavaScript 对象和浏览器对象这两类对象。
- DHTML 技术结合了 HTML、CSS 和客户端脚本技术，通过在脚本中引用和动态更改各种 HTML 对象的属性（包括 CSS 属性），从而获得交互式和动态显示的效果。

7.1　使用客户端脚本

本节介绍如何在网页中插入脚本程序，包括使用 SCRIPT 标记符插入脚本、直接将脚本嵌入到标记符中，以及链接外部脚本文件。

7.1.1　使用 SCRIPT 标记符

1. 什么是客户端脚本

脚本（Script）实际上就是一段程序，用来完成某些特殊的功能。脚本程序既可以在服务器端运行（称为服务器端脚本，例如 ASP 脚本、PHP 脚本等），也可以直接在浏览器端运行（称为客户端脚本）。

客户端脚本经常用来检测浏览器、响应用户动作、验证表单数据以及显示各种自定义内容，如特殊动画、对话框等。在客户端脚本产生之前，通常都是由 Web 服务器程序完成这些任务，由于需要不断进行网络通信，因此响应较慢，性能较差。而使用客户端脚本时，由于脚本程序驻留在客户机上（随网页同时下载），因此在对网页进行验证或响应用户动作时无需使用网络与 Web 服务器进行通信，从而降低了网络的传输量和 Web 服务器的负荷，改善了系统的整体性能。

目前，JavaScript 和 VBScript 是两种使用最广泛的脚本语言。VBScript 仅被 IE Explorer 所支持，而 JavaScript 则被几乎所有的浏览器支持，所以已经成为客户端脚本的标准。本书以下均以 JavaScript 为例，介绍如何在网页中使用脚本。

说明：由于运行网页上的 JavaScript 脚本程序（以及其他特定内容，例如 Java 小应用程序）可能会导致安全问题，因此需要设置浏览器使其允许运行相应内容才能显示需要的效果。

2. 使用 SCRIPT 标记符插入脚本

在网页中最常用的一种插入脚本的方式是使用 SCRIPT 标记符，方法是：把脚本标记符

<SCRIPT> </SCRIPT>置于网页上的 HEAD 部分或 BODY 部分，然后在其中加入脚本程序。尽管可以在网页上的多个位置使用 SCRIPT 标记符，但最好还是将脚本代码放在 HEAD 部分，以确保容易维护。当然，由于某些脚本的作用是在网页特定部分显示特殊效果，此时的脚本就会位于 BODY 标记符中的特定位置。

使用 SCRIPT 标记符时，一般同时用 language 属性和 type 属性指出脚本的类型（为简便起见，也可以只使用其中一种），以适应不同的浏览器。例如，如果要使用 JavaScript 编写脚本，语法如下：

<SCRIPT language="JavaScript" type="text/javascript">

<!--

在此编写 JavaScript 代码。

//-->

</SCRIPT>

注意：与定义 CSS 时相同，使用脚本时也应将脚本程序包括在 HTML 注释标记符内，以便不支持脚本的浏览器忽略脚本内容。另外，在使用 JavaScript 时，HTML 注释标记符的结束标记之前有两道斜杠（//）。这两道斜杠是 JavaScript 语言中的注释，需紧挨在注释标记符的前面。如果没有这两道斜杠，JavaScript 解释器会试图将 HTML 注释的结束标记符作为 JavaScript 来解释，从而有可能导致出错。

例如，以下 HTML 代码创建了一个按钮，当用户单击该按钮时显示出一个提示对话框，效果如图 7-1 所示。

<HTML>

<HEAD>

<TITLE>JavaScript 示例</TITLE>

<SCRIPT language="JavaScript" type="text/javascript">

<!--

function showmsg( )

{　alert("欢迎来到 JavaScript 世界")　}

//-->

</SCRIPT>

图 7-1　JavaScript 示例

```
</HEAD>
<BODY>
<FORM>
    <INPUT type="Button" onClick="showmsg( );" value="点点我试试">
</FORM>
</BODY></HTML>
```

7.1.2　直接添加脚本

与直接在标记符内使用 style 属性指定 CSS 样式一样，也可以直接在 HTML 表单的输入元素标记符内添加脚本，以响应输入元素的事件。

例如，对于上一小节的示例，以下是直接添加 JavaScript 脚本的 HTML 代码。

```
<HTML>
<HEAD><TITLE>JavaScript 示例</TITLE></HEAD>
<BODY>
<FORM>
    <INPUT type="Button"
      onClick="Javascript:alert('欢迎来到 JavaScript 世界');" value="点点我试试">
</FORM>
</BODY></HTML>
```

7.1.3　链接脚本文件

如果同一段脚本可以在若干个 Web 页中使用，则没有必要在多处维护相同的冗余代码，此时可以将脚本放在单独的一个文件里，然后再从任何需要该文件的 Web 页中引用该文件。

要引用外部脚本文件，应使用 SCRIPT 标记符的 src 属性来指定外部脚本文件的 URL。通过使用这种方式，可以使脚本得到复用，从而降低了维护的工作量。如果使用 SCRIPT 标记符的 src 属性，则 Web 浏览器只使用在外部文件中的脚本，并忽略任何位于 SCRIPT 标记符之间的脚本。

例如，以下 HTML 显示了如何使用链接脚本文件。

```
------------------------网页源文件--------------------------------
<HTML>
<HEAD>
<TITLE>JavaScript 示例</TITLE>
<SCRIPT type="text/javascript" src="test.js"></SCRIPT>
</HEAD>
<BODY>
<FORM>
    <INPUT type="Button" onClick="showmsg( );" value="点点我试试">
</FORM>
</BODY></HTML>
```

--------------------与网页源文件同目录下的 test.js 文件--------------------------------

function showmsg( ) { alert("欢迎来到 JavaScript 世界") }

说明：可以直接在"记事本"程序中输入脚本代码（即原先放置在 SCRIPT 标记符内的内容），然后将文件以.js 为扩展名（表示 JavaScript 源文件）保存。

7.2　JavaScript 简介

本节首先介绍 JavaScript 语言的基础知识，然后分别介绍两类对象：JavaScript 对象和浏览器对象。

7.2.1　JavaScript 语言基础

1．JavaScript 变量

与其他编程语言一样，JavaScript 也是采用变量存储数据。所谓变量，就是程序中一个已命名的存储单元。变量的主要作用是存取数据和提供存放信息的容器。与 Java 和其他一些高级语言（例如 C 语言）不同，JavaScript 并不要求指定变量中包含的数据类型，这种特性通常使 JavaScript 被称为弱类型的语言。

在 JavaScript 中，我们可以简单地用 var 来定义所有的变量，而不管将在变量中存放什么类型的数值。实际上，变量的类型由赋值语句隐含确定。例如，如果赋予变量 money 数字值 1000，则 money 可参与整型操作；如果赋予该变量字符串值"This is my money"，则它可以参与字符串操作；同样，如果赋予它逻辑值 false，则它可以支持逻辑操作。

不但如此，变量还可以先赋予一种类型的数值，然后再根据需要赋予其他类型的数值。例如，在以下示例中，变量 today 先被赋予了数字值 15，然后又将一个字符串值赋予该变量：

<SCRIPT>

var today=15;

today="Today is the 15th";

</SCRIPT>

变量可以在声明时直接赋值，如上所示。也可以声明之后再赋值，例如：

<SCRIPT>

var today;

today=15;

</SCRIPT>

另外，在 JavaScript 中也可以事先不声明一个变量而直接使用，这时 JavaScript 会自动声明该变量。不过使用这种方法常常会引起混乱，建议不使用。

JavaScript 支持的数据类型如下。

- Number（数字）：包括整数和浮点数以及 NaN（非数）值，数字用 64 位 IEEE 754 格式。
- Boolean（布尔）：包括逻辑值 true 和 false。
- String（字符串）：包括单引号或双引号中的字符串值。

- Null（空）：包括一个 null 值，定义空的或不存在的引用。
- Undefined（未定义）：包括一个 undefined 值，表示变量还没有赋值，也就是还没有被赋予任何类型。
- Object（对象）：包括各种对象类型，例如数组类型 Array、日期对象 Date 等。

2. JavaScript 运算符与表达式

（1）运算符

运算符是完成操作的一系列符号，也称为操作符。运算符用于将一个或几个值变成结果值，使用运算符的值称为算子或操作数。

在 JavaScript 中包括以下 8 类运算符。

- 算术运算符：包括+、−、*、/、%（取模，即计算两个整数相除的余数）、++（递加 1 并返回数值或返回数值后递加 1，取决于运算符位置）、--（递减 1 并返回数值或返回数值后递减 1，取决于运算符位置）。
- 逻辑运算符：包括&&（逻辑与）、||（逻辑或）、!（逻辑非）。
- 比较运算符：包括<、<=、>、>=、==（等于，先进行类型转换，再测试是否相等）、===（严格等于，不进行类型转换直接测试是否相等）、!=（不等于，先进行类型转换，再测试是否不等）、!==（严格不等于，不进行类型转换直接测试是否不等）。
- 字符串运算符：包括+（字符串接合操作）。
- 位操作运算符：包括&（按位与）、|（按位或）、^（按位异或）、<<（左移）、>>（右移）、>>>（无符号右移）。
- 赋值运算符：包括=、+=（将运算符左边的变量递增右边表达式的值后赋值给左边变量，例如，a+=b 相当于 a=a+b，以下各赋值运算符的含义类似）、-=、*=、/=、%=、&=、|=、^=、<<=、>>=、>>>=。
- 条件运算符：包括? :（条件? 结果 1：结果 2，表示若"条件"值为真，则表达式的值为"结果 1"，否则为"结果 2"）。
- 其他运算符：包括.（成员选择运算符，用于引用对象的属性和方法）、[]（下标运算符，用于引用数组元素）、()（函数调用运算符，用于进行函数调用）、,（逗号运算符，用于将不同的值分开）、delete（delete 运算符，删除一个对象的属性或一个数组索引引处的元素）、new（new 运算符生成一个对象的实例）、typeof（typeof 运算符，返回表示操作数类型的字符串值）、void（void 运算符不返回任何数值）。

除了条件运算符是三目运算符以外，JavaScript 中的其他运算符要么是双目运算符，要么是单目运算符。

说明：单目、双目、三目或多目运算符也称为单元、二元、三元或多元运算符。

大多数 JavaScript 运算符都是双目运算符，即具有两个操作数的运算符，通常用以下方式进行操作：

操作数 1 运算符 操作数 2

例如：50+40、"This"+"that" 等。

双目运算符包括+（加）、−（减）、*（乘）、/（除）、%（取模）、|（按位或）、&(按位与)、<<（左移）、>>（右移）、>>>（无符号右移）等。

单目运算符是只需要一个操作数的运算符，此时运算符可能在运算符前或运算符后。单目运算符包括-（单目减）、!（逻辑非）、～（取补）、++（递加 1）、--（递减 1）等。

（2）表达式

表达式是运算符和操作数的组合。表达式通过求值确定表达式的值，这个值是对操作数实施运算符所确定的运算后产生的结果。有些运算符将数值赋予一个变量，而另一些运算符则可以用在其他表达式中。

由于表达式是以运算符为基础的，因此表达式可以分为算术表达式、字符串表达式、赋值表达式以及逻辑表达式等。

表达式是一个相对的概念，例如，在表达式 $a = b + c * d$ 中，$c * d$，$b + c * d$，$a = b + c * d$ 以及 a，b，c，d 都可以看做是一个表达式。在计算了表达式 $a = b + c * d$ 之后，表达式 a、表达式 $b + c * d$ 和表达式 $a = b + c * d$ 的值都等于 $b + c * d$。

3. JavaScript 语句

在任何一门编程语言中，程序的逻辑都是通过编程语句来实现的。在 JavaScript 中包含完整的一组编程语句，用于实现基本的程序控制和操作功能。

（1）条件语句

条件语句可以使程序按照预先指定的条件进行判断，从而选择执行任务。在 JavaScript 中提供了 if 语句、if else 语句以及 switch 语句 3 种条件语句。

● if 语句

if 语句是最基本的条件语句，它的格式为

if(expression)
　　statement;

也就是说，如果括号里的表达式为真，则执行 statement 语句，否则就跳过该语句。如果要执行的语句只有一条，那么可以写在与 if 所在的同一行，例如：

if(a==1)a++;

如果要执行的语句有多条，则应使用大括号将这些语句括起来，例如：

if(a==1){a++;b++;}

说明：如果要在同一行中书写多个语句，语句之间应用分号分隔；否则，语句末尾的分号可以省略。

● if else 语句

如果需要在表达式为假时执行另外一个语句，则可以使用 else 关键字扩展 if 语句。if else 语句的格式为

if(expression)
　　statement1;
else
　　statement2;

同样，语句 1 和语句 2 都可以是一个代码块。实际上，如果语句本身又是一个条件语句，则构成了条件语句的嵌套。

除了用条件语句的嵌套表示多种选择，还可以直接用 else if 语句获得这种效果，格式如下：

if(expression1)

```
    statement1;
else if(expression2)
    statement2;
else if(expression3)
    statement3;
…
else
    statementn;
```

该格式表示只要满足任何一个条件，则执行相应的语句，否则执行最后一条语句。

● switch 语句

如果需要对同一个表达式进行多次判断，那么就可以使用 switch 语句，格式如下：

```
switch(expression)
{   //注意：必须用大括号将所有 case 括起来。
case value1:
    statement1;   //注意：此处即使使用了多条语句，也不能使用大括号。
    break;   /* 注意：如果不使用 break 语句断开各个 case，则在执行（如果确实执行）此
case 中的语句结束后会接着继续执行下一个 case 中的语句。*/
case value2:
    statement2;
    break;
…
case valueN:
    statementN;
    break;
default:
    statement;
}
```

说明：JavaScript 中的注释语句既可以放在//之后，也可以放在/*与*/之间。同一行中//之后的内容会被认为是注释，而包括在/*与*/之间的所有内容都被认为是注释。

该格式实际上相当于以下 if else 语句：

```
if(expression==value1) statement1;
  else if(expression==value2) statement2;
    …
      else if(expression==valueN) statementN;
        else statement;
```

但 switch 语句显然比 if else 语句更容易让人理解，尤其是当需判断的条件多于 3 个时。

（2）循环语句

循环语句用于在一定条件下重复执行某段代码。在 JavaScript 中提供了多种循环语句：for 语句、while 语句以及 do while 语句，同时还提供了 break 语句用于跳出循环，continue 语句

用于终止当前循环并继续执行下一轮循环，label 语句用于标记一个语句。

● for 语句

for 语句的格式如下：

for (initializationStatement; condition; adjustStatement)

{

statement;

}

可以看出，for 语句由两部分构成：条件和循环体。循环体部分由具体的语句构成，是需要循环执行的代码。条件部分由括号括起来，分为三个部分，每个部分用分号分开。第一部分是计数器变量初始化部分；第二部分是循环判断条件，决定了循环的次数；第三部分给出了每循环一次，计数器变量应如何变化。

for 循环的执行步骤如下。

① 执行 initializationStatement 语句，完成计数器初始化。

② 判断条件表达式 condition 是否为 true，如果为 true，执行循环体语句；否则退出循环。

③ 执行循环体语句之后，执行 adjustStatement 语句。

④ 重复步骤②和③，直到退出循环。

● while 语句

while 语句是另一种基本的循环语句，格式如下：

while(expression)

{

statement;

}

表示当表达式为真时执行循环体语句。

while 循环的执行步骤如下。

① 计算 expression 表达式的值。

② 如果 expression 表达式的值为真，则执行循环体；否则跳出循环。

③ 重复执行步骤①和②，直到跳出循环。

● do while 语句

do while 语句是 while 语句的变体，格式如下：

do

{

statement;

}

while(expression)

它的执行步骤如下。

① 执行循环体语句。

② 计算 expression 表达式的值。

③ 如果表达式的值为真，则执行循环体语句；否则退出循环。

④ 重复步骤②和③，直到退出循环。

可见，do while 语句与 while 语句的区别是循环体语句至少执行一次。因为在 while 语句中，如果第一次表达式计算的值就为 false，则循环一次都不执行。除此之外，这两种语句并没有其他区别。

说明：无论采用哪一种循环语句，都必须注意控制循环的结束条件，以免出现"死循环"。以下介绍的 label，break 和 continue 语句可以进一步帮助控制循环。

● label 语句

label 语句用于为语句添加标号。在任意语句前放上标号名称即可为该语句指定标号。例如：

myLabel:

a++;

为 a++这条语句指定了标号 myLabel。

label 语句通常用于标记一个循环、switch 或 if 语句，并且与 break 或 continue 语句联合使用。

● break 语句

break 语句提供无条件跳出循环结构或 switch 语句的功能。在多数情况下，break 语句都是单独使用的。但有时也可以在其后面加一个语句标号，以表明跳出该标号所指定的循环，执行该循环之后的代码。

● continue 语句

与 break 语句不同，continue 语句的作用是终止当次循环，跳转到循环的开始处继续下一轮循环。同样，continue 语句既可以单独使用，也可以与语句标号一起使用。

（3）其他语句

除了以上的条件语句和循环语句以外，JavaScript 中还包括以下语句。

● 赋值语句：使用赋值运算符构成的语句都是赋值语句，用于更新变量的值。例如，a+=3。

● 数据声明语句：用于声明一个变量。例如，var i=3, j=4;

● 函数调用语句：用于调用函数。例如，escape("this is a test")。

● return 语句：用于返回函数调用的值。例如，return x*x。

● with 语句：用于表示默认对象。例如，with(Math){ d = 2*PI*r;}。有关 Math 对象的信息，请参见第 7.2.2 节。

● for in 语句：用于对一个对象的所有属性进行循环，直到每个属性都访问到。例如，for (aProperty in document.Form1.myButton) { document.write(aProperty + "<BR>"); }。有关 document 对象的信息，请参见第 7.2.3 节。

4. JavaScript 函数

（1）定义函数

函数是已命名的代码块，代码块中的语句被作为一个整体引用和执行。

在使用函数之前，必须先定义函数。函数定义通常放在 HTML 文档头中，但也可以放在其他位置。但通常最好放在文档头，这样就可以确保先定义后使用。

定义函数的格式如下：

function functionName (parameter1, parameter2…)

```
{
    statements
}
```

函数名是调用函数时引用的名称，参数是调用函数时接收传入数值的变量名。大括号中的语句是函数的执行语句，当函数被调用时执行。

（2）函数的返回值

如果需要函数返回值，那么可以使用 return 语句，需要返回的值应放在 return 之后。如果 return 后没有指明数值或者没有使用 return 语句，则函数返回值为不确定值。

另外，函数返回值也可以直接赋予变量或用于表达式。

（3）JavaScript 全局函数

JavaScript 中包含以下 7 个全局函数，用于完成一些常用的功能：escape( )，eval( )，isFinite( )，isNaN( )，parseFloat( )，parseInt( )和 unescape( )。

● escape( )

escape( ) 函数以一个 string 对象或表达式为参数并返回一个 string 对象。参数指定的字符串中的所有非字母字符被转换成以 XX%表示的等价数字，XX 是一个表示非字母字符的十六进制数。

● eval( )

eval( ) 函数将通过参数传入的一个包含 JavaScript 语句的字符串作为一个 JavaScript 源代码执行。eval ( ) 函数返回执行 JavaScript 语句的返回值。

● isFinite( )

isFinite ( ) 函数用于确定一个变量是否有界，如果有界则返回 true；否则返回 false。所谓有界是指表达式的值界于 MAX_VALUE 和 MIN_VALUE 之间。

● isNaN( )

isNaN( ) 函数用于确定一个变量是否是 NaN，如果是，则返回 true；否则返回 false。NaN 代表 Not a Number，表示非数，即不是任何数。

● parseFloat( )

parseFloat( ) 函数用于将字符串开头的整数或浮点数分解出来，若字符串不是以数字开头，则返回 NaN。

● parseInt( )

parseInt( ) 函数与 parseFloat( ) 函数类似，用于将字符串开头的整数分解出来，若字符串不是以数字开头，则返回 NaN。

● unescape( )

unescape( ) 函数将参数传递来的字符串中的十六进制码转换成 ASCII 并返回，它完成 escape( ) 函数的逆操作。

7.2.2　使用 JavaScript 对象

1．什么是对象

对象就是客观世界中存在的特定实体。"人"就是一个典型的对象，"它"包含身高、体重、年龄等特性，同时又包含吃饭、睡觉、行走这些动作——"人"这个对象由这些特性和动作所规定。同样，一盏灯也是一个对象，它包含功率、亮灭状态等特性，同时又包含开灯、关灯这些动作。

在计算机世界中，也包含各种各样的对象。例如，一个 Web 页可以被看做一个对象，它包含背景颜色、前景颜色等特性，同时包含打开、关闭、读写等动作。Web 页上的一个表单也可以看做一个对象，它包含表单内控件的个数、表单名称等特性，以及表单提交和表单重置等动作。

根据这些说明可以看出，对象包含两个要素：

● 用来描述对象特性的一组数据，也就是若干变量，通常称为属性；

● 用来操作对象特性的若干动作，也就是若干函数，通常称为方法。

例如，document 对象的 bgColor 属性用于描述文档的背景颜色，而使用 document 对象的 write 方法可以在文档中写特定内容。

通过访问或设置对象的属性，并且调用对象的方法，我们就可以对对象进行各种操作，从而获得需要的功能。

在 JavaScript 中可以操作的对象通常包括两种类型：浏览器对象和 JavaScript 内部对象。浏览器对象是指文档对象模型规定的对象，例如 HTML 元素对象、document 对象、window 对象等，具体信息请参见第 7.2.3 节。JavaScript 内部对象包括一些常用的通用对象，例如数组对象 Array、日期对象 Date、数学对象 Math 等，以下分别简要介绍这几种最常用的 JavaScript 内部对象。

2. Array 对象

Array 对象也就是数组对象，用于实现编程语言中最常见的一种数据结构——数组。Array 对象的构造函数有 3 种，分别用不同的方式构造一个数组对象：

● var variable = new Array( );

● var varialble = new Array(int);

● var variable = new (arg1,arg2…argN);

说明：构造函数是面向对象的一个概念，表示用于生成一个对象的函数。

使用第一种构造函数创建出的数组长度为 0，当具体为其指定数组元素时，JavaScript 自动延伸数组的长度。例如，可以定义数组：

order=new Array( );

然后当具体为数组元素赋值时，数组自动扩充。对应于刚才的 order 数组，如果指定：

order[20]="test20";　//在 JavaScript 中用 [ ] 进行数组下标引用

则 JavaScript 自动将数组扩充为 21 个元素，前 20 个元素（order[0]～order[19]）被初始化为 null，第 21 个元素为"test20"。如果再次指定：

order[30]="test30";

则 JavaScript 自动继续将数组扩充为 31 个元素，并将 order[21]～order[29]初始化为 null，而 order[30]赋值为"test30"。

说明：JavaScript 中的数组与 C 等语言一样，都是从 0 下标开始的。也就是说，数组的第一个元素是 arrayName[0]。

使用第二种构造函数时应使用数组的长度作为参数，此时创建出一个长度为 int 的数组，但并没有指定具体的元素。同样，当具体指定数组元素时，数组的长度也可以动态更改。

例如，myArray=new Array(10) 创建出一个长度为 10 的数组，如果使用赋值语句 myArray[20]=20 为数组元素赋值，则数组自动扩充长度为 21。

使用第三种构造函数时直接使用数组元素作为参数，此时创建出一个长度为 N 的数组，同时数组元素按照指定的顺序赋值。在构造函数使用数组元素作为参数时，参数之间必须使用逗号分隔开，并且不允许省略任何参数。例如，以下两种数组定义都是错误的：

myArray=new Array(0,2,3,4)

myArray=new Array(0,1,2,3)

而正确的定义为：

myArray=new Array(0,1,2,3,4)

除了使用以上 3 个构造函数定义数组以外，还可以直接用[ ]运算符定义数组，如下所示：

var myArray=[0,1,2,3,4]

该定义的效果与 var myArray=new Array(0,1,2,3,4) 一模一样。

从前面的数组定义中已经可以看出，数组元素可以是整数，也可以是字符串。实际上，JavaScript 并不对数组元素的值做限制，它们可以是任意类型。例如，以下数组包含各种不同类型的数据：

var myArray=new Array(0,1,true,null,"great");

该数组有 5 个元素，分别如下：

myArray[0]=0;

myArray[1]=1;

myArray[2]=true;

myArray[3]=null;

myArray[4]="great";

数组元素不但可以是其他数据类型，而且也可以是其他数组或对象。例如，以下示例构造出了一个二维数组并将其元素在表格中显示，效果如图 7-2 所示。

<HTML>

<HEAD><TITLE>创建数组</TITLE><HEAD>

<BODY>

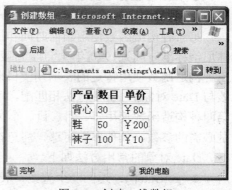

图 7-2 创建二维数组

<SCRIPT language="JavaScript" type="text/javascript">

<!--

var order=new Array( );

order[0]=new Array("背心","30","￥80");

order[1]=new Array("鞋","50","￥200");

order[2]=new Array("袜子","100","￥10");

document.write("<table border align=center>")

document.write("<th>产品</th><th>数目</th><th>单价</th>")

for(i=0;i<order.length;i++)   //length 属性表示数组的长度，也就是数组元素的个数

{

document.write("<tr>")

```
for(j=0;j<order[0].length;j++)
{
    document.write("<td>"+order[i][j]+"</td>")
}
document.write("</tr>")
}
document.write("</table>")
//-->
</SCRIPT>
</BODY></HTML>
```

说明：document.write( ) 用于在网页中写内容，具体说明请参见第 7.2.3 节。

3．Date 对象

Date 对象也就是日期对象，它可以表示从年到毫秒的所有时间和日期。如果在创建 Date 对象时就给定了参数，则新对象就表示指定的日期和时间；否则新对象就被设置为当前日期。

创建日期对象可以使用以下 4 种构造函数中的一种：

- var variable=new Date( )
- var variable=new Date(milliseconds)
- var variable=new Date(string)
- var variable=new Date(year, month, day, hours, minutes, seconds, milliseconds)

第一种构造函数使用当前时间和日期创建 Date 实例；第二种构造函数使用从 GMT（格林尼治标准时间）1970 年 1 月 1 日凌晨到期望日期和时间之间的毫秒来创建 Date 实例；第三种构造函数使用特定的表示期望日期和时间的字符串来创建 Date 实例，该字符串的格式应该与 Date 对象的 parse 方法相匹配，可以是"month day, year hours:minutes:seconds"等格式；第四种构造函数使用年、月、日、小时、分钟、秒、毫秒的形式创建 Date 实例，其中年和月是必需的参数，其他参数可选，注意在指定月份时，0 表示 1 月，依次类推，11 表示 12 月。

Date 对象的常用方法如下。

- getDate( )：返回一个整数，表示一月中的某一天（1～31）。
- getDay( )：返回一个整数，表示星期中的某一天（0～6，0 表示星期日，6 表示星期六）。
- getHours( )：返回表示当前时间中的小时部分的整数（0～23）。
- getMinutes( )：返回表示当前时间中的分钟部分的整数（0～59）。
- getMonth( )：返回表示当前日期中月的整数（0～11）。
- getSeconds( )：返回表示当前时间中的秒部分的整数（0～59）。
- getTime( )：返回从 GMT 1970 年 1 月 1 日凌晨到当前 Date 对象指定的时间之间的毫秒数。
- getYear( )：返回日期对象中的年份，用 2 位或 4 位数字表示。
- toGMTString( )：返回表示日期对象的世界时间的字符串，日期在转换成字符串之前转换到 GMT 零时区。
- toLocalString( )：返回一个表示日期对象所表示的当地时间的字符串。

● toString( )：返回一个表示日期对象的字符串。

例如，以下实例显示了如何使用 Date 对象，效果如图 7-3 所示。

```
<HTML>
<HEAD><TITLE>显示欢迎信息</TITLE></HEAD>
<BODY>
<SCRIPT language="JavaScript" type="text/javascript">
<!--
myDate = new Date( );    //创建一个日期对象。
myHour = myDate.getHours( );    //获得当前的小时数。

    if(myHour<6)    //根据小时数显示不同的欢迎信息。
        welcomeString="凌晨好";
    else if(myHour<9)
        welcomeString="早上好";
    else if(myHour<12)
        welcomeString="上午好";
    else if(myHour<14)
        welcomeString="中午好";
    else if(myHour<17)
        welcomeString="下午好";
    else if(myHour<19)
        welcomeString="傍晚好";
    else if(myHour<22)
        welcomeString="晚上好";
    else
        welcomeString="夜里好";
arrayDay=["日" , "一" , "二" , "三" , "四" , "五" , "六" ];
//定义一个字符数组以显示星期数
document.write((myDate.getMonth( )+1) + "月" + myDate.getDate( ) + "日 ");
document.write("星期" + arrayDay[myDate.getDay( )] +" ");
document.write(welcomeString);
-->
</SCRIPT>
</BODY>
</HTML>
```

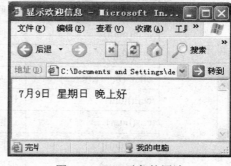

图 7-3　Date 对象的用法

4. Math 对象

Math 对象包含用来进行数学计算的属性和方法，其属性也就是标准数学常量，其方法则构成了数学函数库。Math 对象可以在不使用构造函数的情况下使用，并且所有的属性和方法都是静态的。Math 对象的属性和方法如表 7-1 所示。

表 7-1   **Math** 对象的属性和方法

类 型	项 目	说 明
属性	E	欧拉常数，约为 2.718
	LN10	10 的自然对数（自然对数以欧拉常数为底），约为 2.302
	LN2	2 的自然对数，约为 0.693
	LOG10E	以 10 为底的欧拉常数 E 的对数，约为 0.434
	LOG2E	以 2 为底的欧拉常数 E 的对数，约为 1.442
	PI	圆周率常数，约为 3.14159
	SQRT1_2	0.5 的平方根，约为 0.707
	SQRT2	2 的平方根，约为 1.414
方法	abs(num)	返回参数 num 的绝对值
	acos(num)	返回参数 num 的反余弦，其值为 0～PI，用弧度计量
	asin(num)	返回参数 num 的反正弦，其值为-PI/2～PI/2，用弧度计量
	atan(num)	返回参数 num 的反正切，其值为-PI/2～PI/2
	atan2(num1,num2)	返回坐标 (num1,num2) 对应的极坐标角度，其值为-PI～PI
	ceil(num)	返回大于或等于参数 num 的最小整数
	cos(num)	返回参数 num 的余弦，其值为-1～1
	exp(num)	返回欧拉常数 E 的 num 次方
方法	floor(num)	返回大于或等于参数 num 的最大整数
	max(num1,num2)	返回参数 num1 和 num2 中较大的一个
	min(num1,num2)	返回参数 num1 和 num2 中较小的一个
	pow(num1,num2)	返回 num1 的 num2 次方
	random( )	返回一个 0～1 的随机数
	round(num)	返回最接近参数 num 的整数。如果该数的小数部分大于等于 0.5，则取大于它的整数，否则取小于它的整数
	sin(num)	返回参数 num 的正弦，结果为-1～1
	sqrt(num)	返回参数 num 的平方根
	tan(num)	返回参数 num 的正切
	toString( )	返回表示该对象的字符串

例如，以下语句计算了 cos(PI/3)的值：

Math.cos(Math.PI/3)

7.2.3   使用浏览器对象

1. 文档对象模型

文档对象模型（Document Object Model，DOM）是用于表示 HTML 元素以及 Web 浏览器信息的一个模型，它使脚本能够访问 Web 页上的信息，并可以访问诸如网页位置等特殊信息。通过操纵文档对象模型中对象的属性并调用其方法，可以使脚本按照一定的方式显示 Web 页并与用户的动作进行交互。

对于不同的脚本语言，通常都具有一个 DOM 的子集，以便在特定的脚本语言中实现对象模型。例如，JavaScript 在其语言中就有一个对象模型。对于 IE，Microsoft 公司专门为其创建了一个对象模型。使用为浏览器创建对象模型的方式使得对象模型与语言无关，从而可以获得更强的可扩展性。

JavaScript 对象模型和 IE 对象模型非常相象，它们包含相似的对象和事件，反映了图 7-4 所示的对象层次结构。

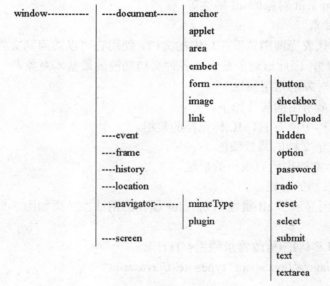

图 7-4　文档对象模型

在该层次结构中，最高层的对象是窗口对象（window），它代表当前的浏览器窗口；之下是文档（document）、事件（event）、框架（frame）、历史（history）、地址（location）、浏览器（navigator）和屏幕（screen）对象；在文档对象之下包括表单（form）、图像（image）和链接（link）等多种对象；在浏览器对象之下包括 MIME 类型对象（mimeType）和插件（plugin）对象；在表单对象之下还包括按钮（button）、复选框（checkbox）、文件选择框（fileUpload）等多种对象。

了解了浏览器对象的层次结构之后，就可以用特定的方法引用这些对象，以便在脚本中正确地使用它们。

在 JavaScript 中引用对象的方式与典型的面向对象方法相同，都是根据对象的包含关系，使用成员引用操作符（.）一层一层地引用对象。例如，如果要引用 document 对象，应使用 window.document；如果要引用 location 对象，应使用 window.location。由于 window 对象是默认的最上层对象，因此引用它的子对象时，可以不使用 window.，也就是说，可以直接用 document 引用 document 对象，用 location 引用 location 对象。

当引用较低层次的对象时，一般有两种方式——使用对象索引或使用对象名称（或 ID）。例如，如果要引用文档中的第一个表单对象，则可以用 document.forms[0] 来引用；如果该表单的 name 属性为 form1（或者 ID 属性为 form1），则可以用 document.forms["form1"]或直接用 document.form1 来引用该表单。同样，如果在名称为 form1 的表单中包括一个名称为 myText 的文本框，则可以用 document.form1.myText 来引用该文本框对象。

说明：由于 name 和 ID 属性的值使用相同的名字空间，因此最好只使用其中一种，以免造成混淆。也就是说，在 FORM 标记符中，最好只指定 name 属性和 ID 属性中的一种，并且不论是名称还是 ID，都不能重复。

对应于不同的对象，通常还有一些特殊的引用方法。例如，如果要引用表单对象中包含的对象，可以使用 elements 数组；如果要引用文档对象中包含的某个标记符对象（例如 P 对象），可以使用 document 对象的 all 属性等。

2. document 对象

document 对象代表当前浏览器窗口中的文档，使用它可以访问到文档中的所有其他对象（例如图像、表单等），因此该对象是实现各种文档功能的最基本对象。

（1）document 对象的常用属性

document 对象最常用的属性如下。

● all：表示文档中所有 HTML 标记符的数组。

● bgcolor：表示文档的背景颜色。

● forms：表示文档中所有表单的数组。

● title：表示文档的标题。

例如，以下示例显示了 all 属性和 bgcolor 属性的用法，效果如图 7-5 所示。

```
<HTML>
<HEAD><TITLE>动态更改背景颜色</TITLE>
<SCRIPT language="JavaScript" type="text/javascript">
<!--
function changeBGColor( )
{ document.bgColor=document.all.myForm.myBGColor.value; }
// -->
</SCRIPT>
```

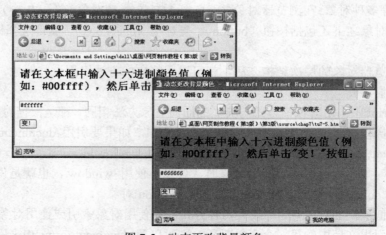

图 7-5　动态更改背景颜色

</HEAD>

<BODY>

<H2>请在文本框中输入十六进制颜色值（例如：#00ffff），然后单击"变！"按钮：</H2>

<FORM name="myForm">

<INPUT name="myBGColor" value="#ffffff"><P>

<INPUT type="button" value="变！" onclick="changeBGColor( )"><P>

</FORM></BODY></HTML>

（2）document 对象的常用事件

在客户端脚本中，JavaScript 通过对事件进行响应来获得与用户的交互。例如，当用户单击一个按钮或者在某段文字上移动鼠标时，就触发了一个单击事件或鼠标移动事件，通过对这些事件的响应，可以完成特定的功能（例如，单击按钮弹出对话框，鼠标移动到文本上后文本变色等）。

实际上，事件（event）在此的含义就是用户与 Web 页面交互时产生的操作。当用户进行单击按钮等操作时，即产生了一个事件，需要浏览器进行处理。浏览器响应事件并进行处理的过程称为事件处理，进行这种处理的代码称为事件响应函数。

在前面我们已经多次见过 onclick 事件，它表示鼠标单击时产生的事件。对于 document 对象来说，还有两个很常用的事件，即 onload 和 onunload，分别在文档装载完毕和卸载（或从当前页跳转到其他页）完毕时发生。

以下示例显示了这两个事件的作用，效果如图 7-6 所示（当进入页面时，显示"欢迎光临"对话框；退出网页时，显示"谢谢惠顾"对话框）。

图 7-6　处理加载卸载事件

注意：绝大多数情况下，浏览者认为这种效果是一种干扰，因此建议不要使用。

<HTML>

<HEAD><TITLE>处理加载卸载事件</TITLE>

</HEAD>

<BODY onload="alert('欢迎光临!')" onunload="alert('谢谢惠顾!')">

   <H2>onload 和 onunload 事件示例</H2>

</BODY>

</HTML>

（3）document 对象的常用方法

document 对象最常用的方法为 write( )，表示在文档中写内容。实际上，我们在前面的示例中已经多次用到它，下面再看一个最基本的"Hello World"程序，效果如图 7-7 所示。

<HTML>

<HEAD><TITLE>Hello World</TITLE></HEAD>

<BODY>

<SCRIPT language="JavaScript" type="text/javascript">

<!--

   document.write("Hello World!")

//-->

</SCRIPT>

</BODY></HTML>

图 7-7　write( )方法示例

3．window 对象

window 对象包含了 document，navigator，location，history 等子对象，是浏览器对象层次中的最顶级对象，代表当前窗口。当遇到 body，frameset 或 frame 标记符时创建该对象的实例，另外，该对象的实例也可由 window.open( )方法创建。

说明：所谓实例是面向对象技术中的一个术语，表示抽象对象的一次具体实现。

（1）window 对象的常用属性

window 对象的最常用属性如下。

● document：表示窗口中显示的当前文档。

● history：表示窗口中最近访问过的 URL 列表。

● location：表示窗口中显示的当前 URL。

● status：表示窗口状态栏中的临时信息。

例如，以下示例显示了如何在状态栏中显示文字，效果如图 7-8 所示。

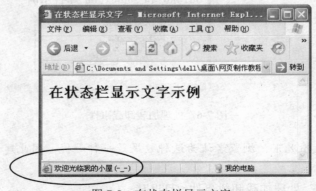

图 7-8　在状态栏显示文字

```
<HTML>
<HEAD><TITLE>在状态栏显示文字</TITLE></HEAD>
<BODY onload="window.status='欢迎光临我的小屋(-_-)'">
<H2>在状态栏显示文字示例</H2>
</BODY>
</HTML>
```

（2）window 对象的常用方法

window 对象的最常用方法如下。

- alert(string)：显示提示信息对话框。
- clearInterval(interval)：清除由参数传入的先前用 setInterval( )方法设置的重复操作。
- close( )：关闭窗口。
- confirm( )：显示确认对话框，其中包含"确定"和"取消"按钮（或"OK"和"Cancel"按钮），如果用户单击"确定"按钮，confirm( )方法返回 true；如果用户单击"取消"按钮，confirm( )方法返回 false。
- open(pageURL,name,parameters)：创建一个新窗口实例，该窗口使用 name 参数作为窗口名，装入 pageURL 指定的页面，并按照 parameters 指定的效果显示。
- prompt(string1,string2)：弹出一个要求键盘输入的提示对话框，参数 string1 的内容作为提示信息，参数 string2 的内容作为文本框中的默认文本。
- setInterval(expression,milliseconds) setInterval(function,milliseconds,arg1,arg2,…argN)：按照参数 milliseconds 指定的时间间隔，循环触发通过参数传入的表达式（expression）或函数（function）。如果函数需要参数，则由 arg1,…argN 传入。可以用 clearInterval( )方法取消设置的重复操作。

以下示例显示了 window 对象的打开关闭窗口方法的应用，效果如图 7-9 所示（打开网页 tu7-9.htm 时，同时显示一个新窗口，其中有一个"关闭"按钮，单击"关闭"按钮则弹出一个提示对话框，单击"确定"按钮可以关闭窗口）。

```
--------------------文件 tu7-9.htm--------------------------
<HTML>
<HEAD><TITLE>打开与关闭窗口示例</TITLE></HEAD>
<BODY onload="window.open('newWin.htm','myWin','height=200,width=400')">
    <H3>打开与关闭窗口示例</H3>
</BODY>
</HTML>
--------------------与文件 tu7-9.htm 同一目录下的 newWin.htm 文件--------------------------
<HTML>
<HEAD><TITLE>新建窗口</TITLE></HEAD>
<BODY>
    <FORM name="form1">
    <INPUT type="button" value="关闭" onclick="if(confirm('您正在关闭当前窗口，确实要
如此吗？'))window.close( )">
```

```
    </FORM>
  </BODY>
</HTML>
```

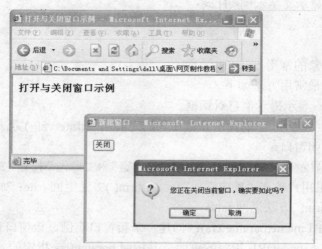

图 7-9　打开与关闭窗口示例

说明：创建新窗口时指定以下参数可以控制窗口显示效果：height 和 width 表示窗口高度和宽度；location 确定是否显示地址栏；menubar 确定是否显示菜单栏；resizable 确定窗口是否可调整大小；status 确定是否显示状态栏；toolbar 确定是否显示工具栏。除了 height 和 width 的取值为像素数以外，其余参数的取值都为 yes/no 或 1/0。只要指定了任意 option=value，那么其他窗口元素默认都为不显示。

4. Form 对象

Form（表单）对象是浏览者与网页进行交互的重要工具，通过使用表单中的各种控件对象（按钮、单选框、列表框等），可以实现多种实用功能。

由于不同的表单控件具有不完全相同的属性、方法和事件，因此以下不再一一说明，仅举一个最常见的应用——导航列表的实现，效果如图 7-10 所示（单击下拉列表框中的选项，则可以在同一个窗口中跳转到相应页面）。

```
<HTML>
<HEAD><TITLE>导航列表示例</TITLE></HEAD>
<BODY>
<DIV align="center">
<H3>请在以下列表中选择任意选项，以便导航到需要的页面……</H3>
<FORM name="form1">
<SELECT name="navbar"
onchange="location=document.form1.navbar.options[document.form1.navbar.selectedIndex].value">
// location 相当于 window.location，selectedIndex 属性表示当前选中的选项
    <OPTION value="#" selected>--导航栏--</OPTION>
```

```
          <OPTION value="file1.htm">选项一</OPTION>
          <OPTION value="file2.htm">选项二</OPTION>
          <OPTION value="file3.htm">选项三</OPTION>
      </SELECT>
      </FORM>
</DIV></BODY></HTML>
```

图 7-10　打开与关闭窗口示例

说明：实现该示例需要当前目录下有 file1.htm，file2.htm 和 file3.htm 文件。

如果在导航时希望保留原来打开的网页，那么可以将目标网页在一个新窗口中打开，此时只需将 onchange 语句更改为如下即可，请读者自行尝试：onchange = "window.open (document.form1.navbar.options[document.form1.navbar.selectedIndex].value)"

7.3　DHTML 技术

本节首先介绍 DHTML 的基本概念，接着用若干实例说明了 DHTML 技术在网页制作中的应用。

7.3.1　什么是 DHTML

首先我们看一看 Microsoft 中国网站中的一个重要界面特性，如图 7-11 所示——当浏览者将鼠标指针移动到页面顶部的"快速链接"上时，会动态地弹出一个菜单，在该菜单中移动鼠标，所指向的菜单项会用另一种效果显示。

这种效果非常类似于 Windows 应用程序的特性，即通过图形化的界面为用户提供尽可能多的功能。实际上，采用这种方式可以使同一个页面上包含更多的信息，对于 Microsoft 中国这样庞大的网站来说十分有用（实际上，很多其他网站也采用这种界面，例如 www.amazon. com，www.dangdang.com 等）。

图 7-11　Microsoft 中国站点首页

要实现这种效果，单纯依靠 HTML 和 JavaScript 已经无法实现，必须采用新的技术——这就是动态 HTML。所谓动态 HTML（DynamicHTML，DHTML），其实并不是一门新的语言，它只是 HTML，CSS 和客户端脚本的一种集成。

DHTML 建立在原有技术的基础上，可分为三个方面：一是 HTML，也就是页面中的各种页面元素对象，它们是被动态操纵的内容；二是 CSS，CSS 属性也是动态操纵的内容，从而获得动态的格式效果；三是客户端脚本（例如 JavaScript），它实际操纵 Web 页上的 HTML 和 CSS。

使用 DHTML 技术，可使网页设计者创建出能够与用户交互并包含动态内容的页面。实际上，DHTML 使网页设计者可以动态操纵网页上的所有元素——甚至是在这些页面被装载以后。利用 DHTML，网页设计者可以动态地隐藏或显示内容、修改样式定义、激活元素以及为元素定位。DHTML 还可使网页设计者在网页上显示外部信息，方法是将元素捆绑到外部数据源（如文件和数据库）上。所有这些功能均可用浏览器完成而无需请求 Web 服务器，同时也无需重新装载网页。这是因为一切功能都包含在 HTML 文件中，随着对网页的请求而一次性下载到浏览器端。

可见，DHTML 技术是一种非常实用的网页设计技术。实际上，DHTML 早已广泛地应用到了各类大大小小的网站中，成为高水平网页必不可少的组成部分。很多著名网站的导航系统都采用了 DHTML 技术，除了前面介绍的 Microsoft 中国网站以外，世界著名大学耶鲁大学（www.yale.edu）、斯坦福大学（www.stanford.edu）的首页也都采用了 DHTML 技术，如图 7-12 和图 7-13 所示。

说明：实现 DHTML 效果一般有两种方式：一是直接编写代码或者修改代码（在 Internet 上以 "DHTML 特效"、"网页特效" 或 "JavaScript 特效" 等关键字搜索，则可以找到大量相关网站）；二是通过所见即所得的网页编辑工具实现（例如，在 FrontPage 中可以使用 "DHTML 效果" 工具栏创建 DHTML 效果，在 Dreamweaver 中可以使用 "行为" 来创建 DHTML 效果）。

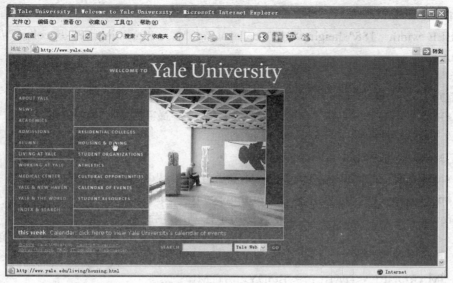

图 7-12　耶鲁大学网站首页

图 7-13　斯坦福大学网站首页

7.3.2　DHTML 应用示例

1. 示例 1——纵向滚动文本

本示例显示了如何实现一种常见的文本纵向滚动效果,代码如下,效果如图 7-14 所示(文字循环向上滚动,当鼠标移上去时,文字停止滚动,鼠标移开则继续滚动)。

```
<HTML>
<HEAD><TITLE>纵向滚动文本效果</TITLE></HEAD>
```

```
<BODY>
<TABLE width="188" height="215" cellspacing="1" cellpadding="8" bgcolor="#FFCC00"
align="center">
   <TR>
     <TD height="36" bgcolor="white" align="center">
       <FONT style="font-size:14px" face="黑体"><B>最新动态</B></FONT>
   <TR>
     <TD valign="top" bgcolor="white">
       <MARQUEE scrollamount=2 direction="up"  id="dong"
       onmouseover="dong.stop( )"  onmouseout="dong.start( )">
```
// marquee 对象的 start 方法和 stop 方法用于控制滚动字幕的启动和停止
```
        <FONT style="font-size:12px"><A href="#">1、最新动态~~~~~~</A></FONT><P>
        <FONT style="font-size:12px"><A href="#">2、最新动态^&!@*(~#$</A></FONT>
      </MARQUEE></TABLE></BODY></HTML>
```

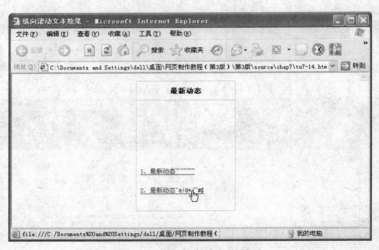

图 7-14　纵向滚动文本效果

2．示例 2——动态显示时间

本示例显示了如何在网页中显示一个动态时钟，代码如下，效果如图 7-15 所示（假如当前时间处于 0 点~7 点，文字会显示为红色）。

```
<HTML>
<HEAD><TITLE>动态显示时间示例</TITLE>
<SCRIPT language="JavaScript" type="text/javascript">
<!--
function acquireTime( )
{   today=new Date( );   //获取当前日期
with(today)
{
```

图 7-15　动态显示时间

```
document.all.mytimer.innerText=" 现 在 时 间 ： "+getHours( )+" 点 "+getMinutes( )+" 分
"+getSeconds( )+"秒";
    if(getHours( )>=0 && getHours( )<=7)
        document.all.mytimer.style.color="red";    //更改颜色
    else
        document.all.mytimer.style.color="black";    //恢复颜色
    }
    }
//-->
</SCRIPT>
<HEAD>
<BODY onload="setInterval('acquireTime( )',1000)">
    <P id="mytimer" align="center" ></P>
</BODY></HTML>
```

3．示例 3——动态折叠菜单

本示例实现了一个动态折叠菜单——当浏览者单击菜单条目时，其子菜单会动态显示或隐藏，并且当鼠标指针移动到菜单条目上时，鼠标指针会变成手形，并且每个子菜单条目在鼠标指针位于其上时变为红色。

以下是本示例的源代码，效果如图 7-16 所示。

```
<HTML>
<HEAD><TITLE>动态折叠菜单</TITLE></HEAD>
<STYLE>
<!--
    BODY {font-size:12pt}
    A {font-size:10pt}
    .red {color:red}
    .menu{color:blue; cursor:hand}
    .indent {margin-left:0.3in}
-->
</STYLE>
<SCRIPT language="JavaScript" type="text/javascript">
<!--
function menuChange( ) {
    var src;
    var subId;
    src = window.event.srcElement;
    if (src.className == "menu") {     //判断是否单击了某菜单项。
        subId = "sub" + src.id;
        if (document.all(subId).style.display=="none") { //如果没有显示子菜单，则显示。
```

```
            document.all(subId).style.display = "";
        } else {    //如果已经显示子菜单，则折叠。
            document.all(subId).style.display = "none";
        }
    }
}
//-->
</SCRIPT>
<BODY onClick="menuChange( );">
<H3>单击一个菜单项则可以打开或折叠菜单……</H3>
<SPAN id="menu1" class="menu">+ 菜单项 1</SPAN>   <!-- 定义菜单 -->
<DIV id="submenu1" style="display:None">          <!-- 定义子菜单-->
    <DIV class="indent">                            <!--定义缩进-->
    <A href="#" onmouseover = "this.className = 'red'"
        onmouseout = "this.className = ';'">子菜单项 1</A><BR>
<!-- 对象的 className 属性用于访问定义的样式类-->
    <A href="#" onmouseover = "this.className = 'red'"
        onmouseout = "this.className = ';'">子菜单项 2</A><BR>
    <A href="#" onmouseover = "this.className = 'red'"
        onmouseout = "this.className = ';'">子菜单项 3</A><BR>
    </DIV>
</DIV>
<BR>
<SPAN id="menu2" class="menu">+菜单项 2</SPAN>
<DIV id="submenu2" style="display:None">
    <DIV class="indent">
    <A href="#" onmouseover = "this.className = 'red'"
        onmouseout = "this.className = ';'">子菜单项 1</A><BR>
    <A href="#" onmouseover = "this.className = 'red'"
        onmouseout = "this.className = ';'">子菜单项 2</A><BR>
    </DIV>
</DIV>
<BR>
<SPAN id="menu3" class="menu">+菜单项 3</SPAN>
<DIV id="submenu3" style="display:None">
    <DIV class="indent">
    <A href="#" onmouseover = "this.className = 'red'"
        onmouseout = "this.className = ';'">子菜单项 1</A><BR>
    <A href="#" onmouseover = "this.className = 'red'"
```

```
        onmouseout = "this.className = ';'">子菜单项 2</A><BR>
    </DIV>
  </DIV>
</BODY>
</HTML>
```

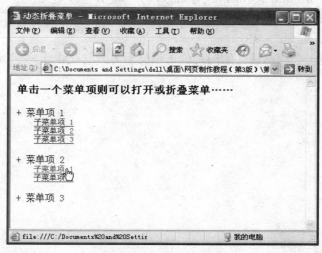

图 7-16　动态折叠菜单

练 习 题

1．举例说明向网页中插入脚本的 3 种方法。

2．简要说明对象的概念，并说明为什么 JavaScript 是基于对象的脚本语言。

3．简要说明什么是 DHTML 技术。根据自己的上网浏览实践，总结 DHTML 技术的应用领域。

4．除了本书中介绍的网站以外，请在 WWW 上找出至少 3 个采用 DHTML 技术的网站，并分析其实现原理。

5．分析以下代码的实现效果。

```
<HTML>
<HEAD><TITLE>背景动画</TITLE>
<STYLE>
    #BGAnimation {position:absolute; top:25px; left:25px; z-index:-1}
</STYLE>
<SCRIPT language="JavaScript" type="text/javascript">
<!--
function changePosition( )
    { document.all.BGAnimation.style.top = Math.random( ) * 150;
```

```
            document.all.BGAnimation.style.left = Math.random( ) * 150;
}
//-->
</SCRIPT>
</HEAD>
<BODY onload="window.setInterval('changePosition( )',500)">
<DIV id="BGAnimation"><IMG src="image.gif"></DIV>
<BR>此处是网页正文。<BR>
我们可以看见有一个动态移动的图片位于正文后方，这是由于将 z-index 设置为-1。
</BODY>
</HTML>
```

第 8 章 XML 入门

本章提要：

- XML 是一种通用的数据描述语言。
- XML 文档由标记、元素和属性组成，它们遵循一定的语法规则。
- 可以用以下方式显示 XML 文档：直接查看 XML 源代码、使用 CSS、使用 XSL、在 HTML 中嵌入 XML 数据，以及使用 JavaScript。
- 文件类型定义（Document Type Definition，DTD）用于定义 XML 文档的结构，包括元素声明、属性声明和实体声明等。
- XML 模式（Schema）用于描述 XML 文档的结构，它是 DTD 的替代技术。
- XML 样式表（XSL）可以将 XML 文档转换为 XHTML 显示。
- 两种主要的 XML 编程接口分别是：文档对象模型（Document Object Model，DOM）和用于 XML 的简单 API（Simple API forXML，SAX）。

8.1 什么是 XML

本节介绍 XML 的定义、XML 与 HTML 的不同、XML 的应用，以及 XML 相关技术。

8.1.1 XML 的定义

XML 是 Extensible Markup Language（可扩展标记语言）的简称，它是针对网络应用的一项关键技术，为开发具有更好的可扩展性和互操作性的软件提供了一种高效率的解决方案。

XML 是 World WideWebConsortium（W3C）的一个标准，它允许用户定制自己的标记（也就是本书中所说的标记符）。按照 W3C 在其标准规范"Extensible Markup Language（XML）1.0（Second Edition）"中的说法：XML 是标准通用标记语言（Standard Generic Markup Language，SGML）的一个子集。其目的是使得在 Web 上以现有超文本标记语言（Hypertext Markup Language，HTML）的使用方式提供、接收和处理通用的 SGML 成为可能。XML 的设计既考虑了实现的方便性，同时也顾及了与 SGML 和 HTML 的互操作性。

实际上，早在 Web 未发明之前，SGML 就已存在。正如它的名称所言，SGML 是一种用标记来描述文档资料的通用语言，它包含了一系列的文件类型定义（Document Type Definition，DTD），DTD 中定义了标记的含义，因而 SGML 的语法是可以扩展的。SGML 十分庞大，既不容易学，又不容易使用，在计算机上实现也十分困难。鉴于这些因素，Web 的发明者——欧洲核子物理研究中心的研究人员根据当时（1989 年）计算机技术的能力，提出了 HTML。

HTML 只使用 SGML 中很小一部分标记（因此可以说 HTML 是 SGML 很小的一个子集），而且 HTML 规定的标记是固定的，也就是说，HTML 语法是不可扩展的，它不需要包含 DTD。HTML 这种固定的语法使它易学易用，在计算机上开发 HTML 的浏览器也十分容易。正是由于 HTML 的简单性，使 Web 技术从计算机界走向全社会，成就了今天如日中天的 WWW。

然而，随着 Web 的应用越来越广泛和深入，人们渐渐觉得 HTML 不够用了，HTML 过于简单的语法严重地阻碍了用它来表现更复杂的形式。另一方面，计算机技术的迅速发展使得开发一种新的 Web 页面语言成为可能。由于 SGML 过于庞大，于是自然会想到仅使用 SGML 的子集，使新的语言既方便使用又容易实现。正是在这种形势下，XML 应运而生了。

XML 是一个精简的 SGML，它将 SGML 的丰富功能与 HTML 的易用性结合到 Web 的应用中。XML 保留了 SGML 的可扩展功能，这使 XML 从根本上有别于 HTML。XML 要比 HTML 强大得多，它不再是固定的标记，而是允许定义数量不限的标记来描述文档中的信息，并且允许嵌套的信息结构。HTML 只是 Web 显示数据的通用方法，而 XML 提供了一个直接处理 Web 数据的通用方法。HTML 着重描述网页的显示格式，而 XML 着重描述的是网页的内容。从另外一方面讲，XML 既不是 HTML 的升级技术（实际上，HTML 的升级技术是 XHTML，可以认为 XHTML 是符合 XML 规范的 HTML），也不是 HTML 的替代技术，它们有各自的应用领域。

8.1.2　XML 和 HTML 的不同

通过下面的示例代码，读者可以理解 XML 与 HTML 的不同之处。

以下 XML 文档（可以直接用"记事本"程序编辑后存为.XML 文件，就像保存 HTML 文件一样，也可以用 Dreamweaver 编辑 XML 文件）描述了一个人的基本地址信息：

<?xmlversion="1.0" encoding="gb2312"?>

<address>

　<name>

　　<first-name>张</first-name>

　　<last-name>三</last-name>

　　<title>先生</title>

　</name>

　<city province="BJ">北京</city>

　<street>　海淀区　白石桥</street>

　<postal-code>100081</postal-code>

</address>

从以上描述可以清楚地看出各部分数据的含义，因为标记符本身已经被赋予了一定的含义，不但如此，计算机也很容易理解和处理这些信息。例如，如果要获得邮政编码，只需找到<postal-code>和</postal-code>标记符之间的内容即可。

如果用 HTML 描述同样的信息，可能是这样的：

<p>

　　张三先生

　　　　
地址：北京　海淀区　白石桥

　　　　
邮政编码：100081

　　</p>

　　虽然人能够清楚地理解上述 HTML 代码显示的个人地址信息，但是计算机却不知道它是个人地址信息，它只是遵守 HTML 规则在浏览器中将输入的信息在一段中显示出来。

　　所以，HTML 描述的是数据的显示格式，而 XML 描述的是数据的内容。或者说，HTML 是用来显示信息的，而 XML 则是用来描述信息的。

8.1.3　XML 的应用

　　了解了"XML 是用来存储、携带和交换数据的，而不是为了显示数据"这一点，就可以理解 XML 在很多方面的应用。

　　● XML 可以从 HTML 中分离数据

　　在不使用 XML 时，HTML 文件不但用于显示数据，而且用于存储数据。使用了 XML 之后，数据就可以存放在分离的 XML 文档中。这种方法可以让用户集中精力使用 HTML 做好数据的显示和布局，并确保数据改动时不会导致 HTML 文件也改动，从而大大简化了页面维护工作。

　　当然，XML 数据也可以以"数据岛"的形式存储在 HTML 页面中。即使如此，HTML 也仍然只是用于格式化和显示数据，而 XML 用于表示数据。

　　● XML 可以用于数据交换

　　实际应用中的数据可能各自有不同的复杂格式，但都可以通过标准的数据表示语言 XML 进行交互。由于 XML 的自定义性及可扩展性，它足以表达各种类型的数据。把数据转换为 XML 格式存储将大大减少数据交换的复杂性，并且还可以使得这些数据能被不同的程序读取。在这类应用中，XML 解决了数据的统一接口问题。也就是说，通过 XML，我们可以在不兼容的系统之间方便地交换数据。

　　实际上，XML 正在成为遍布 Internet 的商业系统之间交换金融信息所使用的主要语言，许多完全基于 XML 的电子商务应用程序正在开发中。不但如此，我们所使用的多种应用程序，包括字处理器、电子表格软件和数据库软件等，将能够以纯文本的格式相互读取数据，而不需要经过格式转化的过程。

　　● XML 可以用于数据存储与共享

　　由于 XML 数据是以纯文本格式存储的，因此它提供了一种与软件和硬件无关的存储和共享数据方法。也就是说，创建一个能够被不同的应用程序读取的数据文件就变得简单多了。同样，我们升级操作系统、服务器和应用程序的工作也变得更容易。

　　既然 XML 是与软件、硬件和应用程序无关的，所以数据可以被更多的用户、更多的设备（例如手机、PDA 等）所利用，而不仅仅是基于 HTML 标准的浏览器。别的客户端和应用程序可以把 XML 文档作为数据源来处理，就像使用数据库一样。

　　● XML 可以用于创建新的语言

　　由于 XML 的可扩展性，XML 可以用于创建新的语言。例如，无线标记语言（Wireless Markup Language，WML）就是基于 XML 创建的。WML 用于创建能够显示于无线应用协议（Wireless Application Protocol，WAP）浏览器（比如手机上的浏览器）的页面。

　　● XML 可以用于支持智能代码

因为可以使用 XML 文档以结构化的方式标识每个重要的信息片段以及信息之间的关系，所以可以编写无需人工干预就能处理这些 XML 文档的代码。例如，XML 使程序更容易理解数据的含义以及数据间的联系，因此使得智能代理（Smart Agent）成为可能。

● XML 可以用于支持智能搜索。

当前网络的一个问题是搜索引擎无法智能地处理 HTML。例如，如果搜索"table"，得到的结果可能是有关"桌子"的，也可能是有关"表格"的，甚至可能是与一个叫做"table"的人有关的信息。但如果使用 XML 自己定义的标记，就可以明确标识信息的含义，从而使得信息搜索变得更加准确、快捷。

8.1.4 XML 相关技术

XML 的应用非常广泛，实际上，很多目前流行的技术（例如 SOAP，RSS，WAP 等）都是基于 XML 的。下面是 XML 相关技术的一个列表。

● XHTML（Extensible HTML，扩展 HTML）：是一种更严格版本的 HTML，可以认为它是遵循 XML 规范的 HTML。
● XMLDOM（XMLDocument Object Model，XML 文档对象模型）：是一种访问并操作 XML 文档的标准方法。
● XSL（Extensible Style Sheet Language，扩展样式表语言）：XSL 包括三部分：XSLT——用于转换 XML 文档的一种语言，Xpath——用于在 XML 文档中定位的一种语言，XSL-FO——用于格式化 XML 文档的一种语言。
● XSLT（XSL Transformations，XML 转换）：用于将 XML 文档转换成其他 XML 格式，例如 XHTML。
● Xpath：用于在 XML 文档中定位的一种语言。
● XSL-FO（Extensible Style Sheet Language Formatting Objects，扩展样式表语言格式化对象）：是一种基于 XML 的标记语言，用于描述 XML 数据的格式，以便输出到屏幕、报纸或其他媒体。
● XLink（XML Linking Language，XML 链接语言）：是一种在 XML 文档中创建超链接的语言。
● XPointer（XML Pointer Language，XML 指针语言）：用于使 Xlink 超链接指向特定的 XML 文档部分
● DTD（Document Type Definition，文档类型定义）：用于定义 XML 文档的结构。
● XSD（XMLSchema Definition，XML 模式定义）：用于定义 XML 文档的结构。它基于 XML，是 DTD 的替代技术。
● XForms（XML 表单）：是一种使用 XML 定义表单数据的技术。
● XQuery（XML 查询语言）：用于查询 XML 数据。
● SOAP（Simple Object Access Protocol，简单对象访问协议）：是一种基于 XML 的协议，用于使应用程序通过 HTTP 交换信息。
● WSDL（Web Services Description Language，Web 服务描述语言）：是一种基于 XML 的用于描述 Web 服务的语言。
● RDF（Resource Description Framework，资源描述框架）：是一种基于 XML 的用于描

述 Web 资源的语言。

- RSS（Really Simple Syndication，简单内容整合）：是一种描述和同步网站内容的格式，它使用 XML 将一个网站上的内容分发到多个网站。
- WAP（Wireless Application Protocol，无线应用协议）：用于在无线设备（例如手机）上显示 Internet 内容。WAP 使用 WML 编写页面。
- SMIL（Synchronized Multimedia Integration Language，同步多媒体集成语言）：是一种基于 XML 的，用来描述音频视频信息的语言。
- SVG（Scalable Vector Graphics）：是一种使用 XML 格式定义图像的语言。

8.2　XML 文档规则

XML 文档的作用在于组织和存储数据，所以编写 XML 就一定要遵守 XML 文档规则，否则 XML 处理器（XML 处理器是用于读取 XML 文件，存取其中的内容和结构的软件模块。Microsoft 公司在 IE 5.0 及更高版本的 IE 中都捆绑了叫做 MSXML 的 XML 处理器）会拒绝该文档。本节介绍基本的 XML 文档规则和相关知识。

8.2.1　XML 文档的有效性

有 3 种 XML 文档：有效的、无效的和结构良好的。

- 有效的（Valid）XML 文档：既遵守 XML 文档规则，也遵守用户自己定义的文件类型定义（DTD）或模式（Schema）。有关 DTD 和模式的详细信息，请参见第 8.4 节和第 8.5 节。
- 无效的（Invalid）XML 文档：没有遵守 XML 规范定义的语法规则，也没有遵守 DTD 文件规范或模式。
- 结构良好的（Well-formed）XML 文档：遵守 XML 语法规范，但不符合 DTD 文件规范或模式。

8.2.2　XML 的语法

1. XML 文档的组成部分

与 HTML 文档类似，一个 XML 文档的组成部分可以用 3 个术语来描述：标记、元素和属性。

- 标记是尖括号之间的文本，包括开始标记（例如<name>）和结束标记（例如</name>）。
- 元素是开始标记、结束标记以及位于二者之间的所有内容。在上面的 XML 文档中，<name>元素包含 3 个子元素：<title>，<first-name>和<last-name>。
- 属性是一个元素开始标记中的名称，即用引号引起的值。在上面的 XML 文档示例中，province 是<city>元素的属性。不过，由于属性不容易扩充和被程序操作，建议少使用属性，而采用子元素的形式。一般情况下，元数据（与数据有关的数据）应该以属性的方式存储，而数据本身应该以元素的形式存储。

2. XML 声明

声明一般是 XML 文档的第一句，作用是告诉浏览器或者其他处理程序：当前文档是 XML 文档。其格式如下：

<?xmlversion="1.0" encoding="UTF-8" standalone="yes/no"?>

声明最多可以包含 3 个属性。version 是使用的 XML 版本，目前该值必须是 1.0。encoding 是该文档所使用的字符集，默认值是"UTF-8"，如果要想使用中文字符集，可以指定 encoding 的值为"gb2312"。第三个属性 standalone 可以指定该 XML 文件是否需要调用外部文件，默认值为"no"，如果不需要调用外部文件则值为"yes"。

3. 根元素

XML 文档必须包含在一个唯一的元素中，这个元素称为根元素，它包含文档中的所有文本和所有其他元素。

4. 元素不能重叠

在 HTML 代码中元素重叠是可以接受的，但在 XML 中各元素不能交叉重叠出现。例如，以下代码作为 HTML 代码是能够正确显示的，但却是非法的 XML 代码。

<p>
　　<b>I <i>really love</b>XML. </i>
</p>

5. 必需要有结束标记

在 XML 文档中，结束标记是必需的，不能省略任何结束标记，即使是空元素（即标记之间不包含内容）也需要结束，但可以在空元素的开始标记最后加入一个"/"来表示空元素。例如，
相当于
</br>，而<img src="../img/img-1.gif"/>相当于<img src="../img/img-1.gif"></img>。

6. 元素区分大小写

XML 元素是区分大小写的。在 HTML 中，<h1>和<H1>是相同的；而在 XML 中，它们是不同的。例如，以下代码就是非法的 XML 代码：

<h1>这是一级标题文字</H1>

7. 属性必须有值且用引号括起来

XML 属性必须符合两个条件：

● 必须为属性赋值；
● 值必须用引号括起来，可以用单引号也可以用双引号，但前后要保持一致。

8. XML 文档中的注释

XML 注释与 HTML 一样，它可以出现在文档的任何位置，并且以<!--开始，以-->结束。注意：注释中不能出现字符串"--"，另外，不允许注释以--->结尾。

9. 特殊字符实体

与 HTML 类似，在 XML 中可以使用以下特殊字符实体：&lt；表示小于号，&gt；表示大于号，&quot；表示双引号，&apos；表示单引号，&amp；表示"&"符号。例如，如果要在属性值中包含单引号或双引号，可以使用&quot；或&apos；。

10. XML 的名称空间

由于 XML 对互操作性的支持，每个人都可以创建属于自己的 XML 词汇。这样一来，如果不同的开发者用相同的元素来代表不同的实体的话，就会出现问题。例如，在前面那个表示地址信息的 XML 中，<title>元素表示个人尊称，可是如果另外一个用户为书的书名定义了<title>标记，如何区分该元素指是个人尊称还是书名呢？为了防止这种潜在的冲突，W3C 在 XML 中引入了名称空间。

XML 名称空间为 XML 文档元素提供了一个上下文，它允许开发者按一定的语义来处理元素。

要使用标记名称空间，就要定义一个名称空间前缀，然后将它映射至一个特殊字符串。例如，以下代码显示了如何定义元素的名称空间前缀（在同一个文件中使用了两个名称空间不同的 title 标记）：

```
<?xmlversion="1.0"?>
<customer_info
  xmlns:addr="http://www.abc.com/addresses/"
  xmlns:books="http://www.xyz.com/books/"
>
…  <addr:name><title>Mrs.</title>  …  </addr:name>…
…  <books:title>Lord of the Rings</books:title>  …
…
</customer_info>
```

在该示例中的两个名称空间前缀是 addr 和 books，为一个元素定义名称空间就意味着该元素的所有子元素都属于该空间。另外，定义标记名称空间前缀的字符必需是唯一的字符串。还需要注意的是：名称空间中的 URL 仅仅是字符串，它并不是真正的 URL，也就是说，它只是一种具有唯一性的字符串，而没有更多其他的用途。

8.3　显示 XML 文档

本节介绍显示 XML 文档的多种方式，包括直接查看 XML 文档、用 CSS 显示 XML 文档、用 XSL 显示 XML 文档、在 HTML 中嵌入 XML 数据，以及使用 JavaScript 显示 XML 文档。

8.3.1　直接查看 XML 文档

我们已经知道，要显示 HTML 文档，直接用浏览器打开就可以了，因为浏览器已经定义了对应每个标记的显示格式。但对于 XML 文档，因为每个标记都是自定义的，它只是显示数据的内容，因此在浏览器中只能查看其源代码。

用 IE 打开 XML 文档后，XML 文档将显示为有色的根元素和子元素，在元素左边的+号或者−号表示可展开或者收拢显示元素，如图 8-1 所示。如果要查看没有+号和−号的原始 XML 源文件，应在浏览器窗口中单击鼠标右键，在快捷菜单中选择"查看源文件"命令。

如果打开的 XML 文档中包含错误，则浏览器会提示，如图 8-2 所示，而不是像对待 HTML 文档那样容忍错误。

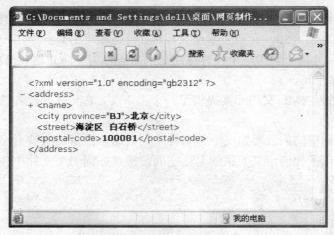

图 8-1　在浏览器中显示 XML 文档

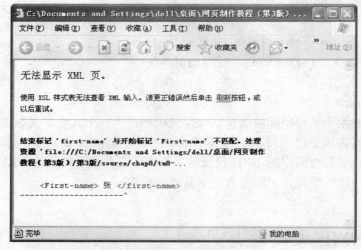

图 8-2　在浏览器中显示包含错误的 XML 文档

8.3.2　用 CSS 显示 XML 文档

　　既然 XML 文档只是用来描述数据的，那么要显示数据，就需要使用特定的格式化技术（即 XML 文档的数据和格式是分离的），一般包括 XSL 和 CSS 两种方式。CSS 就是本书第 6 章中介绍的"层叠样式表"，通过为 XML 文档中的标记定义样式，从而使浏览器能以一定的格式显示相应元素。例如，如果在第 8.1.2 节中的 XML 文档的第一行代码之后再添加以下代码：

　　<?xml-stylesheet type="text/css" href="sample1.css"?>

然后在该 XML 文件同一目录下的 sample1.css 文件中定义以下样式（当然也可以针对文档中的标记定义更多的样式）：

　　address { font-size:30px; background-color:#f0f0f0; color:black}

　　name { font-size:40px; color:red}

那么用浏览器打开该 XML 文档后的显示效果如图 8-3 所示。

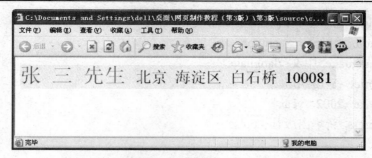

图 8-3　使用 CSS 在浏览器中显示 XML 文档

　　说明：使用 CSS 来格式化 XML 并不是 XML 文档样式化的标准方式，应该使用 XSL 标准来实现 XML 文档的格式化。

8.3.3　用 XSL 显示 XML 文档

　　XSL 的全称是 Extensible Stylesheet Language（可扩展样式语言），它是将来设计 XML 文档显示样式的主要文件类型，它本身也是基于 XML 的。使用 XSL，用户可以灵活设置文档的显示样式，文档将自动适应任何浏览器。XSL 也可以将 XML 转化为 HTML，使得旧版本的浏览器也可以浏览 XML 文档。有关 XSL 的详细信息，请参见第 8.6 节。

　　以下通过一个具体的实例来说明如何用 XSL 来显示 XML 文档。

<!-- 以下是 tu8-4.xml 的内容，显示了 4 本书的相关数据 -->

```
<?xmlversion="1.0" encoding="gb2312"?>
<?xml-stylesheet type="text/xsl" href="tu8-4.xsl"?>
<catalog>
    <book>
        <title>思考致富</title>
        <author>拿破仑·希尔</author>
        <language>中文</language>
        <price>￥21</price>
        <year>2003</year>
        <press>中信出版社</press>
    </book>
    <book>
        <title>名利场</title>
        <author>William Makepeace Thackeray</author>
        <language>English</language>
        <price>￥13.6</price>
        <year>1992</year>
        <press>外语教学与研究出版社</press>
    </book>
    <book>
```

```
        <title>杜子华英语成功学（平装）</title>
        <author>杜子华</author>
        <language>中文</language>
        <price>￥15</price>
        <year>2002</year>
        <press>新华出版社</press>
    </book>
    <book>
        <title>登上健康快车</title>
        <author>洪昭光等</author>
        <language>中文</language>
        <price>￥12</price>
        <year>2002</year>
        <press>北京出版社</press>
    </book>
</catalog>
```

<!-- 以下是 tu8-4.xsl 的内容，它从 XML 文件中提取出了书的"书名"和"单价"信息 -->
```
<?xmlversion="1.0" encoding="gb2312"?>
<xsl:stylesheet version="1.0"xmlns:xsl="http://www.w3.org/1999/XSL/Transform">
<xsl:template match="/">
    <html>
    <body>
    <table border="1" align="center">
        <tr>
            <th>书名</th>
            <th>单价</th>
        </tr>
        <xsl:for-each select="catalog/book">
        <tr>
            <td><xsl:value-of select="title"/></td>
            <td><xsl:value-of select="price"/></td>
        </tr>
        </xsl:for-each>
    </table>
    </body>
    </html>
</xsl:template>
</xsl:stylesheet>
```

在浏览器中打开 tu8-4.xml 文件，显示效果如图 8-4 所示。

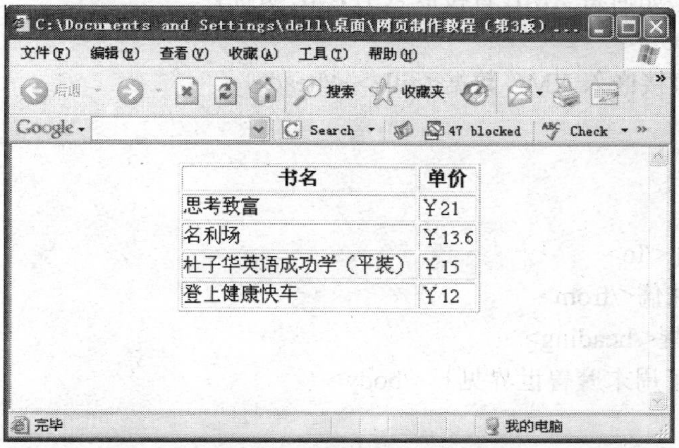

图 8-4　使用 XSL 在浏览器中显示 XML 文档

在 tu8-4.xml 文件中，第二行语句：

<?xml-stylesheet type="text/xsl" href="tu8-4.xsl"?>

说明此 XML 文件要采用同目录下的 XSL 样式表文件 tu8-4.xsl 辅助显示。

在 tu8-4.xsl 文件（因为本质也是 XML 文件，所以可以直接用"记事本"程序编辑，然后保存为 .xsl 文件）中，第二行语句：

<xsl:stylesheet version="1.0"xmlns:xsl="http://www.w3.org/1999/XSL/Transform">

定义了 stylesheet 标记，并说明它属于 xsl 名称空间。

第三行语句：

<xsl:template match="/">

指定把 XML 标记以 HTML 标记符的形式显示，match="/"表示匹配根元素。

后面的语句序列：

<xsl:for-each select="catalog/book">

<tr>

<td><xsl:value-of select="title"/></td>

<td><xsl:value-of select="price"/></td>

</tr>

</xsl:for-each>

在整个 XML 文件中查找所有与模板相匹配的标记，然后把匹配标记的内容以表格的形式输出到浏览器。其中，<xsl:for-each select="catalog/book">语句用来选择每个 book 元素，而<xsl:value-of select="title"/>表示 title 元素的内容。

8.3.4　在 HTML 中嵌入 XML 数据

在 IE 中，通过使用非正式的<xml>标记，能将 XML 以数据岛的形式嵌入到 HTML 页面中。XML 数据既能直接嵌入到 HTML 页面中，也可以以链接的方式嵌入。嵌入的数据能通过绑定的方式在浏览器中显示。

1. 直接嵌入 HTML 页面

以下实例显示了如何将 XML 直接嵌入 HTML 页面。

```
<html>
<head> <title>直接嵌入 XML 数据</title> </head>
<body>
<xmlid="note">
<note>
    <to>亡灵巫师</to>
    <from>超级侏儒</from>
    <heading>提醒</heading>
    <body>别忘了周末魔兽世界见！</body>
</note>
</xml>
<table border="1" datasrc="#note">
<tr>
    <td><span datafld="to"></span></td>
    <td><span datafld="from"></span></td>
<td><span datafld="body"></span></td>
</tr>
</table>
</body>
```

在该实例中，数据岛通过 datasrc 属性与 HTML 的表格绑定，然后是 td 元素通过使用 span 元素的 datafld 属性和 XML 数据绑定。在浏览器中打开该页面，显示效果如图 8-5 所示。

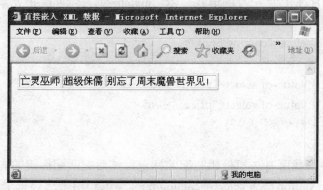

图 8-5　直接嵌入了 XML 的 HTML 页面

注意：<xml>是一个 HTML 元素，而不是一个 XML 元素。

2. 链接外部 XML 文档

也可以在 HTML 页面中以链接的方式嵌入一个外部 XML 文件，如以下实例所示。

```
<html>
<head> <title>链接外部的 XML 文档</title> </head>
```

```
<body>
<xmlid="catalog" src="tu8-4.xml"> <!--  使用 8.3.3 节中的 XML 文件--> </xml>
<table border="1" datasrc="#catalog">
<tr>
    <td><span datafld="title"></span></td>
    <td><span datafld="price"></span></td>
</tr>
</table>
</body>
```

在这个例子中，一个 XML 数据岛（id="catalog"）从外部 XML 文档（"tu8-4.xml"）中载入，然后与 HTML 表格绑定，并在 td 元素里通过使用 span 元素的 datafld 属性和 XML 数据绑定。在浏览器中打开该页面，显示效果如图 8-6 所示。

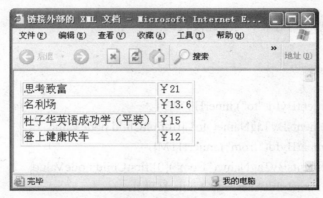

图 8-6　嵌入了 XML 文档的 HTML 页面

8.3.5　用 JavaScript 显示 XML 数据

在 IE 中，如果要使用 JavaScript 操纵 XML 数据，首先应创建一个 XML 文档对象，如下所示。

varxmlDoc=new ActiveXObject("Microsoft.XMLDOM")

如果要将现有的 XML 文档加载到 XML 解析器中，应使用以下代码：

```
<script type="text/javascript">
    varxmlDoc=new ActiveXObject("Microsoft.XMLDOM");
    xmlDoc.async="false";
    xmlDoc.load("note.xml");
    …
</script>
```

其中第一行脚本建立了 MicrosoftXML 解析器的引用，第二行关闭了异步载入以确保脚本不会在加载完成前开始执行，第三行告诉解析器加载一个名叫"note.xml"的 XML 文档。

以下通过一个具体的实例来说明如何用 JavaScript 显示 XML 数据。以下是该实例中的 HTML 文件。

```
<html>
<head> <title>用 JavaScript 显示 XML</title>
<script type="text/javascript">
varxmlDoc
function loadXML( )
{
if (window.ActiveXObject)   // 适用于 IE 的代码
  {
 xmlDoc = new ActiveXObject("Microsoft.XMLDOM");
 xmlDoc.async=false;
 xmlDoc.load("note.xml");
  getmessage( );
  }
else {   alert（'您的浏览器不支持此段代码'）;     }
}
function getmessage( )
{
document.getElementById("to").innerHTML=
  xmlDoc.getElementsByTagName("to")[0].firstChild.nodeValue;
document.getElementById("from").innerHTML=
  xmlDoc.getElementsByTagName("from")[0].firstChild.nodeValue;
document.getElementById("message").innerHTML=
  xmlDoc.getElementsByTagName("body")[0].firstChild.nodeValue;
}
</script>
</head><body onload="loadXML( )" bgcolor="yellow">
<h1>便条</h1>
<p><b>收件人：</b> <span id="to"></span><br />
<b>发件人：</b> <span id="from"></span>
<hr />
<b>内容：</b> <span id="message"></span>
</p>
</body>
</html>
```

说明：在以上代码中，document 的 getElementById( ) 方法用于通过 id 属性获取 HTML 元素，而 HTML 元素的 innerHTML 属性表示该元素中包含的 HTML 内容。语句 xmlDoc.getElementsByTagName("from")[0].firstChild.nodeValue;用于通过标记名获得 XML 元素中包含的内容，有关的详细信息，请参阅有关 XMLDOM 的文档和参考书。

以下是该实例中的 XML 文档（note.xml）：

```
<?xmlversion="1.0" encoding=" gb2312" ?>
<note>
    <to>古怪的兽人</to>
    <from>高个子的矮人</from>
    <heading>提醒</heading>
    <body>别忘了周末魔兽世界见！</body>
</note>
```

该实例在浏览器中的显示效果如图 8-7 所示。

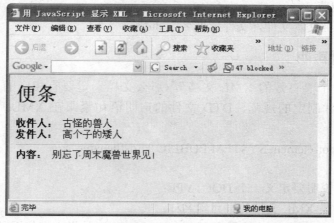

图 8-7　使用 JavaScript 显示 XML 数据

8.4　文件类型定义

文件类型定义（Document Type Definition，DTD）允许用户定义在 XML 文档中出现的元素、元素出现的次序、元素之间如何相互嵌套以及 XML 文档结构的其他详细信息。本节介绍有关 DTD 的基本知识。

8.4.1　什么是 DTD

DTD 允许用户定义 XML 文档的组织结构，例如，可以像下面一样为第 8.1.2 节中介绍的地址信息 XML 定义以下 DTD（address.dtd）。

```
<!ELEMENT address (name, city, street, postal-code)>
<!ELEMENT name (first-name, last-name, title?)>
<!ELEMENT first-name (#PCDATA)>
<!ELEMENT last-name (#PCDATA)>
<!ELEMENT title (#PCDATA)>
<!ELEMENT city (#PCDATA)>
<!ELEMENT street (#PCDATA)>
<!ELEMENT postal-code (#PCDATA)>
```

<!ATTLIST city province CDATA #REQUIRED>

在这个文件类型定义中，我们定义了以下元素：address 包含 name，city，street 和 postal-code 元素； name 包含 first-name，last-name 和一个可选的 title 元素；以及其他显示文本数据的元素（#PCDATA 元素代表已解析的字符元素，在该元素中不能再包含其他元素）。同时，我们为 city 元素定义了一个必需的 province 属性。

为 XML 文档定义 DTD 后，文档必须包含 DTD 中定义的所有元素，并且要按照 DTD 中的元素顺序在文档中出现。如果 XML 文档不符合 DTD 的规则，那么它就不是"有效的"XML 文档。第 8.4.6 节将介绍如何验证 XML 文档是否为"有效的"，也就是说，验证其是否符合为其定义的 DTD 规范。

DTD 文件也是纯文本文件，文件扩展名为.dtd。

8.4.2   DTD 文件声明

如果文档是一个"有效的 XML 文档"，那么文档一定要有相应的 DTD 文件，并且严格遵守 DTD 文件制定的规范。DTD 文件的声明语句紧跟在 XML 声明语句后面，格式如下。

<!DOCTYPE root-element SYSTEM/PUBLIC "dtd-filename">

其中，

"!DOCTYPE" 说明要定义一个 DOCTYPE；

"root-element" 是 XML 文档的根元素名称；

"SYSTEM/PUBLIC" 这两个参数只用其一，SYSTEM 是指文档使用私有的 DTD 文件，而 PUBLIC 则指文档调用一个公用的 DTD 文件；

"dtd-filename" 就是 DTD 文件的地址和名称。

例如，对于我们一直使用的地址信息的 XML 文档，可以使用如下语句：

<?xmlversion="1.0" encoding="gb2312"?>

<!DOCTYPE address SYSTEM "address.dtd">

<address>

    …

</address>

使其遵守前面定义的 address.dtd 文件的 DTD。

实际上，还可以将 DTD 直接包含在文档中，格式如下。

<!DOCTYPE root-element [element-declarations]>

例如，对于地址信息 XML 文档，可以用以下方式将 DTD 直接包含在文档中。

<?xmlversion="1.0" encoding="gb2312"?>

<!DOCTYPE address [

<!ELEMENT address (name, city, street, postal-code)>

<!ELEMENT name (first-name, last-name, title?)>

<!ELEMENT first-name (#PCDATA)>

<!ELEMENT last-name (#PCDATA)>

<!ELEMENT title (#PCDATA)>

```
<!ELEMENT city (#PCDATA)>
<!ELEMENT street (#PCDATA)>
<!ELEMENT postal-code (#PCDATA)>
<!ATTLIST city province CDATA #REQUIRED>
]>
<address>
    …
</address>
```

这与前面调用独立的 DTD 文件效果一样。

8.4.3 元素的声明

1．XML 文档的构成

对于 DTD 来说，任何 XML 文档都是由以下部件构成的。

- 元素：元素中可以包含文本、其他元素，或者为空。
- 属性：属性为元素提供额外信息，它总是位于元素的开始标记中，并以"名称/值"对的形式出现。
- 实体：实体是用于定义通用文本的变量。XML 中预定义的实体如下：&lt；表示<，&gt；表示>，&quot；表示"，&apos；表示'，&amp；表示&。当 XML 文档被解析时，实体会被替换为它所代替的内容。
- PCDATA：表示已解析的字符数据。PCDATA 数据会被 XML 解析器解析，也就是说，文本中的标记会被认为是标记，而实体会被替换为它所代替的内容。
- CDATA：表示字符数据。CDATA 数据不会被 XML 解析器解析，也就是说，文本中的标记将不被认为是标记，而实体也不会被替换。

2．声明一个元素

在 DTD 中要声明一个元素，应使用 ELEMENT 声明，如下所示。

```
<!ELEMENT element-name category>
```

或

```
<!ELEMENT element-name (element-content)>
```

其中，element-name 表示元素名称，category 表示特定类别的内容（例如 EMPTY 表示元素中不包含任何内容），element-content 表示元素中包含的内容。

3．空元素

如果要声明一个空元素，那么应使用类别关键字 EMPTY，如下所示。

```
<!ELEMENT element-name EMPTY>
```

例如，使用以下语句可以将 br 定义为空元素：`<!ELEMENT br EMPTY>`。

对应的 XML 元素应该为：`<br />`。

4．仅包括字符数据的元素

如果元素中只包括字符数据，那么应使用以下语法。

```
<!ELEMENT element-name (#PCDATA)>
```

例如，`<!ELEMENT city（#PCDATA）>` 定义 city 元素中只包括字符数据。

5. 内容任意的元素

如果在定义元素时使用了类别关键字 ANY，那么表示该元素中可以包含任意可解析的数据（例如其他元素或字符等），如下所示。

<!ELEMENT element-name ANY>

例如，<!ELEMENT note ANY>定义了 note 元素中可以包含任意可解析的数据，也就是说，对应的 XML 可以是：<note> <whatever>开个玩笑</whatever>随便吧</note>。

6. 包含子元素的元素

如果要定义子元素，它/它们应出现在元素名称后的括号里，如下所示。

<!ELEMENT element-name   (child-element-name)>

或

<!ELEMENT element-name   (child-element-name,child-element-name,…)>

例如，<!ELEMENT address (name, city, street, postal-code)>定义了 address 元素包括 name 等 4 个子元素，并且这 4 个元素也必须按照 name，city，street，postal-code 这样的顺序出现在 XML 文档中。如果 XML 文档中的 address 元素没有完全包含这 4 个元素，或者没有按指定的顺序包含，那么都认为该文档不是"有效的"。

在一个完整的元素声明中，为元素指定了子元素后，各子元素也必须被定义，但是不必按照指定的顺序。

7. 定义子元素的出现次数

在定义元素的子元素时，如果在括号中只使用子元素的名称，则表示该子元素必须出现一次，而且只能出现一次。例如，<!ELEMENT address（name, city, street, postal-code）>表示在 address 元素中 name 等 4 个子元素必须且只能出现一次。

如果在括号中的子元素名称后跟一个+号，则表示该子元素应该出现至少一次，也就是说，该子元素必须出现一次或多次。例如，<!ELEMENT booktitle（title+）>表示在 booktitle 元素中 title 子元素至少应该出现一次。

如果在括号中的子元素名称后跟一个*号，则表示该子元素应该出现零次（也就是不出现）或多次。例如，<!ELEMENT bookname（name*）>表示在 bookname 元素中 name 子元素可以出现或不出现，或者出现任意次。

如果在括号中的子元素名称后跟一个?号，则表示该子元素应该出现零次（也就是不出现）或一次。例如，<!ELEMENT name（first-name，last-name，title?）>表示 name 元素必须包含一个 first-name 元素、一个 last-name 元素和一个可选的 title 元素，并且是按照这个顺序出现。

8. 定义具有"或"关系的子元素

在定义元素的子元素时，可以用|号把不同的子元素分开，表示"或"的关系。例如，<!ELEMENT note (to,from,header,(message|body))>表示 note 元素包括一个 to 元素、一个 from 元素、一个 head 元素和一个 message 或 body 元素（也就是说，message 和 body 两个只出现其一）。

9. 综合多种情况的元素声明

我们也可以组合以上多种情况，声明比较复杂的元素。例如，<!ELEMENT body (title?, table-align, (left | center | right)?, text*)> 表示 body 元素包含一个可选的 title 元素、一个 table-align 元素、一个可选的 left 或 center 或 right 元素，最后是任意多个 text 元素。

8.4.4　属性的声明

在 DTD 中用户不仅可以定义元素来组织文档，还可以定义元素的属性。用户可以为元素定义哪些属性是必需的，属性的默认值，以及属性的有效值。

在 DTD 中，要声明一个属性，应使用 ATTLIST 声明，如下所示。

<!ATTLIST element-name attribute-name attribute-type default-value>

其中，element-name 表示属性所属的元素，attribute-name 表示属性的名称，attribute-type 表示属性值的类型，default-value 表示默认属性值。

例如，<!ATTLIST payment type CDATA "credit">表示元素 payment 具有一个属性 type，该属性的取值是字符数据，默认属性值设置为"credit"。对应的有效 XML 可以是：<payment type="cash" />。

attribute-type 的可能取值如表 8-1 所示（前两种最常用）。

表 8-1　　　　　　　　　　　　　　　attribute-type 的取值

值	含　义
CDATA	取值是字符数据
(en1|en2|..)	取值必须是枚举列表中的一个元素。例如，<!ATTLIST payment type (credit|cash) "cash">表示 type 的取值要么是 credit，要么是 cash
ID	取值是一个唯一的 ID
IDREF	取值是另一个元素的 ID
IDREFS	取值是其他一系列元素的 ID
NMTOKEN	取值是一个有效的 XML 名称
NMTOKENS	取值是一系列有效的 XML 名称
ENTITY	取值是一个实体
ENTITIES	取值是一系列实体
NOTATION	取值是一个符号（notation）的名称
xml:	取值是一个预定义的 xml 值

default-value 的可能取值如表 8-2 所示。

表 8-2　　　　　　　　　　　　　　　default-type 的取值

值	含　义
value	属性的默认值
#REQUIRED	该属性必须包含在元素中，但不需指定默认值。例如，对于<!ATTLIST person number CDATA #REQUIRED>，以下 XML 是有效的：<person number="3435" />。而以下 XML 是无效的：<person />
#IMPLIED	该属性不必须包含在元素中，也无需指定默认值。例如，对于<!ATTLIST contact fax CDATA #IMPLIED>，以下 XML 是有效的：<contact />
#FIXED value	该属性的值是固定的，只能等于 value。例如，对于<!ATTLIST sender company CDATA #FIXED "Microsoft">，以下 XML 是有效的：<sender company="Microsoft" />。而以下 XML 是无效的：<sender company="ABC" />

8.4.5　实体的声明

实体是一种用于定义常用文本快捷方式的变量，可以声明内部实体，也可以声明外部实体。

1. 声明内部实体

如果实体的内容本身比较简单，那么可以直接定义在当前 DTD 内。内部实体声明的语法如下。

`<!ENTITY entity-name "entity-value">`

例如，如果定义了以下实体：`<!ENTITY writer "王红">`，那么在 XML 中就可以用&writer;来引用它：`<author>&writer; </author>`。

2. 声明外部实体

如果实体内容不是几个单词，而是大段的文章，甚至是具有一定结构的文本内容（例如用 XML 标记的内容），那么应使用外部实体声明。外部实体声明的语法如下。

`<!ENTITY entity-name SYSTEM "file-location">`

其中，关键字 SYSTEM 表示实体的定义存在于不同的文件中，这个文件由"file-location"指定。例如，`<!ENTITY chap1 SYSTEM "chap1.xml">` 定义了一个外部实体 chap1，其内容存储于一个外部 XML 文件（与当前文件处于同一目录），如果在当前 XML 文件中用&chap1;来引用该实体，则 chap1.xml 文件中的内容将被展开。

8.4.6　验证 XML

我们知道，只有当 XML 文档既符合 XML 语法规范，也符合其 DTD 规范时，它才能被称为"有效的"。IE 浏览器能够显示出无效 XML 代码中的错误，但如果要验证 XML 文档是否与 DTD 符合，则需要特定的验证程序。实际上，几乎所有 XML 编辑器都具有验证功能，例如 XMLSpy，Dreamweaver（在 Dreamweaver MX 2004 中打开 XML 文档后，选择"文件"菜单"检查页"子菜单中的"验证为 XML"命令可以进行验证）等。

用户也可以通过使用以下代码利用 IE 自带的解析器来验证 XML 文档。

```
<html>
<head><title>验证 XML 文档</title></head>
<body>
<h3>以下将显示验证结果：</h3>
<script type="text/javascript">
varxmlDoc = new ActiveXObject("Microsoft.XMLDOM");
xmlDoc.async="false";
xmlDoc.validateOnParse="true"; //打开解析器的验证功能
xmlDoc.load("address_dtd_error.xml");  //此处装载需要验证的 XML 文档
    // address_dtd_error.xml 文件对应于第 8.4.2 节中的 XML 文档（需要包括第 8.1.2 节
    // 中的 XML 文档内容），但在 XML 文档中删除 city 元素的 province 属性
document.write("<br />错误代码：");
document.write(xmlDoc.parseError.errorCode);  //显示错误码
```

document.write("
错误原因：");

document.write(xmlDoc.parseError.reason);　//显示错误原因

document.write("
出错行数：");

document.write(xmlDoc.parseError.line);　//显示出错行数

</script>

</body>

</html>

在浏览器中显示此 HTML 页，效果如图 8-8 所示。

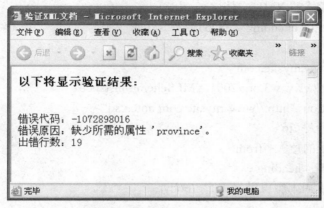

图 8-8　在浏览器中显示验证结果

8.5　XML 模式

XML 模式（Schema）可以定义能在 DTD 中使用的所有文档结构，它还可以定义数据类型和比 DTD 复杂的规则。本节介绍有关 XML 模式的基本知识。

8.5.1　XML 模式基础

1．什么是模式

XML 模式是基于 XML 的用于定义 XML 文档结构的技术，它是 DTD 的替代技术。XML 模式语言也叫做 XML 模式定义（XMLSchema Definition（XSD））。XML 模式文件也是纯文本文件，文件扩展名为.xsd。

模式是指一组为了描述一类给定的 XML 文档而预先定好的规则，它指定了两方面的信息，一是文档的结构信息（例如，哪几个元素是其他元素的子元素，子元素出现的顺序和数量等），二是每个元素和属性的数据类型。虽然 DTD 也能一定程度上做到这两点，但是使用 XML 模式，用户能够更好地定义什么样的 XML 文档是有效的。

XML 模式与 DTD 相比有下面几个优势。

● XML 模式使用 XML 语法。换句话说，XML 模式是一个 XML 文档，这意味着用户可以像处理任何其他文档一样处理模式。显然，DTD 并不是这样。

● XML 模式支持数据类型并且可扩展。尽管 DTD 也支持数据类型，但支持的数据类型非常有限（只有 10 种），而 XML 模式不但支持 DTD 中的所有原始数据类型，还支持整数、浮点数、日期、时间、字符串、URL 以及其他对数据处理和验证有用的数据类型。XML 模式支持 44 种以上的数据类型，并且还可以自定义数据类型。

- XML 模式有更强的表达能力。例如，可以用 XML 模式定义某元素的子元素以任意顺序出现，或定义某元素的值必须符合一些特殊条件（例如具有唯一性或者满足某正规表达式），而 DTD 是做不到这些的。

2. 如何使用模式

下面通过一个具体的实例来说明如何使用 XML 模式。

以下是指定了模式的 XML 文档。

```
<?xmlversion="1.0" encoding="gb2312"?>
<note
xmlns="http://www.mysite.com"
xmlns:xsi="http://www.w3.org/2001/XMLSchema-instance"
xsi:schemaLocation="http://www.mysite.com note.xsd">
    <to>古怪的兽人</to>
    <from>高个子的矮人</from>
    <heading>提醒</heading>
    <body>别忘了周末魔兽世界见！</body>
</note>
```

其中，xmlns="http://www.mysite.com" 指定了默认的名称空间，此名称空间声明告诉模式验证程序此 XML 文档中使用的所有元素都用于 "http://www.mysite.com" 名称空间；xmlns:xsi="http://www.w3.org/2001/XMLSchema-instance"指定了 XML 模式实例（XMLSchema Instance）名称空间；xsi:schemaLocation="http://www.mysite.com note.xsd" 则指定了在 "http://www.mysite.com"名称空间上使用 note.xsd 模式文件。

对应的模式文件（note.xsd）如下。

```
<?xmlversion="1.0" encoding="gb2312"?>
<xs:schemaxmlns:xs="http://www.w3.org/2001/XMLSchema"
targetNamespace="http://www.mysite.com"
xmlns="http://www.mysite.com"
elementFormDefault="qualified">
<xs:element name="note">
    <xs:complexType>
      <xs:sequence>
        <xs:element name="to" type="xs:string"/>
        <xs:element name="from" type="xs:string"/>
        <xs:element name="heading" type="xs:string"/>
        <xs:element name="body" type="xs:string"/>
      </xs:sequence>
    </xs:complexType>
```

　　　　</xs:element>

　　　　</xs:schema>

其中，schema 元素是 XML 模式的根元素，所有模式定义都位于<xs:schema>和</xs:schema>之间；xmlns:xs="http://www.w3.org/2001/XMLSchema"说明在此模式中使用的元素和数据类型来自"http://www.w3.org/2001/XMLSchema"名称空间，同时此语句也指出来自该名称空间的元素和数据类型应该使用 xs：前缀；targetNamespace="http://www.mysite.com"指出由此模式定义的元素来自"http://www.mysite.com"名称空间；xmlns="http://www.mysite.com"表示默认的名称空间是"http://www.mysite.com"；elementFormDefault="qualified"表示在此模式中声明的 XML 实例文档使用的任何元素都必须符合名称空间规定。

　　与使用 DTD 时类似，如果要验证 XML 文档是否符合模式的规定，以确定该文档是否"有效"，应使用 XML 编辑器的验证功能（例如使用 Dreamweaver MX 2004"文件"菜单"检查页"子菜单中的"验证为 XML"命令）。使用第 8.4.6 节中介绍的代码无法验证 XML 文档是否符合模式规定。

8.5.2　使用模式定义简单类型

　　1. 定义简单元素

　　简单元素就是指只包含文本的 XML 元素，也就是说，简单元素不包含其他元素或属性。定义简单元素的语法如下。

　　　　<xs:element name="xxx" type="yyy"/>

其中，xxx 是元素的名称，而 yyy 是元素的数据类型。XML 模式包括很多内建的数据类型，最常用的有：xs:string，xs:decimal，xs:integer，xs:boolean，xs:date 和 xs:time。

　　例如，<xs:element name="lastname" type="xs:string"/>定义了 name 元素，其数据类型是字符串；而<xs:element name="age" type="xs:integer"/>定义了 age 元素，其数据类型是整数。对应的 XML 元素可以是：<lastname>Randy</lastname>和<age>32</age>。

　　对于简单元素，可以给其指定默认值或者固定值。默认值是指如果不为其指定值时自动采用的值，例如：

　　　　<xs:element name="color" type="xs:string" default="red"/>

表示 color 元素的默认值是"red"。

　　固定值是指元素的值是固定不变的，例如：

　　　　<xs:element name="color" type="xs:string" fixed="red"/>

表示 color 元素的值只能是"red"。

　　2. 定义属性

　　需要说明的是，所有的属性都是简单类型。定义属性的语法如下。

　　　　<xs:attribute name="xxx" type="yyy"/>

其中，xxx 是属性的名称，而 yyy 是属性的数据类型。

　　例如，<xs:attribute name="lang" type="xs:string"/>定义了 lang 属性，其数据类型是字符串，其对应的 XML 元素可以是：<lastname lang="EN">Ellen</lastname>。

　　说明：属性与元素的关系是在定义复杂元素时指定的，具体请参见第 8.5.3 节。

　　对于属性值，也可以给其指定默认值或者固定值。例如，<xs:attribute name="lang"

type="xs:string" default="EN"/>表示 lang 属性的默认值是"EN"；而<xs:attribute name="lang" type="xs:string" fixed="EN"/>表示 lang 属性的值只能是"EN"。

属性在默认的情况下是可选的，如果要将其指定为必需，可以使用"use"属性，如下所示。

`<xs:attribute name="lang" type="xs:string" use="required"/>`

3．定义限制

当为一个 XML 元素或属性设置了数据类型后，也就为其内容设定了限制。例如，如果元素的类型是"xs:date"，但其中却包含了一个"Hello"这样的字符串，那么就认为它不是"有效的"。

在 XML 模式中，用户还可以为元素和属性添加多种自定义的限制，例如限制数的取值范围或限制字符串的模式（pattern）等。表 8-3 列出了为数据类型添加限制的限制词。

表 8-3 为数据类型添加限制的限制词

限 制 词	含 义
enumeration	定义了一系列可以允许的值
fractionDigits	指定最大小数位数（即小数点后的最大位数），必须大于等于 0
length	指定字符串的确切长度，必须大于等于 0
maxExclusive	指定数字的最大值（不包括此值）
maxInclusive	指定数字的最大值（包括此值）
maxLength	指定字符串的最大长度，必须大于等于 0
minExclusive	指定数字的最小值（不包括此值）
minInclusive	指定数字的最小值（包括此值）
minLength	指定字符串的最小长度，必须大于等于 0
pattern	定义确切的可接受的字符序列
totalDigits	指定数字的确切位数，必须大于 0
whiteSpace	指定如何处理空格字符（回车、换行、制表符和空格）

例如，在以下示例中，car 元素的值（即包含在<car>和</car>之间的内容）中只能包含字符串 Audi，Benz 或 BMW。

```
<xs:element name="car">
<xs:simpleType>
  <xs:restriction base="xs:string">
    <xs:enumeration value="Audi"/>
    <xs:enumeration value="Benz"/>
    <xs:enumeration value="BMW"/>
  </xs:restriction>
</xs:simpleType>
</xs:element>
```

在以下示例中，age 元素的值必须不小于 0 且不大于 120。

`<xs:element name="age">`

```
<xs:simpleType>
    <xs:restriction base="xs:integer">
        <xs:minInclusive value="0"/>
        <xs:maxInclusive value="120"/>
    </xs:restriction>
</xs:simpleType>
</xs:element>
```

在以下示例中，password 元素的值必须是 5~8 个字符。

```
<xs:element name="password">
<xs:simpleType>
    <xs:restriction base="xs:string">
        <xs:minLength value="5"/>
        <xs:maxLength value="8"/>
    </xs:restriction>
</xs:simpleType>
</xs:element>
```

在以下示例中，password 元素的值必须是 8 位的，且只能是字母和数字。

```
<xs:element name="password">
<xs:simpleType>
    <xs:restriction base="xs:string">
        <xs:pattern value="[a-zA-Z0-9]{8}"/>
    </xs:restriction>
</xs:simpleType>
</xs:element>
```

说明：有关如何指定字符串的模式（pattern），请参阅有关 "文本模式匹配" 的资料。

8.5.3　使用模式定义复杂类型

有 4 种类型的复杂元素：包含属性的空元素、仅包含子元素的元素、仅包含文本的有属性的元素，以及混合性（即同时包含子元素、属性和文本）的元素。

1. 定义有属性的空元素

<product prodid="1234" />就是一个有属性的空元素，可以用以下方式用 XML 模式定义该元素。

```
<xs:element name="product">
    <xs:complexType>
        <xs:attribute name="prodid" type="xs:positiveInteger"/>
    </xs:complexType>
</xs:element>
```

2. 定义仅包含子元素的元素

一个仅包含子元素的 XML 元素如下所示。

```
<person>
    <firstname>Randy</firstname>
    <lastname>Zhao</lastname>
</person>
```

可以用以下方式用 XML 模式定义该元素。

```
<xs:element name="person">
  <xs:complexType>
    <xs:sequence>
      <xs:element name="firstname" type="xs:string"/>
      <xs:element name="lastname" type="xs:string"/>
    </xs:sequence>
  </xs:complexType>
</xs:element>
```

其中，<xs:sequence>标记表示所定义的子元素（"firstname"和"lastname"）在 person 元素种必须以该顺序出现。

3. 定义仅包含文本的有属性的元素

要使用 XML 模式定义仅包含文本的有属性的元素，应使用：

```
<xs:element name="somename">
  <xs:complexType>
    <xs:simpleContent>
      <xs:extension base="basetype">
        ...
      </xs:extension>
    </xs:simpleContent>
  </xs:complexType>
</xs:element>
```

或者：

```
<xs:element name="somename">
  <xs:complexType>
    <xs:simpleContent>
      <xs:restriction base="basetype">
        ...
      </xs:restriction>
    </xs:simpleContent>
  </xs:complexType>
</xs:element>
```

说明：extension 元素用于扩展基本类型，而 restriction 元素用于限制基本类型。有关的详细信息，请参阅 W3C 网站上有关 XML 模式的说明。

例如，<shoesize country="US"> 8 </shoesize> 是一个仅包含文本的有属性的 XML 元素，

为它指定的模式如下。

```
<xs:element name="shoesize">
  <xs:complexType>
    <xs:simpleContent>
      <xs:extension base="xs:integer">
        <xs:attribute name="country" type="xs:string" />
      </xs:extension>
    </xs:simpleContent>
  </xs:complexType>
</xs:element>
```

4. 定义混合型的元素

如果要将子元素和文本混合, 那么应将 xs:complexType 的 mixed 属性设置为 true, 如下所示。

```
<xs:element name="letter">
  <xs:complexType mixed="true">
    <xs:sequence>
      <xs:element name="name" type="xs:string"/>
      <xs:element name="orderid" type="xs:positiveInteger"/>
      <xs:element name="shipdate" type="xs:date"/>
    </xs:sequence>
  </xs:complexType>
</xs:element>
```

该模式定义的 XML 元素如下。

```
<letter>
Dear Mr.<name>John Smith</name>.
Your order <orderid>1032</orderid>
will be shipped on <shipdate>2006-09-12</shipdate>.
</letter>
```

5. 为复杂类型命名

不论是在定义以上 4 种元素中的哪一种, 都可以指定 xs:complexType 元素的 name 属性, 以便为其命名, 从而使多个元素能使用同一个复杂类型。例如, 在以下模式定义中, 元素 employee, student 和 member 都使用了相同的复杂类型。

```
<xs:element name="employee" type="personinfo"/>
<xs:element name="student" type="personinfo"/>
<xs:element name="member" type="personinfo"/>
<xs:complexType name="personinfo">
  <xs:sequence>
    <xs:element name="firstname" type="xs:string"/>
    <xs:element name="lastname" type="xs:string"/>
  </xs:sequence>
```

```
  </xs:complexType>
```

实际上，还可以基于一个复杂类型定义另外一个复杂类型，如下所示。

```
<xs:element name="employee" type="fullpersoninfo"/>
<xs:complexType name="personinfo">
  <xs:sequence>
    <xs:element name="firstname" type="xs:string"/>
    <xs:element name="lastname" type="xs:string"/>
  </xs:sequence>
</xs:complexType>
<xs:complexType name="fullpersoninfo">
  <xs:complexContent>
    <xs:extension base="personinfo">
      <xs:sequence>
        <xs:element name="address" type="xs:string"/>
        <xs:element name="city" type="xs:string"/>
        <xs:element name="country" type="xs:string"/>
      </xs:sequence>
    </xs:extension>
  </xs:complexContent>
</xs:complexType>
```

6. 使用复杂类型指示器

在 XML 模式中，共有 3 类 7 种指示器。

第一类是顺序指示器，包括 all，choice 和 sequence。all 表示子元素可以以任意次序出现，并且每个子元素只出现一次；choice 表示两个子元素是"或"的关系，即两者只出现其一；sequence 表示每个子元素只能按照指定顺序出现（如前面的例子所示）。

说明：使用 all 元素指示器时，可以将 minOccurs 指示器设置为 0 或 1， maxOccurs 指示器只能设置为 1。稍后即介绍 minOccurs 和 maxOccurs 指示器。

例如，以下模式说明 person 的两个子元素必须出现一次，但可以以任意顺序出现。

```
<xs:element name="person">
  <xs:complexType>
    <xs:all>
      <xs:element name="firstname" type="xs:string"/>
      <xs:element name="lastname" type="xs:string"/>
    </xs:all>
  </xs:complexType>
</xs:element>
```

而以下模式说明 person 的子元素或者是 employee，或者是 member。

```
<xs:element name="person">
  <xs:complexType>
```

```
    <xs:choice>
        <xs:element name="employee" type="employee"/>
        <xs:element name="member" type="member"/>
    </xs:choice>
    </xs:complexType>
</xs:element>
```

第二类指示器是出现次数指示器，包括 maxOccurs 和 minOccurs。maxOccurs 指示一个元素最多可以出现多少次（其默认值是 1），如果设置 maxOccurs="unbounded"，则表示可出现的次数不限；minOccurs 表示一个元素最少应出现多少次（其默认值是 1）。

例如，以下模式说明元素 person 的子元素 child_name 应出现 0～5 次（如果不设置 minOccurs="0"，则表示出现 1～5 次；如果不设置 maxOccurs，则表示出现 0～1 次）。

```
<xs:element name="person">
<xs:complexType>
<xs:sequence>
    <xs:element name="full_name" type="xs:string"/>
    <xs:element name="child_name" type="xs:string"
        maxOccurs="5" minOccurs="0"/>
    </xs:sequence>
    </xs:complexType>
</xs:element>
```

第三类指示器是组指示器，包括 group 和 attributeGroup。

group 元素用于定义一个元素组，其中必须定义一个 all，choice 或 sequence 元素。定义了一个元素组后，就可以在其他元素中引用该组，如下所示。

```
<xs:group name="persongroup">
<xs:sequence>
    <xs:element name="firstname" type="xs:string"/>
    <xs:element name="lastname" type="xs:string"/>
    <xs:element name="birthday" type="xs:date"/>
    </xs:sequence>
</xs:group>
<xs:element name="person" type="personinfo"/>
<xs:complexType name="personinfo">
    <xs:sequence>
     <xs:group ref="persongroup"/>
     <xs:element name="country" type="xs:string"/>
    </xs:sequence>
</xs:complexType>
```

attributeGroup 元素与 group 元素的用法类似，不同的是它定义的是一个属性组，如下所示。

```
<xs:attributeGroup name="personattrgroup">
```

```
        <xs:attribute name="firstname" type="xs:string"/>
        <xs:attribute name="lastname" type="xs:string"/>
        <xs:attribute name="birthday" type="xs:date"/>
    </xs:attributeGroup><xs:element name="person">
        <xs:complexType>
            <xs:attributeGroup ref="personattrgroup"/>
        </xs:complexType>
</xs:element>
```

7. XML 模式实例

以下是一个与第 8.4.1 节中介绍的地址信息 DTD（address.dtd）相匹配的 XML 模式文件（address.xsd），但它增加了一个约束条件：postal-code 元素的值必须是 6 个字符。

```
<?xmlversion="1.0" encoding="gb2312"?>
<xs:schemaxmlns:xs="http://www.w3.org/2001/XMLSchema"
    targetNamespace="http://www.test.com"
    xmlns="http://www.test.com"
    elementFormDefault="qualified">
<xs:element name="address">
    <xs:complexType>
      <xs:sequence>
        <xs:element ref="name"/>
        <xs:element ref="city"/>
        <xs:element ref="street"/>
        <xs:element ref="postal-code"/>
      </xs:sequence>
    </xs:complexType>
</xs:element>
<xs:element name="name">
    <xs:complexType>
      <xs:sequence>
        <xs:element ref="first-name"/>
        <xs:element ref="last-name"/>
        <xs:element ref="title" minOccurs="0"/>
      </xs:sequence>
    </xs:complexType>
</xs:element>
<xs:element name="first-name" type="xs:string"/>
<xs:element name="last-name" type="xs:string"/>
<xs:element name="title" type="xs:string"/>
<xs:element name="city">
```

```
    <xs:complexType>
      <xs:simpleContent>
        <xs:extension base="xs:string">
          <xs:attribute name="province" type="xs:string" />
        </xs:extension>
      </xs:simpleContent>
    </xs:complexType>
  </xs:element>
  <xs:element name="street"    type="xs:string"/>
  <xs:element name="postal-code">
    <xs:simpleType>
      <xs:restriction base="xs:string">
        <xs:length value="6"/>
      </xs:restriction>
    </xs:simpleType>
  </xs:element>
</xs:schema>
```

说明：在以上定义中，使用了 xs:element 元素的 ref 属性对元素进行了引用，从而使得文档的结构更加清楚。

要使用此模式文件，对应的 XML 文档如下。

```
<?xmlversion="1.0" encoding="gb2312"?>
<address xmlns="http://www.test.com"
xmlns:xsi="http://www.w3.org/2001/XMLSchema-instance"
xsi:schemaLocation="http://www.test.com address.xsd">
  <name>
      <first-name> 张 </first-name>
      <last-name> 三 </last-name>
      <title> 先生 </title>
  </name>
  <city province="BJ"> 北京 </city>
  <street> 海淀区 白石桥 </street>
  <postal-code>100081</postal-code>
</address>
```

如果在 Dreamweaver 中打开此 XML 文档并进行验证，可知此文档是"有效的"。

8.6　XML 样式表（XSL）

XSL 表示扩展样式语言（eXtensible Stylesheet Language），它是格式化 XML 文档的标准

方式。本节介绍 XSL 的基础知识。

8.6.1　XSL 简介

正如 CSS 是用于 HTML 的样式表一样，XSL 是用于 XML 文档的样式表。不过，由于 XML 没有预定义的标记，它的使用方式与 CSS 有所不同。

XSL 包括如下 3 部分。

- XSLT：用于转换 XML 文档的一种语言。
- XPath：用于在 XML 文档中定位的一种语言。
- XSL-FO：用于格式化 XML 文档。

其中，XSLT 是 XSL 中最重要的一部分，它表示 XSL 转换（XSL Transformation）。本书将集中介绍此技术，有关 XPath 和 XSL-FO 的详细信息，请参阅 W3C 网站上的相关资料。

XSLT 用于将一个 XML 文档转换为另一个 XML 文档（通常是 HTML/XHTML 文档），以便浏览器能够显示它。XSLT 使用 XPath 在文档中定位，使文档与预定义的模板相匹配，一旦匹配，XSLT 将把源文档中匹配的部分转换为目标文档。也就是说，XSLT 通过转换过程将 XML 源文档转换为一个 XML 目标文档。

8.6.2　使用 XSLT 将 XML 转换为 XHTML

1. 基本过程

根据第 8.3.3 节的实例可以知道，要使用 XSLT 将 XML 转换，应包括一个 XML 源文件和一个 XSLT 文件。在 XML 源文件中必须使用以下语句以添加对 XSLT 样式表的引用。

<?xml-stylesheet type="text/xsl" href="example.xsl"?>

在 XSLT 文件中，第一行是 XML 声明，因为 XSLT 本身也是 XML 文档；第二行是 XSLT 的根元素<xsl:stylesheet>（也可以是<xsl:transform>，二者完全等价），它声明了此文档是一个 XSL 样式表，并指定了名称空间；从第三行之后开始定义了模板，以便进行匹配，如下所示。

<?xmlversion="1.0" encoding="gb2312"?>

<xsl:stylesheet version="1.0"xmlns:xsl="http://www.w3.org/1999/XSL/Transform">

<xsl:template match="/">

<html>

…

</html>

</xsl:template>

</xsl:stylesheet>

说明：xmlns:xsl="http://www.w3.org/1999/XSL/Transform"指向正式的 W3CXSLT 名称空间。如果使用此名称空间，必须同时包含属性 version="1.0"。

2. xsl:template 元素

XSL 样式表是由一套或多套叫做模板（Template）的规则组成。每个模板包含一些规则，以便匹配特定的元素。

xsl:template 元素用于创建模板，其 match 属性用于将模板与一个 XML 元素关联。match 属性的值是一个 XPath 表达式。XPath 表达式就像是文件系统中的路径，例如，match="/"表示与整个 XML 文档关联，而 match="catalog/book"表示与 catalog 的子元素 book 关联。

3.　xsl:value-of 元素

xsl:value-of 元素用于提取指定元素的值，并将其添加到转换的输出流中。select 属性用于指定元素，它的值也是一个 XPath 表达式。例如，以下语句将 title 元素和 price 元素的值提取并显示在表格的单元格中。

<tr>

    <td>**<xsl:value-of select="catalog/book/title"/>**</td>

    <td>**<xsl:value-of select="catalog/book/price"/>**</td>

</tr>

4.　xsl:for-each 元素

xsl:for-each 元素用于在 XSLT 中设置循环，它可以选择某元素中的每一个子元素。xsl:for-each 元素也是用 select 属性指定元素。例如，以下语句将遍历 catalog 元素的每一个 book 子元素，并将 book 元素的 title 子元素和 price 子元素（此时使用的是类似相对路径的 XPath 表达式）分别提取并显示在表格单元格中。

<xsl:for-each select="catalog/book">

    <tr>

        <td><xsl:value-of select="title"/></td>

        <td><xsl:value-of select="price"/></td>

    </tr>

</xsl:for-each>

5.　xsl:sort 元素

xsl:sort 元素用于对输出进行排序，其 select 属性指定基于哪个 XML 元素进行排序。xsl:sort 元素一般位于 xsl:for-each 元素中。例如，以下语句将遍历 catalog 元素的每一个 book 子元素，并将 book 元素的 title 子元素和 price 子元素按照 price 元素的值升序显示在表格单元格中，如图 8-9 所示（需使用第 8.3.3 节中的 XML 文件和 XSLT 文件）。

<xsl:for-each select="catalog/book">

<xsl:sort select="price"/>

    <tr>

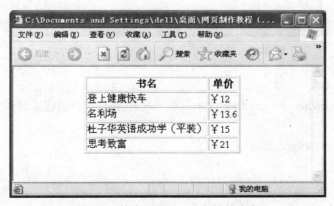

图 8-9　排序显示 XML 文档的内容

```
        <td><xsl:value-of select="title"/></td>
        <td><xsl:value-of select="price"/></td>
    </tr>
</xsl:for-each>
```

说明：在以上代码中，也可以设置<xsl:sort select="language"/>按照语言排序，虽然 language 元素的值并没有提取显示，请自行尝试。

6. xsl:if 元素

xsl:if 元素用于为输出添加条件测试，其 test 属性指定具体的测试条件。xsl:if 元素一般位于 xsl:for-each 元素中。例如，以下代码将根据 language 的值是否等于"中文"来确定是否显示相应的元素值，同时按照 price 进行排序，如图 8-10 所示。

```
<xsl:for-each select="catalog/book">
<xsl:sort select="price" />
<xsl:if test="language='中文'">
    <tr>
        <td><xsl:value-of select="title"/></td>
        <td><xsl:value-of select="price"/></td>
    </tr>
</xsl:if>
</xsl:for-each>
```

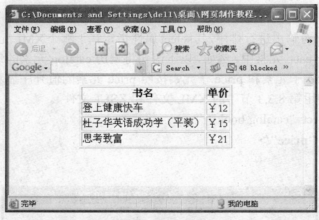

图 8-10 通过判断条件显示 XML 文档的内容

7. xsl:choose 元素

xsl:choose 与 xsl:when 和 xsl:otherwise 元素一起使用，用于创建多路条件控制，语法如下。

```
<xsl:choose>
  <xsl:when test="expression">
    … 输出内容 …
  </xsl:when>
  <xsl:otherwise>
```

　　… 输出内容 …
　　</xsl:otherwise>
　</xsl:choose>
其中，xsl:when 元素可以使用多次，以表示多个分支。xsl:choose 元素也用于 xsl:for-each 元素中。

　　例如，以下代码将根据 language 的值确定表格行的背景颜色，同时按照 price 排序，如图 8-11 所示。

```
<xsl:for-each select="catalog/book">
    <xsl:sort select="price"/>
    <xsl:choose>
    <xsl:when test="language='中文'">
        <tr bgcolor="white">
            <td><xsl:value-of select="title"/></td>
            <td><xsl:value-of select="price"/></td>
        </tr>
    </xsl:when>
    <xsl:otherwise>
        <tr bgcolor="yellow">
            <td><xsl:value-of select="title"/></td>
            <td><xsl:value-of select="price"/></td>
        </tr>
    </xsl:otherwise>
    </xsl:choose>
</xsl:for-each>
```

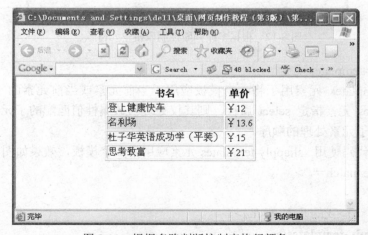

图 8-11　根据多路判断控制表格行颜色

　　如果要根据 language 的值确定"书名"单元格的背景颜色，可以使用以下语句，效果如图 8-12 所示。

```
<xsl:for-each select="catalog/book">
    <xsl:sort select="price"/>
    <tr>
<xsl:choose>
<xsl:when test="language='中文'">
        <td bgcolor="white"><xsl:value-of select="title"/></td>
</xsl:when>
<xsl:otherwise>
        <td bgcolor="yellow"><xsl:value-of select="title"/></td>
</xsl:otherwise>
</xsl:choose>
        <td><xsl:value-of select="price"/></td>
    </tr>
</xsl:for-each>
```

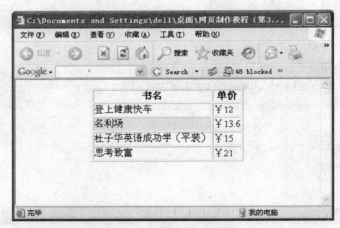

图 8-12 根据多路判断控制表格单元格颜色

8. xsl:apply-templates 元素

xsl:apply-templates 元素用于将一个模板应用于当前元素或当前元素的子元素。如果为 xsl:apply-templates 元素指定 select 属性，则其仅处理与该属性值匹配的子元素。使用 select 属性时也指定了子元素处理的顺序。

例如，以下代码使用 xsl:apply-templates 元素应用了多个模板，效果如图 8-13 所示。

```
<xsl:template match="/">
    <html>
    <body><h1>我的几本书</h1>
    <xsl:apply-templates/>
    </body>
    </html>
</xsl:template>
```

```
<xsl:template match="book">
    <p>
    <xsl:apply-templates select="title"/>
    <xsl:apply-templates select="author"/>
    </p>
</xsl:template>
<xsl:template match="title">
    书名：<span style="color:#ff0000"><xsl:value-of select="."/></span><br/>
    <!-- 在 XPath 中，. 表示当前元素，因此 select="."表示选取当前元素。-->
</xsl:template>
<xsl:template match="author">
    作者：<span style="color:#00ff00"><xsl:value-of select="."/></span><br/>
</xsl:template>
</xsl:stylesheet>
```

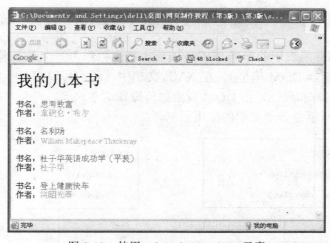

图 8-13 使用 xsl:apply-templates 元素

8.7 XML 编程接口

我们已经知道，XML 是用来表示数据的，如果要使用数据，则必须通过编程。要编程就要使用编程接口（Application Programming Interface，API），从而建立起使用 XML 文档的一致规范。目前有两种主要的 XMLAPI 已经得到了广大开发者的广泛使用，即将成为未来的行业标准，它们分别是：DOM（Document Object Model，文档对象模型）和 SAX（Simple API for XML，用于 XML 的简单 API）。

8.7.1 DOM

文档对象模型（通常称为 DOM）为 XML 文档（当然也可以是 HTML 文档）的已解析

版本定义了一组接口，它是一种通过编程方式对 XML 文档中的数据及结构进行访问的标准。DOM 由 W3C 创建，并且是该协会的正式建议。

DOM 基于 XML 文档在内存中的树状结构。当一个 XML 文件被装入到解析器（Parser，用来解析 XML 文档的程序）中时，内存中会建立起一棵相应的树（参见图 8-14），然后用户的代码就可以使用 DOM 接口来操作这个树结构，例如，可以遍历树，也可以删除树的几个部分，还可以重新排列树和添加新的分支等。

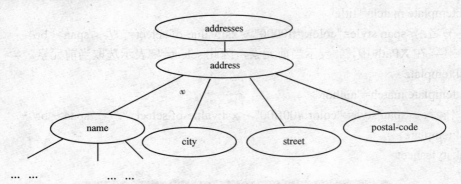

图 8-14　内存中的 DOM 树

正如 DOM 的名称所表示的那样，DOM 实际上将文档作为一个对象来操作和控制（请回忆第 7 章讲述的浏览器 DOM 模型）。在 XML 文档中，我们可以将每一个元素看做一个对象——它有自己的名称和属性，由 DOM 规定如何操作这些对象。

例如，图 8-15 所示是一个简单的应用示例。

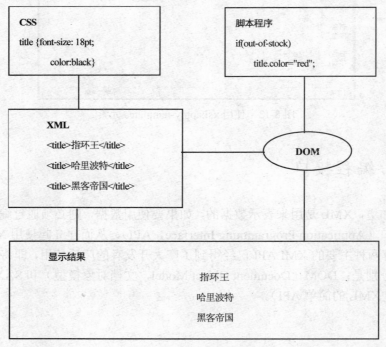

图 8-15　DOM 应用示例

其中 XML 用来描述数据，例如，"指环王"是一个 title 元素；CSS 控制元素的显示样式，例如，title 将以 18pt 的大小显示；脚本程序控制元素的动作，例如，当一个 title 元素"out of stock"（脱销）时，将用红色显示；DOM 则为脚本和对象的交流提供一个公共平台，并将结果显示在浏览器窗口。

虽然 DOM 功能强大，但也存在一些问题。例如，由于 DOM 构建整个文档驻留内存的树，因此如果文档很大，就会要求有极大的内存而且会引起显著的延迟。不过不管怎么说，DOM API 都是解析 XML 文档非常有用的方法。

8.7.2　SAX

为了解决 DOM 的问题，XML-DEV 邮件列表的参与者们创建了 SAX 接口。SAX 是一种非常简单的 XMLAPI，它允许开发者使用事件驱动的 XML 解析。

与 DOM 不同，SAX 并不要求将整个 XML 文件一起装入内存，而是采用向用户代码发送事件的方式解析 XML 文档。当 SAX 解析器发现元素开始、元素结束，文本、文档的开始或结束等时，它会告诉用户。用户可以决定什么事件重要，而且可以决定要创建什么类型的数据结构以保存来自这些事件的数据。当代码收到事件时，应用程序可以立即开始生成结果，而不必一直等到整个文档被解析完毕。如果用户没有显式地保存来自某个事件的数据，它就被丢弃。在此过程中，SAX 解析器并不创建任何对象，它只是将事件传递给应用程序。如果希望基于那些事件创建对象，这将由用户来完成。

这样做虽然能极大地提高效率，但也会造成一定的问题。例如，开发者将不得不在灵活性上受到限制。

总之，DOM 和 SAX 各有千秋，DOM 功能强大，SAX 比较简单，用户应根据具体情况决定使用哪种接口。

练 习 题

1. 简要说明 XML 与 HTML 的不同。
2. 请说明什么是有效的（Valid）XML 文档？如何验证 XML 文档的有效性？
3. 简要说明 XML 语法规则和 HTML 语法规则的不同之处。
4. 显示 XML 文档有哪些方式？请简要说明其中的 3 种。
5. 什么是 DTD？如何在 XML 文档中使用 DTD？
6. 请问以下 XML 文档是否是"有效的"？如果不是"有效的"，为什么？

```
<?xmlversion="1.0" encoding="gb2312"?>
<!DOCTYPE newspaper [
<!ELEMENT newspaper (article+)>
<!ELEMENT article (headline,body,notes?)>
<!ELEMENT headline (#PCDATA)>
<!ELEMENT body (#PCDATA)>
<!ELEMENT notes (#PCDATA)>
```

```
<!ATTLIST article author CDATA #REQUIRED>
<!ATTLIST article date CDATA #IMPLIED>
<!ENTITY publisher "ABC Press">
<!ENTITY copyright "Copyright 2006 ABC Press">
]>
<newspaper>
<Article>
<headline>教师节献礼</headline>
<body>这里是新闻内容…&copyright;</body>
</Article>
<Article author="&publisher;" date="2006-09-11">
<headline>恐怖事件再现</headline>
<body>这里是新闻内容</body>
<notes>开个玩笑</notes>
</Article>
</newspaper>
```

7．请根据以下 XML 文档，写出相应的 DTD，并在 XML 文档中使用该 DTD。

```
<?xmlversion="1.0" encoding="gb2312"?>
<students>
    <student>
        <name>王小明</name>
        <sex>男</sex>
        <email>wxm@gmail.com</email>
        <phone>81345789</phone>
    </student>
    <student>
        <name>李小花</name>
        <sex>女</sex>
        <email>lxh@yahoo.com</email>
    </student>
</students>
```

8．什么是 XML 模式？如何使用 XML 模式？

9．请根据练习 7 中的 XML 文档，写出相应的 XML 模式文件（应指定 sex 只能为"男"或"女"，而 phone 必须为 8 位）。

10．什么是 XSL？如何使用 XSL 将 XML 文档转换为 XHTML？

第 9 章　用 Dreamweaver 制作网页

本章提要：

- Dreamweaver 的重要界面元素包括插入栏、属性检查器和选项面板等。
- Dreamweaver 具有强大的站点管理功能，能够很好地维护本地站点并能方便地管理远程站点。
- 使用属性检查器可以为文本添加段落格式、字符格式、列表格式以及超链接格式。
- 在 Dreamweaver 中可以方便地插入图像和设置图像属性，并能制作一些常见的动态图像效果。
- 使用 Dreamweaver 不但能嵌入常用的各种多媒体对象，而且能制作 Flash 按钮和 Flash 文本。
- 通过使用表格、层和框架，Dreamweaver 可以对网页进行适当的布局。
- 通过使用表单和行为，Dreamweaver 可以方便地创建出各种动态效果。
- 在 Dreamweaver 中可以使用两类样式修饰各种网页元素：即 HTML 样式和 CSS 样式。

9.1　Dreamweaver 的界面

本节介绍 Dreamweaver 的工作界面，为进一步的学习奠定基础。

9.1.1　Dreamweaver 的界面元素

Dreamweaver 是目前最流行的所见即所得的网页编辑软件，Dreamweaver MX 2004 是该软件的最新版本。启动该软件后，会显示一个图 9-1 所示的"起始页"。

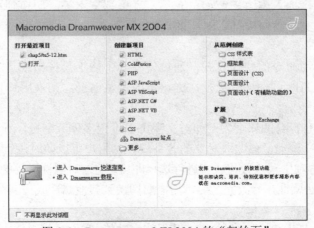

图 9-1　DreamweaverMX 2004 的"起始页"

在左边的"打开最近项目"框中可以选择最近打开过的文件，或者单击"打开"选项在"打开"对话框中选择需要打开的文件。在中间的"创建新项目"框中可以选择新建各种文件，最常用的选项包括"HTML"、"CSS"、"Dreamweaver 站点"等。在右边的"从范例创建"框中可以选择各种模板创建 HTML 文件和 CSS 文件。

在"起始页"中选择"创建新项目"框中的"HTML"选项，则 Dreamweaver 打开一个空白未命名的文档窗口，这就是制作网页时的工作界面，如图 9-2 所示。

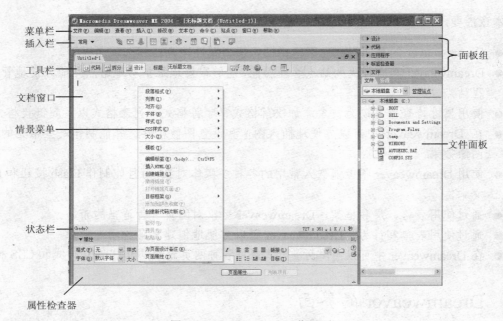

图 9-2　Dreamweaver 工作界面

● 菜单栏

菜单栏是描述软件完整功能的方式，它提供软件功能的所有命令选项。

● 插入栏

插入栏用于插入各种常用的网页内容。单击插入栏左边的标签（默认时显示"常用"），可以选择不同类别的可插入内容，例如：布局、表单、文本等。切换到不同类别后，单击右边的相应按钮就能在文档窗口中插入对应的内容。

● 工具栏

工具栏提供了常用命令的快捷方式，通过使用其中的工具按钮或是文本框，可以快速完成某项操作，例如，为网页添加标题，在浏览器中预览网页，切换用户视图模式等。

● 属性检查器

网页中的对象都有自身的属性，例如对文字可以设置字体、字号、颜色等属性。属性检查器（也叫做属性面板）显示了被选取对象的各种属性，用户可以随时进行修改。设置对象属性时，只要在相应属性选项中输入数值或者进行选择即可。用户对属性进行的修改多数会立即在文档窗口中应用，但有些属性在修改完之后可能需要切换到其他属性或按回车键确认后才能应用。

● 选项面板

选项面板可以使用户随时以直观的方式获得特定功能，它们一般组合成面板组嵌入在界面的右边。例如，使用"设计"面板组中的"CSS 样式"面板可以在网页中设置 CSS 样式，使用"代码"面板组中的"参考"面板可以获得有关 HTML，CSS 以及 JavaScript 等技术的帮助说明。

如果要在工作区打开这些面板，可以选择"窗口"菜单中的相关命令。单击面板组的标题，可以显示或者折叠相应的面板组。

● 右键情景菜单

情景菜单也称为上下文相关菜单或快捷菜单，它是当用户在特定位置单击鼠标右键时出现的菜单，它允许用户快速调用适合当前选项或区域的命令。

● 文档窗口

文档窗口就是用户显示和编辑文档的地方。在这里可以通过菜单命令、工具栏按钮、插入栏按钮、属性检查器以及面板组等工具来制作网页，文档显示结果与在浏览器中的显示结果基本相同。

● 状态栏

文档窗口底部的状态栏提供了标签选择器（也叫做标记符选择器）、窗口尺寸、文件大小等网页信息，它是设计者经常需要关注的区域。

例如，图 9-3 中的状态栏显示出以下信息：当前选中了网页中嵌套的一个表格，文档窗口尺寸为 760 像素×420 像素，文件的大小为 29KB，在 29.8Kbit/s 的平均连接速度下需要 8s 下载时间。

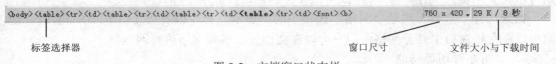

<body><table><tr><td><table><tr><td><table><tr><td>**<table>**<tr><td><font><b>　　　　　　760 x 420 ▾ 29 K / 8 秒

　　　　标签选择器　　　　　　　　　　　　　　　　　　窗口尺寸　　　文件大小与下载时间

图 9-3　文档窗口状态栏

网页下载速度始终是设计者需要关注的问题，而 Dreamweaver 在这方面提供了很方便的功能，它可以计算出网页文件的大小（包括嵌入的图像和其他多媒体信息），并能够预先计算出网页在一定连接速度下的下载时间（实际的下载时间取决于具体的 Internet 连接）。有关下载时间有一个"8s 规则"，即绝大多数浏览者不会等待 8s 来完整下载一个网页。随着 Internet 网络带宽的不断增大，用户对网页下载速度的要求也越来越苛刻，因此在设计网页时应尽量使预计的下载时间少于 8s（3s～5s 比较合适）。

要设置 Dreamweaver 默认的连接速度，可以选择"编辑"菜单中的"首选参数"命令，打开"首选参数"对话框，然后在"分类"列表中选择"状态栏"选项进行设置。通常应将连接速度设置为 56KB，但如果网页仅用于内部网（即局域网）或者目标用户为宽带连接，则可以将速度设置得高一些。

说明："首选参数"对话框用于设置 Dreamweaver 工作环境选项。例如，可以在"代码格式"类别中设置如何在 Dreamweaver 中显示 HTML 代码。

9.1.2　设置文档窗口

1. Dreamweaver 中的视图

Dreamweaver 作为一种所见即所得的编辑软件，在制作网页时自动生成了相应的 HTML 代码，但它同时也提供了 HTML 代码编辑功能，从而大大方便了习惯使用 HTML 代码编辑网页的用户。

Dreamweaver 提供了 3 种用户视图模式：设计视图、代码视图和拆分视图（即同时显示设计视图和代码视图），默认状态下是设计视图。如果设计者需要使用其他视图，在工具栏上单击 <kbd>代码</kbd> 按钮或 <kbd>拆分</kbd> 按钮即可切换到需要的视图模式。

如果设计者需要手工编写 HTML 代码，也可以按【F10】键，打开"代码检查器"窗口对代码进行编辑。如果用修改 HTML 代码的方式对网页进行了修改，那么需要单击工具栏中的"刷新设计视图"按钮 C 或属性检查器中的"刷新"按钮，也可以按【F5】键刷新设计视图，以查看修改的效果。

2．设置窗口尺寸

在设计网页时，如果需要在固定尺寸的文档窗口下工作，可以按照如下步骤进行设置。

（1）如果当前 Dreamweaver 打开的是"最大化"的文档窗口，单击文档窗口标题栏上的"还原窗口"按钮 □，将文档窗口还原。

（2）单击文档窗口底部状态栏窗口尺寸区域，在弹出的列表中选择一种设置，即可获得设计网页时的窗口大小尺寸。例如，在制作网页时选择 760 像素×420 像素这个尺寸，则是基于分辨率为 800×600 像素时的设计标准，而窗口尺寸为 955 像素×600 像素则是基于 1024×768 像素分辨率的设计标准。

3．使用标尺和网格

如果选择"查看"菜单"标尺"选项中的"显示"命令或者按【Ctrl+Alt+R】组合键，则可以在文档窗口中打开标尺，用户可以在文档窗口参照水平标尺与垂直标尺进行网页制作。

如果选择"查看"菜单"网格"选项中的"显示"命令或者按【Ctrl+Alt+G】组合键，则可以在文档窗口中打开网格，用户可以在文档窗口参照网格进行网页制作。

4．使用跟踪图像功能

如果用户在制作网页之前已经用图像处理软件绘制了一个页面草图（或者叫做效果图），那么在 Dreamweaver 中可以使用"页面属性"对话框中的"跟踪图像"功能使用该草图。跟踪图像在用户编辑网页的文档窗口中是可见的，而在浏览器窗口则是不可见的，它的作用类似于写毛笔字时的"描红帖"，用户可以根据这个草图来设计网页的布局，如图 9-4 所示。有关设置"页面属性"的详细信息，请参见第 9.3.1 节。

图 9-4　使用跟踪图像辅助页面制作

说明：这种先有图形化的设计，然后再进行 HTML 编码的工作方式是实际网站开发时遵循的一种基本模式。一般应避免"边制作，边设计"或"边设计，边制作"的模式，因为这通常会导致大量的工作浪费（返工的情况非常常见）。

9.2　创建与管理站点

本节首先介绍网站开发的通用流程，然后介绍如何使用 Dreamweaver 创建本地站点、管理本地站点以及创建远程站点。

9.2.1　网站开发流程

网站的建设通常都遵循一个基本的流程：规划阶段、设计阶段、开发阶段、发布阶段与维护阶段，如图 9-5 所示。

1．网站规划

规划站点是网站建设的第一步。"好的开始是成功的一半"，良好的网站规划是进一步开发的基础。

网站规划时要考虑以下问题。

（1）确定网站目标

尽管建设网站的目标不尽相同，但是作为网站开发者，必须十分明确这个目标。因为站点目标越明确，发现的问题就越

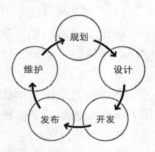

图 9-5　网站开发工作流程

多，以后的工作就越具体。这个过程实际上也是整理思路的过程，它将作为进一步工作的指导。

站点目标确立后，要编辑成文档并打印出来，作为以后所有工作的参考。碰到问题时，首先要问："这个问题的解决有助于站点目标的实现吗？"只有在答案是肯定的情况下，才有必要花时间去解决这个问题。

（2）分析目标用户对站点的需求

因为一个网站想在同一时间内让所有访问者都感到满意是不可能的，因此必须根据站点目标确定出可能对网站感兴趣的目标用户，然后从目标用户的角度出发，考虑他们对站点的需求，从而将制作的站点最大限度地与目标用户的愿望统一，这样就能接近或者达到建立站点的目标，从而获得最大的成功。

（3）确定站点风格

确定站点的整体风格，也就是确定网站内容的大致表现形式，包括网页所采用的布局结构、颜色、字体、图像效果、标志图案等方面。

Internet 上的网站风格各异，但归纳起来主要有以下 3 种。

● 信息式

这种类型的网页界面以文字信息为主，页面的布局要求整齐划一，简洁明快。站点导航结构清楚，通常采用文字导航或者简单的按钮导航，整个站点以提供文字信息为主要目的。这类站点对图像、动画等多媒体信息采取比较低调的处理，一般仅用做简单修饰或者传达特定信息。门户网站和各类信息提供网站都属于此类。

● 画廊式

该类站点的典型代表是一些设计类的个人网站或公司网站，它们的表现形式主要以图像、动画、多媒体等高新网络技术为主，注重通过各种信息手段表现个人特色或公司要宣扬的理念。这种类型的网页布局或时尚新颖，或严谨简约，注重表现企业或个人的形象与文化特征。

● 综合式

随着网站技术的日渐成熟，网站的表现形式渐渐变得模糊起来。即使是传统的以信息提供为主的网站，也添加了很多多媒体的修饰成分，从而使访问者能得到更丰富的上网体验。而对于传统的画廊式网站，则添加了更多注重内容的方面，使访问者不但能得到美的享受，而且能获得相应的信息。

不论是什么风格的网站，只要能够找到文字与图像或其他网络媒体的平衡点，给访问者想得到的信息或是感受，最终吸引住访问者，那么网站就成功了。

（4）考虑网络技术因素

确定了网站的风格后就需要考虑影响目标用户访问网站的网络技术因素，这些因素将决定网页最终的下载显示以及使用。

● 带宽

网络带宽是指通信线路上一定时间内的信息流量，一般用来表示网络的信息传输速度。带宽所决定的连接速度将影响到网页的设计，因为对于网站访问者来说，下载速度是他们最重要的评价因素之一。

影响网页显示速度的最主要因素就是图像和其他多媒体信息的数量和大小，因此在使用这些信息时要非常注意，经常用"是否有助于达到站点目标"这个问题来确定采用某种媒体形式是否必要。

还有一种常见的做法是针对不同的网络带宽，开发出不同版本的网站，让浏览者在进入首页时根据自己的 Internet 连接速度进行选择。例如，某些目标用户范围较广泛的网站就同时开发了针对拨号上网的"窄带"版本和针对更快连接速度的"宽带"版本，从而能尽量满足更多用户的需要。

● 浏览器与分辨率

鉴于目前国内用户使用的大多是 Windows 98/Me/NT/2000/XP 自身捆绑的 IE 浏览器，所以一般在制作网页时对浏览器的兼容问题不必考虑过多，除非确定目标用户可能使用其他类型的浏览器（例如当网站包括英文版，目标用户包括国外用户时）。

但显示器的屏幕分辨率是网页设计者应该特别关注的因素，因为同一个网页在不同分辨率下的显示效果可能大不相同。通常可以将国内用户显示器分辨率的设计标准定为：800×600 像素兼顾 1024×768 像素。随着计算机硬件技术的发展，1024×768 像素已经逐步成为标准的显示器分辨率设置。

● 即时交互与插件

接下就需要考虑网站是否需要进行交互。例如，如果希望提供即时的交互，那么就要在网页中加入 JavaScript 脚本，或是使用一些服务器技术（例如：ASP，PHP 等），或是使用一些可实现交互式功能的对象（例如 Flash 对象、Authorware 对象等）。

另外，如果在网页中使用了 Flash 动画或是其他多媒体对象，那么就要考虑是否所有的目标用户都有或者愿意下载这种浏览器插件。

2. 网站设计

经过网站规划，网页设计者对所面临的形势有了一个大概的了解，接下来就进入工作流程中的第二步——网站设计。

网站设计时需要考虑以下问题。

（1）建立站点目录结构

在设计站点时，应该事先在计算机硬盘上建立一个文件夹，以它作为工作的起点。具有良好组织结构的站点文件夹会使得网站更易于制作和维护。

通常的做法是：首先将站点中的各种信息资源进行整理、归类，然后在计算机硬盘上新建一个站点文件夹，再根据需要在文件夹中新建若干个子文件夹，以便将不同类型的文件存放在站点中，最后应该在这个站点根文件夹中新建一个主页文件。

在网站开发中一定要特别注意文件、文件夹、图像等网页素材的命名，由于这些命名规则受到不同操作系统的影响，所以应该在网站中使用通用名称。

在网站中命名时一般遵循以下规则。

- 最好使用小写英文名称（可以用汉语拼音代替），但中间不能有空格。例如，mypage.htm，yemian.htm。一般情况下，不要使用中文文件名。
- 可以包含数字或下划线，例如：class_1.htm，chap_1.htm，neirong_1.htm。
- 注意正确的文件扩展名，网页文件的扩展名为.htm 或.html，而图像也有自己的扩展名，如 logo.gif，image_1.jpg。一般情况下，文件的扩展名都是由相应软件自动添加。

（2）设计导航系统

网站中的导航系统，实质上就是一组使用了超链接技术的网页对象（包括文字、按钮、小图片等），它们将网站中的内容有机地连接在一起，是浏览者获取网页信息的基本界面。

导航系统一般可以分为文本导航、图片导航和图像映射导航。文本导航简洁实用，图片导航直观高效，图像映射导航则能使站点更具特色，用户需要根据站点目标确定采用哪种类型的站点导航。

导航设计的基本原则是：使浏览者能以最直观自然的方式访问到他们需要的信息。这就意味着应该根据页面内容的逻辑关系制作网站的导航系统，而不是随意地将网站中所有的信息都用超链接连接起来。平时在上网浏览时多注意他人的网站是如何设计导航系统的，可以让我们了解一些通用的设计惯例。

设计网站导航系统时应该注意以下要点。

- 每个页面中都要有链接到各个主要栏目的链接，也就是主导航。
- 浏览者应该能方便地知道他们现在正处于网站中的什么位置，也就是说要提供页面的位置信息。一般可以通过设置"breadcrumb"（面包屑），也就是"您的位置"这样的导航栏目（请参见本书第 2 章中的网站实例）来实现。
- 在每个页面中都应提供返回首页的链接。这种返回首页的链接可能不止一处，例如，在"您的位置"中包括"首页"链接，而所有非首页的页面中的网站徽标（logo）往往也设置为返回首页的链接。
- 在页脚，也就是网页的最下端，一般包括一些特定信息。例如，可以包含版权信息、联系信息等。

● 所有页面的导航系统的风格应该一致（首页可以略有不同），否则会使浏览者产生已经离开网站的错觉。

（3）设计页面的版式

页面版式就是如何安排网页中的元素（包括文本、图像、动画等），或者说用什么形式表现网页的内容。

在设计页面布局前，首先应确定页面中要放置什么内容，包括导航栏、文本、图像或其他多媒体信息的详细数目，然后在纸上或是图像处理软件（例如 Photoshop，Fireworks 等）中绘制出页面的布局效果，最后就可以选择使用特定排版技术，例如表格、层或是框架，对内容进行排版。

在设计页面版式时应注意以下两点。

● 设计页面应以网站目标为准绳，最大限度地体现网站的功能。

● 简单明了，易于接受。设计页面时始终应当为目标用户着想，网页中的任何信息都应该是为浏览者服务的，要确保网页中的信息能够被用户接受。总之，设计页面布局时，简单即是美，和谐即是美。

（4）网页中的颜色

显示器通过 3 种基本颜色（红、绿、蓝）来调配显示颜色，但是不同的显示器对颜色的支持程度不同，所以颜色显示出来就会有一定的差异。为了避免这种情况，可以在制作网页或是处理图像时使用所谓的"Web 安全色"。

在使用#号和 6 位数字的十六进制数值构造颜色值时，如果红、绿、蓝三原色的每两位数值相同则称为安全色。由"00、33、66、99、CC、FF"组成的颜色值，是设置 256 色显示器绝对支持的颜色，称为标准安全色。例如，#CCDDFF 是一般网络安全色，#3366FF 是标准安全色，而#12CCFF 则不是网络安全色。为了能使网页中的颜色得到最大限度的支持，在 Dreamweaver，Fireworks，Flash 中都提供了这种基于网络的安全色，在制作网页、处理图像或是制作动画时可以放心使用。

在网页制作过程中通过设置文本颜色、背景颜色、链接颜色以及图像的颜色，可以构造出很多网页布局效果。一般设计颜色方案时应遵循以下要点。

● 保持一致性。如果选择了一种颜色作为网站的主色调，那么最好在页面中保持这种风格，另外页面中的图像或其他多媒体信息的颜色也应该与之匹配。

● 注意可读性。获取信息是绝大多数访问者浏览的目的，所以不论是信息式的网页还是画廊式的网页，应该注意页面的可读性。例如，白底黑字显然比黑底白字的可读性好，而在黑色背景下的紫色超链接，可能就会不被访问者发现。

设计配色方案时还可以使用一些工具，例如，使用 Dreamweaver "命令"菜单中的"设定配色方案"命令可以直接对网页应用由专家设计的配色方案，而 Internet 上很多站点也提供了一些相关的工具软件（用"网页配色"或"web 配色"等关键字查找）。

（5）文字、图像、动画等对象的使用

网页中的字体设计也是体现站点风格的一种方式。为确保网页中的所有的字体能够被访问者的浏览器正确显示，中文网站中的字体最好使用默认的"宋体"，或者"楷体"、"黑体"等基本字体。另外，为了确保整个网站字体风格的一致，通常应使用 CSS 样式对站点的文本进行统一管理。

在网页中，不论是基于什么目的使用图像和其他多媒体对象，始终应该记住的是，它们的数量和质量是限制页面快速下载的主要因素。在将它们放入网页之前，应该考虑到这样做是否有利于达到站点目标。网页中的任何一个对象都应该传达特定的信息，要避免单纯为了"修饰"网页而添加图像或多媒体对象。

3．网页制作

网站建设的第三步就是具体实施设计结果，将站点中的网页按照设计方案制作出来。此阶段需要根据设计阶段制作出的示范网页，通过 Dreamweaver 等软件在各个具体网页中添加实际内容，包括文本、图像、声音、Flash 电影以及其他多媒体信息。

需要注意的是，在此阶段中有一个经常被忽视的环节，就是测试网页。因为影响浏览者访问网页的因素很多，网页设计者永远也无法准确把握网页在不同的平台、连接速度、访问方法（调制解调器、DDN、ISDN 或是其他方法）、显示分辨率等情况下的显示结果。唯一的解决方案就是：测试、测试、再测试。

如果有可能，应该在影响页面显示的各种环境下进行测试，然后对网页进行修改，以确保网页最终显示结果与设计结果相同。

4．网站发布

网站制作到一定规模后就可以考虑将它发布，以便人们能够通过 Internet 访问。发布站点时，用户首先需要向 ISP 申请网页空间，得到有关远程站点的基本信息（包括用户名、主机地址、用户密码等），然后使用 FTP 软件或者 Dreamweaver 进行站点上传。

5．网站维护

将站点上传并不意味着大功告成，因为只有不断更新站点中的信息，才能吸引新的访问者和留住现有的访问者。随着网站的发布，应根据访问者的建议，不断修改或是更新网站中的信息，并从浏览者的角度出发进一步将网站完善。这时网站建设工作又返回到了流程中的第一步，这样周而复始，就构成了网站的维护过程。

9.2.2　创建本地站点

站点就是一系列文件和文件夹的集合，本地站点就是位于客户端的、制作网页时设计者所使用的文件夹。一般在制作网站时通常是在计算机本地硬盘上先建立这个站点文件夹，然后制作好站点后再上传到远程服务器上（上传的站点叫做远程站点）。

在 Dreamweaver 中建立本地站点的方法如下。

（1）选择"站点"菜单中的"管理站点"命令或在"文件"面板上单击"管理站点"选项，打开"管理站点"对话框。单击"新建"按钮，然后选择"站点"命令，这时打开站点定义对话框，选择"高级"选项卡，如图 9-6 所示。

说明：也可按"基本"选项卡中的向导提示一步步操作，这样可以看到各选项的含义。

（2）在"站点名称"文本框内输入站点名称，例如"我的魔兽世界站点"。该站点名称只是在 Dreamweaver 中的一个站点标识，因此可以采用中文名称。

（3）在"本地根文件夹"文本框旁边单击"浏览"按钮▭，在打开的对话框中定位到事先建立的站点文件夹，或者单击"新建文件夹"按钮▭创建一个新文件夹。选定文件夹后，

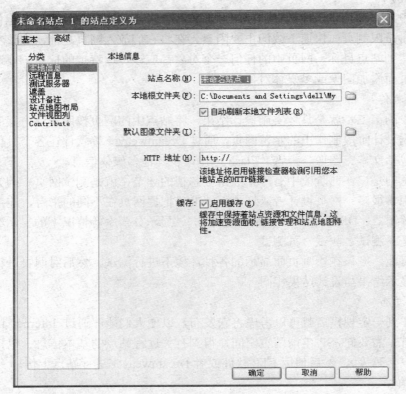

图9-6　站点定义对话框

站点定义对话框中相应文本框的内容自动更新。

（4）在"默认图像文件夹"文本框旁边单击"浏览"按钮，用同样的方式指定站点中用于存放图像的文件夹。这样设置之后，以后网页中要用到的图像文件都应放到该文件夹，以便统一管理。

（5）其他选项保持不变，单击"确定"按钮，回到"管理站点"对话框，其中列出了新建的站点。

（6）单击"完成"按钮，此时"文件"面板中显示出新建站点的文件夹结构，如图9-7所示。

9.2.3　管理本地站点

1. 文件操作

在 Dreamweaver 中，可以使用"文件"菜单对单独的

图9-7　建立的新站点

文件进行管理。例如，执行"新建"、"打开"、"保存"、"另存为"等操作。也可以在"文件"面板中对网站中的文件进行管理（实际上，"文件"面板就像是一个集成在 Dreamweaver 中的一个小的"资源管理器"，用它可以方便地对整个网站进行管理）。例如，执行"新建"、"打开"、"删除"、"移动"、"复制"、"重命名"等操作。

在对站点中的文件或文件夹进行操作时，使用右键快捷菜单能大大加快操作速度。例如，在选中的文件夹上单击鼠标右键，然后在快捷菜单中选择"新建文件夹"命令，可以在相应文件夹中新建一个子文件夹。

注意：使用右键快捷菜单新建网页文件时，注意保留其.htm扩展名。

2．编辑站点

在 Dreamweaver 中创建好本地站点后，如果需要，还可以对整个站点（本地根目录）进行编辑操作。例如，复制站点、删除站点等。

如果需要编辑站点，可以执行以下步骤。

（1）选择"站点"菜单中的"管理站点"命令，打开"管理站点"对话框，如图 9-8 所示。

（2）在对话框左侧的列表框中选择需要编辑的站点，然后单击右侧的按钮，则可以进行相应的操作。

单击"新建"按钮，可以新建一个站点；单击"编辑"按钮，可以编辑站点信息；单击"复制"按钮，可以复制一个被选择的站点；单击"删除"按钮，可以将站点文件夹在 Dreamweaver 中清除（并未删除硬盘上的文件夹）；单击"导出"按钮，可以将 Dreamweaver 中的站点导出（为 XML 文件），以便在其他计算机上或由别

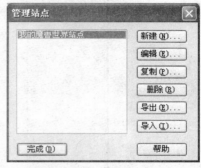

图 9-8　"管理站点"对话框

的用户使用该站点；单击"导入"按钮，打开"导入站点"对话框，可以导入一个由 Dreamweaver 导出的站点。

（3）操作完成后，单击"完成"按钮。

9.2.4　创建与管理远程站点

所谓远程站点是指位于 Web 服务器上的站点，它可以被其他人通过 Internet 访问到。除了可以用 FTP 软件（例如 CuteFTP，相关操作请参见本书第 1 章）管理远程站点以外，也可以直接用 Dreamweaver 对远程站点进行管理，步骤如下。

（1）选择"站点"菜单中的"管理站点"命令，打开"管理站点"对话框。

（2）选择需要创建远程站点的站点，单击"编辑"按钮打开该站点的定义对话框。选择"高级"选项卡，在分类列表中选择"远程信息"列表项，在"访问"下拉列表框中选择"FTP"项目，如图 9-9 所示。

（3）在"FTP 主机"文本框内输入 FTP 主机地址；在"登录"文本框内输入用户名称；在"密码"文本框内输入登录网站时的用户密码。

（4）单击"确认"按钮，然后返回站点定义对话框，单击"完成"按钮。

（5）在"站点"面板中，单击"展开/折叠"按钮 ，展开站点窗口。确保当前计算机连接到 Internet，单击"连接到远程主机"按钮 ，开始连接到远程 FTP 站点。

（6）如果设置正确，并且 Internet 连接正常，那么很快就可以连接到远程服务器，在"站点"面板左侧出现远程站点文件夹。如果要上传网页，可以从右边本地站点文件夹将要上传的内容拖动到左边的特定文件夹中。另外，也可以像管理本地文件夹一样管理远程站点中的文件夹和文件，这与其他 FTP 软件都一样。

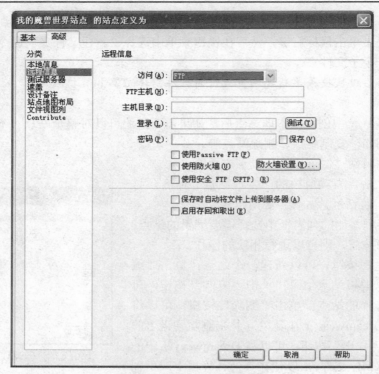

图 9-9　设置 FTP 远程站点

9.3　文本修饰与超链接

本节首先介绍在 Dreamweaver 中制作网页的一般步骤，然后介绍如何设置字符、段落和列表格式，最后介绍如何设置超链接。

9.3.1　制作网页的一般过程

在 Dreamweaver 中制作网页的一般过程如下。

（1）使用第 9.2.2 节中介绍的方法，创建本地站点。

（2）打开站点中的网页或者新建网页。

（3）在工具栏"标题"文本框中输入网页标题，应使用有意义的内容（可以是中文）作为标题。如果需要设置网页的其他基本属性，可选择"修改"菜单或右键快捷菜单中的"页面属性"命令或按【Ctrl+J】组合键，打开"页面属性"对话框，如图 9-10 所示。

在"外观"分类中可以设置默认的页面字体和字体大小、文本颜色、背景颜色等选项；在"链接"分类中可以设置超链接的显示效果，包括链接字体、链接颜色和下划线效果等；在"标题"分类中可以设置标题（对应于 H1，H2 等标记符）的字体、字体大小和字体颜色等效果；在"标题/编码"分类中可以设置文档的标题（对应于 TITLE 标记符）和编码选项；在"跟踪图像"分类中可以设置网页的跟踪图像。

（4）按【Ctrl+S】组合键，将网页保存（如果是新建的网页，注意应将网页保存在本地站点中）。

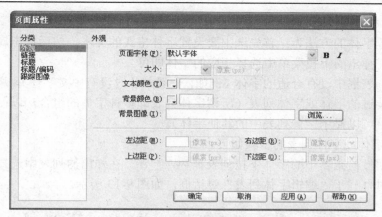

图 9-10　"页面属性"对话框

（5）在文档工作区中输入文字。输入文字时，如果需要开始新的一段，按【Enter】键即可（相当于使用 P 标记符）；如果想折行显示一段的内容，可以按【Shift+Enter】组合键（相当于使用 BR 标记符）。也可以通过单击"插入栏"中的按钮插入各种对象，例如，可单击"插入栏"的"HTML"类别中的"水平线"按钮▬插入一条水平线。

（6）在文档窗口中，如果需要对添加的内容进行修饰，应首先选取它，然后在属性检查器中进行相应的设置。例如，图 9-11 所示为如何设置水平线的属性。

图 9-11　在属性检查器中设置水平线属性

注意：使用属性检查器所设置的对象属性通常对应于相应的 HTML 标记符属性，读者可参照本书前面章节中的内容理解属性检查器中各属性的含义，也可以单击属性检查器右上角的⑦按钮打开"帮助"窗口查看。

（7）在编辑网页过程中，如果需要在浏览器窗口中查看网页效果，应先按【Ctrl+S】组合键保存对网页的修改（如果文档窗口标题栏中的文件名后有一个"星号"，则表示当前文档中包含尚未保存的内容），然后按【F12】键。

9.3.2　设置字符格式

在 Dreamweaver 中设置字符格式、段落格式、列表格式和超链接都非常方便，通常只要选中相应文本或段落，然后在属性检查器中设置即可，如图 9-12 所示。

图 9-12　文本的属性检查器

1．设置文本的字体

为文字设置字体的方法为：首先选中要设置字体格式的文本，然后单击属性检查器中的字体列表框，在弹出的下拉菜单中选择相应的字体即可。

如果字体列表框中没有合适的字体（例如，一般默认时没有中文字体），那么可以为它添加计算机内安装过的字体或字体列表（所谓字体列表即多种字体的组合，以便浏览器在找不到一种字体时，可以显示字体列表中的其他字体）。

添加/删除字体或字体列表的步骤如下。

（1）单击属性检查器中的字体下拉列表框，在弹出的列表中选择"编辑字体列表"命令，此时打开了"编辑字体列表"对话框，如图 9-13 所示。

图 9-13 "编辑字体列表"对话框

（2）在"可用字体"列表框中选择一种字体，单击按钮，则在"选择的字体"列表框中出现了新添加的字体。如果需要添加多个字体，可以重复以上步骤。

（3）若要继续添加字体列表，可以单击对话框中的添加按钮，然后重复步骤（2）。

（4）如果要删除字体或字体列表，在对话框中的"字体列表"列表框中，选中要删除的字体或字体列表后单击按钮即可。

（5）如果要删除某个字体列表中的字体，可以在"字体列表"列表框中选中该字体列表，然后在"选择的字体"列表框中选择要删除的字体，最后单击按钮。

（6）设置完成后，单击"确定"按钮，则属性检查器中出现指定的字体或字体列表。

2．设置文本的字号

字号就是文本的大小，要设置文本的字号，应先选中文本，然后单击属性检查器上的大小下拉列表框，在弹出的列表中选择相应的字号即可。若要取消文本的字号设置（即采用默认设置），选择该列表中的"无"即可。

3．设置文本的颜色

若要设置文本颜色，应选中要设置颜色的文本，然后单击属性检查器中的颜色选择框，在弹出的颜色选择器中选择相应的颜色。Dreamweaver 颜色面板中提供的是标准的 Web 安全色，可适用于任何支持 256 色的显示器。

4．设置文本的字符样式

字符样式是指字符的外观样式，例如，粗体、斜体、下划线等。若要将文本设置为粗体或斜体，应首先选中文本，然后单击属性检查器中的粗体按钮 **B** 或斜体按钮 *I* 。

若需要应用别的字符样式，可以首先选中文本，然后选择"文本"菜单中的"样式"命令，接着在该命令的子菜单中选择相应的命令即可。当然也可以通过编辑 HTML 源代码的方式设置字符样式。

9.3.3　设置段落格式

1. 标题与段落

标题用于强调段落主题的文本，它可分为 1 级～6 级，在浏览器的窗口中 1 级标题显示的文本最大，6 级标题最小，通常标题文字在浏览器中显示为粗体。

设置文本标题的方法为：选中文本，单击属性检查器中的格式下拉列表框 段落 ，选择其中的"标题 1～6"格式，就可将选中的文本设置为相应的标题。若要取消文本的标题格式，选中文本后，再在该下拉列表框中选择"无"即可。

段落格式通常不必设置，因为输入文本后按【Enter】键时将自动生成"段落"格式。

2. 段落的对齐方式

段落对齐方式通常分为 4 种："左对齐"、"居中对齐"、"右对齐"和"两端对齐"。设置段落对齐的方法为，选中段落，再单击属性检查器中的对齐按钮：▤（左对齐）、▤（居中对齐）、▤（右对齐）和▤（两端对齐）。若要取消段落的对齐格式，应首先选中段落，再单击属性检查器中相应的对齐按钮。

3. 段落的缩进

如果想让段落或标题产生整体缩进效果，可以单击▤按钮（一次或多次）；如果要取消缩进，可单击▤按钮（一次或多次）。

9.3.4　设置列表格式

为段落文本创建列表的方法为：选中需要设置列表的段落文本（可以是多个段落），然后单击属性检查器上的▤（无序列表）或▤（有序列表）按钮。

说明：若要创建嵌套列表，可以先选中要嵌套的列表项，然后单击▤按钮。

如果要更改列表的项目符号或编号样式，可以使用以下步骤。

（1）在文档窗口中选取列表格式文本，单击属性检查器中的"列表项目"按钮 列表项目... ，打开"列表属性"对话框，如图 9-14 所示。

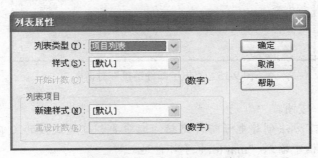

图 9-14　"列表属性"对话框

（2）在"样式"下拉列表框中选择一种项目符号的样式或者编号样式。

（3）单击"确定"按钮，则列表的项目符号或编号样式即更新为指定的样式。

9.3.5　使用超链接

1. 创建超链接

（1）页面链接

页面链接就是指向其他网页文件的超链接，浏览者单击该超链接时将跳转到对应的网页。如果超链接的目标文件位于同一站点，通常采用相对 URL；如果超链接的目标文件位于其他位置（例如 Internet 上的其他网站），则需要指定绝对 URL。

创建页面超链接的步骤如下。

① 选中要创建超链接的文本或图片。

② 在属性检查器的"链接"框中输入目标文件的 URL（相对或绝对），或者单击旁边的"浏览文件"按钮，在站点中选择一个文件作为超链接的目标文件。

（2）锚点链接

锚点链接就是在页面的特定区域先指定一个锚点，然后创建一个指向锚点的超链接，单击该链接时浏览器自动跳转到锚点所在的区域。

创建锚点链接的步骤如下。

① 在文档窗口中要插入锚点的区域定位光标，单击"插入栏"的"常用"类别中的"命名锚记"按钮，在弹出的"命名锚记"对话框中输入锚点名称，然后单击"确定"按钮。

② 将光标定位到文档窗口中要跳转到定义锚点的区域，选中文本或图像。

③ 在属性检查器中的"链接"文本框中首先输入一个"#"号，再输入锚点名称（它们之间不要有空格），锚点链接即创建完成。

（3）电子邮件链接

创建电子邮件超链接的步骤如下。

① 将光标定位到需要插入电子邮件链接的位置。

② 在文档窗口中的"插入栏"中单击"电子邮件链接"按钮。

③ 弹出"电子邮件链接"对话框，在"文本"文本框中输入用于超链接的文本，在"E-Mail"文本框中输入电子邮件地址，如图 9-15 所示。

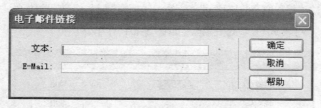

图 9-15　"电子邮件链接"对话框

④ 单击"确定"按钮。

说明：也可用以下方法创建电子邮件链接：选中要创建超链接的文本或图片，在属性检查器的"链接"文本框中输入"mailto:电子邮件地址"。

2. 管理超链接

（1）查看网站的链接导航

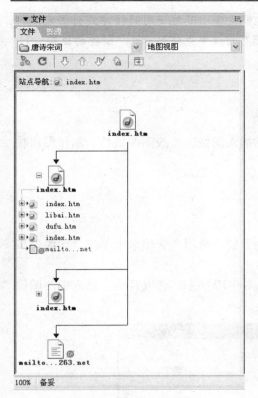

图 9-16　显示站点地图

在 Dreamweaver 中，可以使用站点的"地图视图"查看各页面与首页的链接情况。选择"文件"面板"视图"菜单中的"站点地图"命令，则"文件"面板中出现了网站的站点地图，如图 9-16 所示。

该站点地图显示出了各网页与主页的链接情况。默认情况下，主页为 index.htm，如果需要指定其他页面为主页，可以在"站点"面板显示"本地视图"时在网页上单击鼠标右键，然后在快捷菜单中选择"设成首页"命令。单击网页图标左边的"＋"号，可以扩展视图，查看与该网页的链接情况，单击"－"号则可收缩视图。

也可以以任意页面为根查看链接情况，方法为：在需要作为根的网页图标上单击鼠标右键，然后在快捷菜单中选择"作为根查看"命令。

（2）更新超链接

如果在网站中更改了某些文件的文件名，或者移动了它们的位置，这时候需要更新与它们有链接关系的网页，以便使网页中的超链接能够正确工作。在 Dreamweaver 中，这个更新过程是自动完成的。例如，如果更改了某个文件的文件名，确定之后会弹出一个图 9-17 所示的对话框，提示更新超链接，单击"更新"按钮即可。

（3）检查超链接

确保网站中的所有超链接都能够正确工作是网站测试时最基本、最重要的一环。要检查整个网站中的超链接，可以在"站点"面板中的任意处单击鼠标右键，然后在快捷菜单中选择"检查链接"中的"整个站点"命令，在打开的"链接检查器"面板（它包含在"结果"面板组中）查看站点中超链

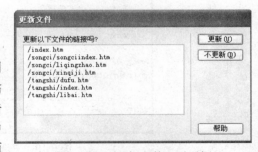

图 9-17　"更新文件"对话框

接的情况，如图 9-18 所示。在该面板中，单击上方的列表框，可以查看"断掉的链接"、"外部链接"和"孤立文件"。

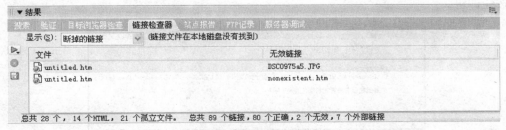

图 9-18　"链接检查器"面板

说明：这样不但能检查出网页超链接的情况，也能检查出其他使用链接方式引用文件的情况（例如，如果插入的图像不存在，在"链接检查器"面板中也将显示为"断掉的链接"）。

9.4 使用图像

本节介绍如何在网页中使用图像，主要内容包括插入图像、修改图像属性、制作图像映射以及制作鼠标经过图像效果。

9.4.1 插入图像

在 Dreamweaver 中插入图像的步骤如下。

（1）将光标置于要插入图像的位置，在"插入栏"的"常用"选项卡中单击"图像"按钮 ▣ 或选择"插入"菜单中的"图像"命令。

（2）此时将打开"选择图像源文件"对话框，如图 9-19 所示，选取存放在站点中的图像文件，最后单击"确认"按钮即可将图片插入到指定区域。

图 9-19 "选择图像源文件"对话框

（3）如果所选择的图像文件不是站点中的文件，则将打开"MacromediaDreamweaverMX 2004"对话框，如图 9-20 所示，提示是否将图像文件保存到站点根目录下，单击"是"按钮，然后打开"拷贝文件为"对话框，定位到站点中用于存放图像文件的文件夹，最后单击"保存"按钮即可。

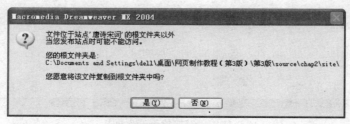

图 9-20 提示对话框

　　注意：使用图像文件时，注意命名规则，不要使用汉字文件名或有特殊符号（如空格）的文件名。

9.4.2　设置图像属性

　　将图像插入指定位置后，可以利用属性检查器设置图像的属性，如图 9-21 所示。

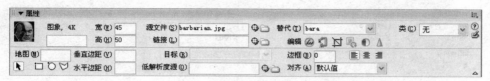

图 9-21　图像的属性检查器

　　以下是各属性的含义。
- "图象"：指定图像名称，适用于脚本程序。
- "宽"和"高"：指定插入到网页中的图像在浏览器窗口中显示的尺寸大小，直接输入数值即可。
- "源文件"：在文档窗口中插入图像后，Dreamweaver 自动生成图像文件的地址。
- "替代"：指定图像替换文字，当访问者的浏览器不显示网页中的图像时，则在图像区域显示该文字；如果访问者的浏览器能够显示图像，则当浏览者鼠标停留在图像上时，显示该文字信息。
- "类"：用于指定图像所属的 CSS 类。
- "链接"：用于指定图像的超链接。
- "目标"：用于指定超链接的目标框架。
- "地图"：用于指定图像映射。
- "垂直边距"和"水平边距"：指定图像与文字或其他信息之间的垂直间距与水平间距。
- "低解析度源"：如果所用的图片文件很大，那么图像下载的时间可能很长，此时可以制作一张低分辨率或者是单色的小图像指定在此处，于是这幅图像会事先下载，让浏览者能够预览它。
- "边框"：指定图像是否需要边框，在该框内输入数值，则图像在浏览器窗口中显示为有 4 条黑色边框的效果，粗细程度随设置数值大小变化。如果要进一步指定边框的其他属性（例如颜色），则需使用 CSS 样式表进行设置。
- 对齐按钮：可指定图像在页面中的对齐方式，包括"左对齐"（浏览器默认的对齐方式）、"居中对齐"和"右对齐"。
- "对齐"：可设置图像与周围内容的对齐方式。
- 各种编辑按钮：用于对图像进行编辑处理。

9.4.3　制作图像映射

　　图像映射就是指在一幅图像中定义若干个区域（这些区域被称为热点），每个区域中指定一个不同的超链接，当单击不同区域时可以跳转到相应的目标页面。

在 Dreamweaver 中制作图像映射十分简单，步骤如下。

（1）使用前面介绍的方法在网页中插入需要作为图像映射的图像。

（2）确保选中该图像，单击属性检查器上的"矩形热点工具"按钮▢、"椭圆形热点工具"按钮○或"多边形热点工具"按钮♡，然后在图像中拖曳鼠标绘制一个热点，热点会显示为浅蓝色，同时属性检查器中显示出热点的属性，如图 9-22 所示。

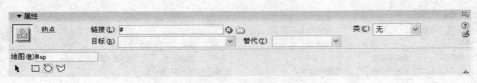

图 9-22　热点的属性检查器

（3）在"链接"文本框旁单击"浏览文件"按钮🗀，在打开的"选择文件"对话框中定位到要跳转的网页（或者直接输入要跳转的网页的 URL，也可以是网页中的锚点名称），在"替代"下拉列表框内输入热点的替换文字，这样图像中的第一个热点就制作好了。

（4）使用相同方法分别设置图像中的其他热点。

（5）按【F12】键在浏览器中预览网页，当单击图像中的热点区域时，浏览器将打开对应热点链接的目标网页。

9.4.4　制作鼠标经过图像效果

鼠标经过图像就是指当访问者的鼠标经过图像时，图像变为另一幅图像，而鼠标离开时，图像又恢复为原始图像，这种效果通常用于导航按钮。它由两幅图像组成，即首次载入时显示的图像为原始图像和鼠标经过后翻转的图像为鼠标经过图像。在创建鼠标经过图像时应使用相同大小的两幅图像，可以使用 Fireworks 或 Photoshop 等图像处理软件制作出要用的图像。

制作鼠标经过图像的步骤如下。

（1）将插入点定位到要插入鼠标经过图像的区域，然后选择"插入"菜单"图像对象"子菜单中的"鼠标经过图像"命令。此时打开"插入鼠标经过图像"对话框，如图 9-23 所示。

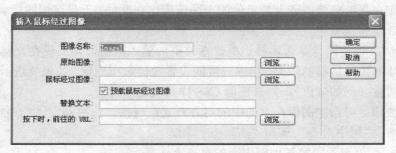

图 9-23　"插入鼠标经过图像"对话框

（2）在"图像名称"文字框内输入翻转图像的名称；单击"原始图像"文本框后的"浏览"按钮，然后在"原始图像"对话框中，选取作为初始图像的图片文件后单击"确认"按钮；单击"鼠标经过图像"文本框后的"浏览"按钮，然后在"鼠标经过图像"对话框中，选取作为鼠标经过图像的图片文件后单击"确认"按钮；确保选中"预载鼠标经过图像"复选框；在"替换文本"文本框内输入替换文字；在"按下时，前往的 URL"文本框中指定链接的目标文件地址，最后单击"确定"按钮。

（3）按【F12】键在浏览器窗口中查看鼠标经过图像效果。

9.5　使用多媒体对象

本节介绍如何在网页中使用多媒体对象，主要内容包括使用声音和视频、使用 Flash 对象。

9.5.1　使用声音与视频

1．声音概述

声音是最常见的一种多媒体信息。声音文件有不同的类型和格式，如果要将声音文件添加到网页，有几种不同的方法。在确定采用哪一种格式和方法添加声音前，需要考虑几个因素：添加声音的目的、文件大小、声音品质和不同浏览器中的差异。

下面简单介绍一下 PC 上较为常见的音频文件格式以及每一种格式在网页设计上的一些优缺点。

.midi 或.mid（乐器数字接口）格式用于表现器乐。绝大多数浏览器都支持 MIDI 文件，且不要求插件。MIDI 文件尽管其声音品质非常好，但根据访问者的声卡的不同，声音效果也会有所不同。很小的 MIDI 文件（例如几十 KB）也可以提供较长时间的声音剪辑，但 MIDI 文件不能被录制，必须使用特殊的硬件和软件在计算机上合成。

.wav（Waveform 扩展名）格式文件具有较好的声音品质，绝大多数浏览器都支持此类格式文件，且不要求插件。用户可以从 CD、磁带、麦克风等录制自己的 WAV 文件。但是，WAV 文件通常很大（几秒钟的音频信息就需要上百 KB），严格限制了在网页上使用的声音剪辑的长度。

.mp3（运动图像专家组音频，即 MPEG-音频层-3）格式是一种压缩格式，它可令声音文件明显缩小。其声音品质非常好，如果正确录制和压缩 MP3 文件，其质量甚至可以和 CD 质量相媲美。这一新技术可以对文件进行"流式处理"，以便访问者不必等待整个文件下载完成即可收听该文件。若要播放 MP3 文件，访问者必须下载安装相应插件，例如 QuickTime，Windows Media Player 或 RealPlayer。

.ra，.ram，.rpm 或 Real Audio 格式具有非常高的压缩品质，文件大小要小于 MP3，全部歌曲文件可以在合理的时间范围内下载。因为可以在普通的 Web 服务器上对这些文件进行"流式处理"，所以访问者在文件完全下载完之前即可听到声音，但访问者必须下载并安装 RealPlayer 插件才可以播放这些文件。

2．视频概述

视频是信息含量最丰富的一种媒体。可以通过不同方式和使用不同格式将视频添加到网页。视频可下载给用户，或者对视频进行流式处理以便在下载的同时播放它。

Web 上用于视频文件传输的最常见流式处理格式有 RealMedia，QuickTime 和 WindowsMedia，但必须下载相应插件才能在浏览器中查看这些格式。

3. 在网页中使用声音与视频

在网页中使用声音的方法通常有 3 种：一是将声音文件作为网页的背景音乐（请参见第1.2.2 节）；二是将声音作为超链接的目标文件（以便访问者下载或者打开播放器播放）；三是直接将声音文件嵌入到网页。

在网页中使用视频的方法通常有两种：一是将视频作为超链接的目标文件（以便访问者下载或者打开播放器播放）；二是直接将视频文件嵌入到网页。

4. 嵌入声音与视频

如果确定访问者安装有能播放相应格式文件的插件（例如 RealMedia 或 QuickTime 插件），那么可以通过嵌入的方式将声音与视频直接插入页面中，从而获得更多对媒体的控制（例如，可选择是否播放和设置音量）。

若要在网页中嵌入音频文件或视频文件，可执行以下步骤。

（1）在文档窗口中，将插入点定位到要嵌入文件的地方，然后单击"插入栏"中的"插件"按钮 ▒ ▾（或者选择"插入"菜单"媒体"子菜单中的"插件"命令）。

（2）在"选择文件"对话框中选择要嵌入的音频文件或视频文件。

（3）通过在"高"和"宽"文本框中输入数值或者通过在"文档"窗口中拖动调整插件占位符的大小，可以确定播放器控件在浏览器中的显示大小。

（4）按【F12】键在浏览器窗口中预览效果。

9.5.2　使用 Flash 对象

使用 Dreamweaver 可以方便快捷地插入 Flash 对象，注意在插入 Flash 对象前必须将制作的 Flash 对象导出为以 .swf 为后缀的文件格式。

在网页中插入 Flash 对象的步骤如下。

（1）首先定位插入点，然后选择"插入"菜单"媒体"子菜单中的"Flash"命令，此时出现"选择文件"对话框，定位到要插入的 Flash 文件（必须是 .swf 文件），然后单击"确认"按钮。

（2）窗口中出现占位图形，此时 Flash 对象在文档中不可见。要查看动画效果，可以单击占位符选中它，然后在属性检查器中单击"播放"按钮 ▶ 播放 ，也可以按【F12】键在浏览器窗口中预览。如果要在文档中修改 Flash 对象的大小，可以在属性检查器的"宽度"框和"高度"框内输入数值，也可以直接在文档窗口中，选取对象后拖曳控制点改变其尺寸。

说明：也可以用 Dreamweaver 在网页中插入 Flash 按钮和文本，这使得用户即使不会使用 Flash 软件也能在网页中使用 Flash 对象。选择"插入"菜单"媒体"子菜单中的相应命令即可。

9.6　设计页面版式

设计页面版式就是指采用一种合适的技术将网页的内容显示在浏览器中。在网页中可以使用多种方式进行版式设计，以形成一个统一的站点风格并获得需要的效果。本节主要介绍如何利用表格、层和框架这 3 种工具进行页面版式设计。

9.6.1　使用表格排版

表格能将页面划分为任意矩形区域，所以是最常用的一种页面布局工具。实际上，目前在 Internet 上的绝大多数网页都是用表格辅助布局的。

1．使用表格显示网页中的内容

如果想显示表格型数据，或者设计比较简单的页面布局，那么可以直接插入普通表格，然后对表格进行设置。

（1）插入表格

在网页中插入表格的步骤如下。

① 将光标定位到要插入表格的区域，选择"插入栏"的"布局"类别，然后单击"表格"按钮 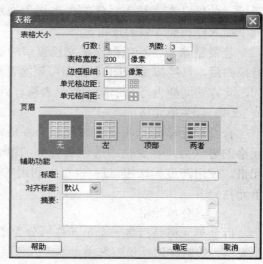，打开"表格"对话框，如图 9-24 所示。

② 在该对话框中，"行数"选项用于指定表格的行数；"列数"选项用于指定表格的列数；"表格宽度"选项用于指定表格的宽度，指定宽度时可在右边的下拉列表框中选择表格宽度的单位，可以是"像素"或"百分比"（即占浏览器窗口宽度的百分比）；"边框粗细"选项用于指定表格边框的粗细，如果表格用于布局，则通常没有边框，即"边框粗细"的值设置为"0"；"单

图 9-24　"表格"对话框

元格边距"选项用于指定单元格与内容之间的填充距；"单元格间距"选项用于指定表格内的单元格之间的距离。有关其他选项的说明，可单击该对话框左下角的"帮助"按钮查看。

③ 设置好相应的数值后单击"确定"按钮，即可在指定位置插入表格。

（2）选取表格及单元格

在对表格或表格的组成部分（行、列、单元格）进行操作之前，应首先执行选取操作。

在文档窗口中选择表格的方法为：如果页面中的表格繁多且嵌套复杂，那么可以将光标移动到要选择的表格中，然后在状态栏的标签选择器上选择最右边的<table>标记符。如果表格比较简单，则可以通过单击表格任意边框的方式将其选取。

选择单独单元格的方法为：首先将光标定位到该单元格，然后在标签选择器中选择加深显示的<td>标记符。

选择不连续单元格的方法为：首先按住【Ctrl】键，再单击若干个单独的单元格，即可将不连续的单元格选中，若再次单击鼠标则取消选定单元格操作。

选择连续单元格的方法为：首先将光标定位到行或列中的起始单元格，按住【Shift】键，再单击行或列中的另一个单元格，则包含在这两个单元格之间的所有单元格均被选定。也可以将光标定位到某个单元格中，按住鼠标不放向右下方拖曳，即可选中多个连续的单元格。

选择表格行的方法为：将光标移到表格中该行的左侧，在表格边框中的鼠标指针变为黑色右箭头形状➡时，单击鼠标即可选择表格行；也可以将光标移动到要选择表行的某个单元格中，然后单击标签选择器中离<td>标记符最近的<tr>标记符。

选择表格列的方法为：将光标移到表格中该列的上方，在表格边框中的鼠标指针变为黑

色向下箭头形状 ↓ 时，单击鼠标即可选择该列。与选择表格行不同的是，不能利用标签选择器选取表格列。

（3）添加/删除行和列

添加行和列的方法为：在需要添加行或列的区域单击鼠标右键，在弹出的快捷菜单中选择"表格"菜单中的"插入行"或"插入列"命令；也可以选择"插入行或列"命令，然后在"插入行或列"对话框中进行相应设置，如图 9-25 所示。此外，在"插入栏"的"布局"类别中也包括了插入行和插入列的按钮。

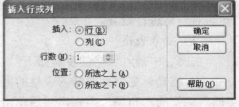

若要删除表格行或列，在文档窗口中选择表格行或列后，直接按【Delete】键即可删除表格的行或列，此方法同样也适合于删除整个表格。

图 9-25 "插入行或列"对话框

（4）合并单元格

合并单元格是指将多个单元格合并成一个，在表格中只能合并连续的单元格。合并单元格的方法为：在表格中选取要合并的单元格，然后在其属性检查器中单击"合并所选单元格，使用跨度"按钮 ⊟；也可以利用右键快捷菜单中的"合并单元格"命令将被选中的单元格合并。

（5）拆分单元格

拆分单元格是指将一个单元格拆分为多个单元格。拆分单元格的方法为：选中要拆分的单元格，然后在属性检查器中单击"拆分单元格为行或列"按钮 Ⅱ，也可以利用右键快捷菜单中的"拆分单元格"命令，拆分时会显示"拆分单元格"对话框，可在其中设置拆分选项。

（6）设置表格属性

在文档窗口中选取表格后，即可在其属性检查器中设置表格的属性，如图 9-26 所示。

图 9-26 表格的属性检查器

各选项的含义如下。

- "表格 Id"：即表格的名称，用于脚本程序调用。
- "行"与"列"：设置表格行数与列数。
- "宽度"与"高度"：设置表格宽度与高度。
- "填充"与"间距"：设置单元格内容与单元格之间的填充距和边距。
- "对齐"：设置表格在浏览器中的对齐方式，包括"默认"、"左对齐"、"居中对齐"和"右对齐"。
- "边框"与"边框颜色"：设置表格是否具有边框，以及边框颜色，表格不设置边框时值为 0。
- "类"：设置表格所属的 CSS 类。
- "背景颜色"与"背景图像"：设置表格背景色与背景图像。

- 　：单击该按钮，可以清除表格列内的多余宽度。
- 　：单击该按钮，可以将表格宽度单位转换为像素值（即固定宽度）。
- 　：单击该按钮，可以将表格宽度单位转换为百分比（即自由伸缩宽度）。
- 　：单击该按钮，可以清除表格行内多余高度。
- 　：单击该按钮，可以将表格高度单位转换为像素值（即固定高度）。
- 　：单击该按钮，可以将表格宽度单位转换为百分比（即自由伸缩高度）。

（7）设置单元格属性

选取单元格（也可以是行或列）后，即可在其属性检查器中设置相应的属性，如图 9-27 所示。

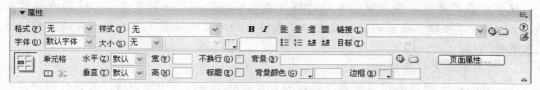

图 9-27　单元格属性检查器

单元格属性检查器上半部分显示了常用的文本属性，可以使用它们设置单元格内文字的格式。下半部分为单元格属性，其中的选项含义如下。

- "水平"：设置单元格内容的水平对齐方式，选项有："默认"、"左对齐"、"居中对齐"和 "右对齐"。
- "垂直"：设置单元格内容的垂直对齐方式，选项有："默认"、"顶端"（内容与单元格顶部对齐）、"中间"（内容与单元格中部对齐）、"底部"（内容与单元格底部对齐）和 "基线"（内容与单元格基线对齐）。
- "宽" 与 "高"：设置单元格的宽度与高度。
- "不换行"：选择该选项可以取消文字自动换行功能。
- "标题"：如果将单元格设置为标题单元格，则其中文字以粗体显示，并且自动居中对齐。
- "背景"：设置单元格的背景图像。
- "背景颜色"：设置单元格的背景颜色。
- "边框"：设置单元格的边框颜色。

（8）在单元格中添加内容

用户可以在表格的单元格中添加任意网页内容，例如图像、文字、动画，甚至另外一个表格等。要在单元格内添加网页对象，首先应将插入点定位到要添加内容的单元格，然后通过使用"插入栏"中的各种工具按钮插入对象，之后还可以使用对象的属性检查器为添加在单元格内的对象设置属性。

（9）使用扩展表格功能

扩展表格模式临时向文档中的所有表格添加单元格边距和间距，并且增加表格的边框以使编辑操作更加容易。利用这种模式，网页设计者可以更方便地选择表格中的项目和精确地放置插入点。在"插入栏"的"布局"类别中单击"扩展表格模式"按钮 扩展 ，会弹出图 9-28 所示的"扩展表格模式入门"对话框，简要介绍了扩展表格模式的作用。

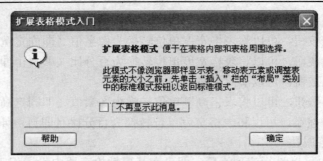

图 9-28　"扩展表格模式入门"对话框

说明：在扩展表格模式中添加的边框、单元格边距和间距只是为了方便用户操作而由 Dreamweaver "临时"设置的。一旦选择了表格中的内容或放置了插入点，应该回到标准模式来进行编辑。

2. 使用布局表格设计网页版式

Dreamweaver 提供的布局模式以直观的方式自动生成网页中的表格，能够使用户在文档窗口中通过拖曳鼠标的方式来实现复杂页面版式的设计。

（1）切换到布局模式

在绘制布局表格或布局单元格之前，必须切换到布局模式，方法为：将"插入栏"切换到"布局"类别，然后单击"布局模式"按钮 布局 ，则出现"从布局模式开始"对话框，如图 9-29 所示，其中说明了使用布局表格的基本操作，单击"确定"按钮，文档窗口就进入了布局模式。

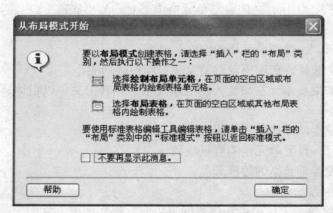

图 9-29　"从布局模式开始"对话框

在布局模式中，用户可以在网页中绘制布局单元格和布局表格。如果要切换回标准模式，应在"插入栏"的"布局"类别中单击"标准模式"按钮 标准 。

（2）绘制布局表格与布局单元格

文档进入布局模式后，用户就可以绘制布局表格与布局单元格。

绘制布局表格的方法为：单击"插入栏"中的"布局表格"按钮，当光标变为十字后拖曳鼠标。如果页面没有其他内容，则该布局表格自动定位在页面左上角。绘制的布局表格左侧顶部会出现一个绿色的"布局表格"标签，并且显示了表格的宽度，另外布局表格绿色边线周围会出现控制手柄，可用于控制布局表格的大小。

　　绘制布局单元格的方法为：单击"插入栏"中的"绘制布局单元格"按钮，然后拖曳鼠标指针。绘制的布局单元格显示为白色，单击选中后周围有浅蓝色的边框和控制手柄，并且在包含布局单元格的布局表格标签上方显示了布局单元格的尺寸大小；如果要连续绘制多个单元格，可以按住【Ctrl】键不放，然后在布局表格中多次拖曳鼠标进行绘制。

　　布局表格与布局单元格的效果如图 9-30 所示。

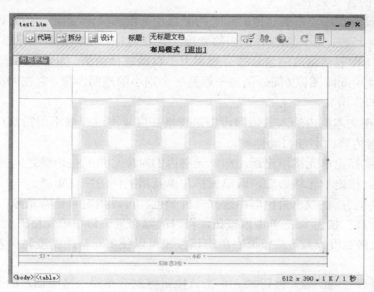

图 9-30　布局表格与布局单元格

　　注意：在绘制布局表格或布局单元格时，如果鼠标指针显示为⊘，则表示该区域无法绘制布局表格或布局单元格。

　　（3）选择布局表格与布局单元格

　　单击布局表格绿色边线或者表格上方的绿色"布局表格"标签，即可选取对应的布局表格；将鼠标指针移到布局单元格的边线，相应的布局单元格会高亮显示，此时单击鼠标即可选中该布局单元格。

　　（4）调整布局表格与布局单元格的大小和位置

　　如果对布局表格或布局单元格的大小不满意，可以设置其大小。首先选取布局表格或布局单元格，单击其边线控制手柄，当鼠标指针变为双向箭头↔时，拖曳鼠标即可改变布局表格或单元格的大小。

　　如果要精确控制布局表格或布局单元格的大小，可在选取它们后，在对应的属性检查器中设置"宽度"和"高度"值。

　　如果在布局表格中要移动嵌套的布局表格，应按住其"布局表格"标签，然后拖曳鼠标。如果要移动布局单元格，应将鼠标指针移到布局单元格的边线，相应的布局单元格会高亮显示，此时按下鼠标拖曳即可。

　　（5）布局表格的属性设置

　　选取布局表格后，可在属性检查器中设置其属性，如图 9-31 所示。

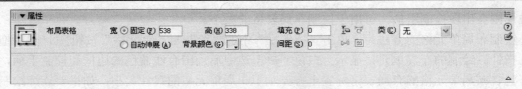

图 9-31　布局表格的属性检查器

其中各选项的含义如下。

- "宽"：设置布局表格的宽度时，有两个选项可供选择，"固定"指定表格宽度为固定大小的像素数，该选项制作的表格宽度不论在何种分辨率下的显示结果都相同；"自动伸展"，即表格宽度随显示器分辨率大小自动进行调整，如果使用该选项制作表格，则需要使用间隔图像（间隔图像一般是一个细小的透明图像，它在网页中可以起到支撑表格的作用）。
- "高"：在文本框内输入数值即可指定表格高度。不过一般不用指定，因为表格的高度会随着内容的添加自动伸缩。
- "填充"：指定单元格填充距，即单元格内的对象与单元格边框之间的空白距离。
- "间距"：指定单元格边距，即单元格与单元格之间的空白距离。
- "背景颜色"：在颜色拾色器中选择一种颜色，可以指定表格背景颜色。
- "清除行高"按钮 ：单击该按钮，可以清除布局表格中单元格的剩余高度。
- "使单元格宽度一致"按钮 ：单击该按钮可以使单元格的宽度与调整后的宽度保持一致。
- "删除所有分隔图像"按钮 ：单击该按钮将删除布局表格中插入的分隔图像，注意应当在表格全部设计好之后再将分隔图像删除。
- "删除嵌套"按钮 ：单击该按钮可以将嵌套的布局表格删除，此时并没有删除该布局表格中的页面内容，而是将它们合并到上一级布局表格中。通常在设计复杂的布局时，可以先绘制多个辅助布局的嵌套表格，当页面布局完成后，再将一些嵌套表格删除。如果不慎误删除了有用的表格，可以按【Ctrl+Z】键恢复操作。
- "类"：设置布局表格所属的 CSS 类。

（6）布局单元格的属性设置

在布局表格中选取布局单元格后，属性检查器如图 9-32 所示。

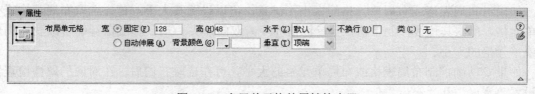

图 9-32　布局单元格的属性检查器

其中各选项的含义如下。

- "宽"：指定单元格宽度，两个选项的含义与布局表格的相应选项相同，其中"固定"表示设置单元格宽度为固定数值，"自动伸展"表示设置单元格宽度随表格的大小而变化。

- "高"：输入数值可以指定单元格高度。
- "水平"：设置布局单元格中内容的水平对齐方式，选项有："默认"、"左对齐"、"居中对齐"和"右对齐"。
- "垂直"：设置布局单元格内容的垂直对齐方式，选项有："默认"、"顶端"、"中间"、"底部"和"基线"。
- "不换行"：取消文字自动换行功能。
- "类"：设置布局单元格所属的 CSS 类。
- "背景颜色"：设置单元格背景颜色。

（7）在布局单元格中添加内容

在布局单元格中添加内容与在单元格中添加内容的方式一样：首先定位插入点，然后添加文本、图片、Flash 对象等各种信息。

注意：在使用布局模式设计网页布局时，注意控制布局的复杂度。不要因为构造表格很方便，就大量使用嵌套表格。不论采用什么工具，布局的基本原则都是尽量简单化。

9.6.2　使用层排版

1. 什么是层

层是一种页面元素定位技术，它能够将放置在层中的内容任意定位在浏览器中。层中可以包含任何能放置到 HTML 文档的元素，如文本、图像、对象甚至其他层。一个网页中可以含有多个层，层最大的特点在于各个层之间可以重叠，并可以决定每个层是否可见，还可以定义各个层之间的层次关系。通过使用层，网页上的各种元素可以布置在网页的任意位置并能以任意方式重叠。

与表格显示内容有所区别的是，表格只能将内容规规矩矩地排列在浏览器中，而层却能够根据其坐标值以及显示/隐藏属性，在同一位置下放置多个内容（即将网页内容重叠起来）。如果将层与 JavaScript 脚本结合使用，还能够制作出动态交互网页，例如实现网页菜单、网页翻转图等效果。

说明："层"实际上对应于 CSS 技术中的"绝对定位"，有关信息请参见第 6.4.4 节。

2. 层的基本操作

（1）创建层

在 Dreamweaver 中，用户可以方便地在文档窗口中创建层并精确地将层定位。若要创建层，可执行以下操作之一。

- 在标准模式下，单击"插入栏"的"布局"类别中的"描绘层"按钮，然后拖动鼠标进行绘制。
- 若要在文档特定位置插入层，应在文档窗口中定位插入点，然后选择"插入"菜单"布局对象"子菜单中的"层"命令。如果在层中插入一个新层，则新层成为原层的一个嵌套层，嵌套层随其父层一起移动，并且可以设置为继承其父层的可见性。
- 如果要创建多个层，在单击"插入栏"中的"描绘层"按钮后，按住【Ctrl】键不放，然后拖动鼠标来绘制多个层。

创建层后在层中单击鼠标，将插入点定位到层中，就可以插入文字或使用"插入栏"中的各种按钮向层中添加网页对象，也可以使用各种对象的属性检查器对对象进行修饰。

（2）选择层

在文档窗口中，将鼠标指针移到层边线，则该层会高亮显示，此时单击鼠标即可选中层。层被选中后，周围出现控制手柄，如图 9-33 所示。

如果要同时选择多个层，应首先按住【Shift】键不放，然后分别在其他层内任意处单击，则同时选取多层。

图 9-33　选择层

如果要删除层，选择层后按【Delete】键即可。

（3）设置层属性

选取层后，其属性检查器如图 9-34 所示。

图 9-34　层的属性检查器

其中各选项的含义如下。

● "层编号"：指定层的标识，主要用于脚本程序。

● "左"：指定层靠近浏览器左边界的距离，即层的水平坐标。

● "上"：指定层靠近浏览器顶部边界的距离，即层的垂直坐标。

● "宽"和"高"　指定层的宽度与高度。

● "Z 轴"：指定层的 Z 值，即叠放顺序，Z 值越大，越在浏览器上方显示。

● "可见性"：指定层的可见性，其中有 4 个选项，"default"（默认），采用默认的层可见属性；"inherit"（继承），当层中包含层时，外面的层称为父层，嵌套的层称为子层，在子层中选中该选项，则可以继承父层的可见性；"visible"（可见），使层在浏览器窗口中可见；"hidden"（隐藏），使层在浏览器窗口中隐藏起来，即不可见。

● "背景图像"：指定层的背景图像。

● "背景颜色"：指定层的背景颜色。

● "类"：指定层所属的 CSS 类。

● "溢出"：指定层中内容的尺寸超过层的大小时如何显示，其中有 4 个选项，"visible"（可见）表示当内容大于层尺寸时，扩大层的尺寸，使内容可见；"hidden"（隐藏）表示当内容大于层尺寸时，保持层的大小，隐藏显示不出来的内容；"scroll"（滚动）表示不改变层的大小，而是通过增加滚动条来显示内容；"auto"（自动）表示层随着内容的大小自行确定是否需要滚动条。

● "剪辑"：定义层中内容的显示区域，指定左侧、顶部、右侧和底边坐标可在层的坐标空间中定义一个矩形（从层的左上角开始计算）。层经过"剪辑"后，只有指定的矩形区域才是可见的。

（4）调整层大小

选中层后拖曳层四周的控制手柄，即可改变层的大小。如果要精确控制层的大小，应首先选择层，然后在其属性检查器中的"宽"和"高"框内输入像素值。

如果要使用多个层大小相同，可以同时选择多层后再分别选择"修改"菜单中的"对齐"

子菜单，然后分别选择"设成宽度相同"与"设成高度相同"命令。

说明：同时改变层的大小与最后选中的层的大小相同。

（5）移动层

选择层后，拖曳层左上角的矩形手柄，即可将一个或多个层移动到任意位置。如果要精确控制层的位置，可以在属性检查器中的"左"（相对于浏览器左侧的水平坐标）和"上"（相对于浏览器顶部的垂直坐标）框内输入像素值。

（6）对齐层

选择"修改"菜单"对齐"子菜单中的命令，可以执行层的对齐操作。所谓对齐层是指同时选择两个或两个以上的层，然后按照最后选中的层的上、下、左、右四条边界的某一条边界作为参照来对齐其他层。

（7）更改层的重叠顺序

在网页中使用层的最大好处就是层可以重叠。在浏览器中层的叠放次序由层的 Z 值决定，Z 值越大，越在上方显示。在"层"面板（按【F2】键可以打开"层"面板）中单击层的"Z"值列表，然后在文本框内输入层的重叠次序，则可以改变选中层在浏览器中显示的次序，如图 9-35 所示。

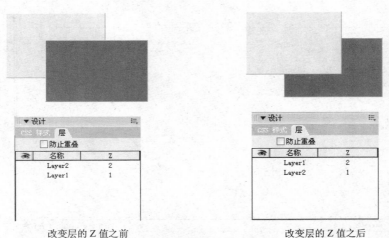

改变层的 Z 值之前　　　　　　　　　　改变层的 Z 值之后

图 9-35　更改层的重叠顺序

在"层"面板中的"名称"框内，显示了绘制层的默认名称，第一个绘制为"Layer1"，第二个绘制为"Layer2"，以后依次排列。如果要重新为层命名，可以双击层名称，然后在文本框内输入新的层名称，通常在网页脚本中需要使用层的名称。

如果在"层"面板中选取了"防止层重叠"选项，则不能绘制重叠的层。

（8）更改层的可见性

在"层"面板中，单击层名称前的"眼睛"图标所在列，可以控制层在网页中的显示情况。图标显示为"闭眼"，表示层不可见；显示为"睁眼"，表示层可见；不显示任何图标，表示采用层的默认的显示属性（可见）。

9.6.3　使用框架排版

框架是在一个浏览器窗口中显示多个文件的网页技术（详细信息请参见第 4 章），利用超链接的"目标框架"属性可以构造出常见的页面导航。

1. 创建框架结构

在 Dreamweaver 中创建框架结构通常有两种方法：一是利用"插入栏"的"布局"类别中提供的默认框架结构；二是使用"新建文档"对话框中的"框架集"选项，新建一个框架结构的网页文档。

（1）使用"插入栏"中的"框架结构"按钮

使用"插入栏"中的"框架结构"按钮可以创建出一些常用的框架结构，例如上小下大的导航结构、左小右大的目录结构、上左右的目录结构等。创建方法为：选择"插入栏"的"布局"选项卡，然后单击"框架结构"按钮，就可以选择创建出所需的框架结构，如图 9-36 所示。

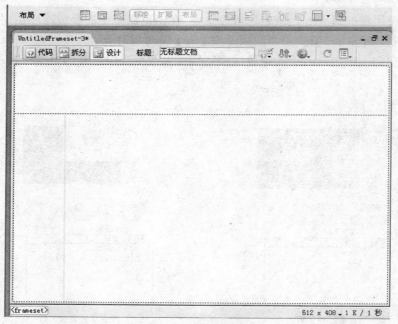

图 9-36　插入框架结构

如果要在框架中再建立新的框架，那么应先将光标定位到要创建新框架的框架中，然后在"插入栏"中选择所需的框架结构，就可以建立嵌套式的框架结构。

（2）使用"新建"命令

如果用户需要在文档窗口中创建新的框架结构文档，可执行以下步骤。

① 选择"文件"菜单下的"新建"命令。

② 在"新建文档"对话框中，选择"框架集"类别，如图 9-37 所示。

说明：从该对话框的选项可以看出，Dreamweaver 能方便地创建各种类型的文档（例如，使用"页面设计"类别可以创建使用表格排版的多种基本网页布局），具体功能请读者自行尝试。

③ 从"框架集"列表框中选择一种框架集结构。

④ 单击"创建"按钮，即可创建出该类型的框架网页。

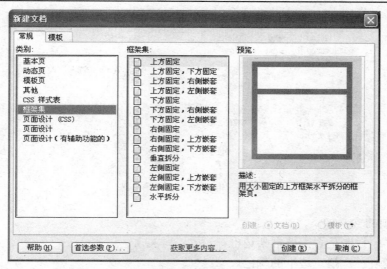

图 9-37　使用"新建文档"对话框创建框架结构网页

2. 选取框架集与框架

根据第 4 章中的知识我们知道，一个框架结构实际上是由两部分构成的，一部分是定义出整个窗口应如何划分的框架集，另一部分是用于放置网页的每个具体框架。在对框架集或框架进行操作之前，应首先选中它们。

（1）选取框架集

选取框架集的方法为：选择"窗口"菜单中"框架"命令，打开"框架"面板，然后在"框架"面板上单击外围的边框，即可选取整个框架集，如图 9-38 左图所示。对于嵌套框架，会有多个框架集。例如，在图 9-38 右图中，选中的是嵌套的框架集。

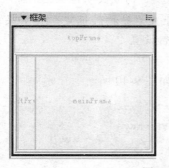
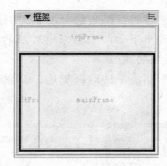

图 9-38　选择框架集

也可以直接单击文档窗口中的框架边框以选取框架集（此时鼠标指针会变为双向箭头），不管用什么方法，只要框架集的边框上出现虚线，就表明该框架集被选中了。

（2）选取框架

选择框架的方法为：在"框架"面板上，单击要选取框架的内部（注意不要单击框架的边框）。

3. 设置框架集的属性

选取框架集后，其属性检查器如图 9-39 所示。

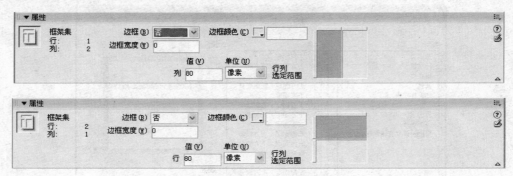

图 9-39　框架集的属性检查器

其中各选项的含义如下。

● "边框"：控制是否需要框架边框。

● "边框颜色"：指定边框的颜色。

● "边框宽度"：控制边框的粗细，0 表示无边框。

● "行列选择器"：即显示在属性检查器右边的框架示意图。在行列选择器中单击行或列，可以设置框架中行与列的尺寸。

● "列值/行值"：控制框架的列宽或行高。如果当前框架结构是列结构，则显示为"列"；如果是行结构，则显示为"行"。在"值"文本框可以设置行或列的宽度值，可选择的单位有："像素值"、"百分比"和"相对"。其中，"像素值"指定框架行或列的宽度为绝对像素值；"百分比"指定框架行或列的尺寸为百分比单位；"相对"表示使用前两种单位后的剩余部分，即不论前行或列使用什么单位，如果选择该宽度单位，则都取浏览器中剩下的宽度。

注意：对于复杂的框架结构，其中包含多个框架集，构成嵌套框架，此时应注意利用"框架"面板选择适当的框架集进行设置。例如，对于上左右结构的框架▣，如果要设置左边框架的尺寸，应选中下面两个框架所对应的框架集进行设置。

4. 设置框架的属性

在"框架"面板上选取框架后，其属性检查器如图 9-40 所示。

图 9-40　框架的属性检查器

其中各选项的含义如下。

● "框架名称"：用于为框架命名，以便在指定超链接的目标框架时，确定网页在哪个框架显示。

● "源文件"：指定框架中所显示网页的文件路径，用于指定框架的初始页面。

● "边框"：指定框架是否需要显示边框。

● "滚动"：指定框架是否需要滚动条，通常采用"默认"选项即可，该选项表示当框架中的内容超出框架尺寸时显示滚动条，否则不显示滚动条。
- "不能调整大小"：默认的框架在浏览器中可调整各框的大小，如果设置此选项，则访问者不能任意调整框架尺寸。
- "边框颜色"：指定框架边框的颜色。
- "边界宽度"：设置框架中的内容与左右边框之间的距离，以像素为单位。
- "边界高度"：设置框架中的内容与上下边框之间的距离，以像素为单位。

5. 保存框架

由于框架结构的文档包含多个网页，所以保存时与保存普通网页有所不同，步骤如下。

（1）选择"文件"菜单中的"保存全部"命令，此时将弹出"另存为"对话框，同时文档窗口中最外层的边框显示为有阴影，表示当前要保存代表整个框架结构的框架集文件。

（2）选择适当的保存位置并指定文件名后单击"保存"按钮，则又会弹出一个"另存为"对话框，此时另外的框架边框显示为有阴影，表示当前要保存的是这个框架。

（3）如此下去直到保存了所有的框架。

在保存框架时，如果所有网页都是新建的，那么若有 n 个框架，则会弹出 $n+1$ 个"另存为"对话框，即若有 n 个框架则需保存 $n+1$ 个文件。

6. 设置超链接目标框架

所谓超链接目标框架，是指当单击超链接时，超链接的目标网页文件在哪个框架中显示（请对照本书第 4.6.1 节）。设置超链接目标框架的步骤如下。

（1）选择网页中的文本或其他对象，然后在其属性检查器的"链接"文本框中输入要链接文件的 URL，或者单击"浏览文件"按钮 ，然后在本站点中选择要链接的文件。

（2）单击属性检查器中的"目标"下拉列表框，然后从下拉列表中选择目标框架名，如图 9-41 所示。

图 9-41   设置目标框架

在"目标"下拉列表框中除了包含当前网页中的框架名称以外，还有默认的一些框架名称，包括"_blank"（新窗口），"_parent"（上一级框架），"_self"（自身）和"_top"（顶层框架，如果想从框架结构中跳出，应使用此选项）。

9.7   表单与行为

本节介绍有关网页动态特性方面的内容，主要包括两方面：使用表单和使用行为。

9.7.1　创建表单

在网页中插入表单的步骤如下。

（1）将光标定位到要插入表单的区域，单击"插入栏"的"表单"类别中的"表单"按钮□。

（2）在文档窗口中出现红色的虚线框，表示是表单的作用范围，如图 9-42 所示。

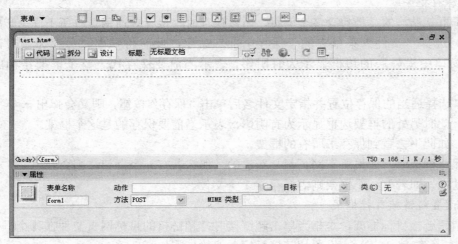

图 9-42　插入表单

（3）在表单的属性检查器中设置表单的各项属性，常用属性的含义如下。

● "表单名称"：是表单框在网页中的标识，服务器端程序处理表单数据时需要使用表单名称来确定具体的表单（因为一个网页中可以包含多个表单）。

● "动作"：该属性用于具体指定处理表单数据的服务器端应用程序，也可在该框内输入 "mailto:电子邮件地址"，以便使用电子邮件的方式处理表单数据。

● "方法"：选择处理表单数据有 3 种方法：即 GET，POST 和默认。通常选择 POST 方法即可。

（4）将光标定位到表单框内，然后单击"插入栏"的"表单"类别中的"表单控件"按钮，插入需要的表单控件。例如要插入文本框，则单击"文本字段"按钮□，文本框即被插入到表单框内。

注意：如果在插入表单控件之前没有插入表单框，则系统会弹出一个提示对话框，询问是否需要插入一个表单，单击"是"按钮，则会插入一个表单框，同时插入所选择的表单控件。

（5）也可以在表单作用范围内插入其他网页元素（但不能是另一个表单），例如文本、图像、表格等，并对这些元素进行修饰。在表单中也可以使用表格设计布局。当在表单中使用表格时，请确保在插入点位于表单框内时操作。

（6）插入表单控件后设置其属性即可完成插入表单。

说明：除了使用以上方法，还可以直接使用"文件"菜单中的"新建"命令，打开"新建文档"对话框，然后选择一些常用的表单页面效果，如图 9-43 所示。

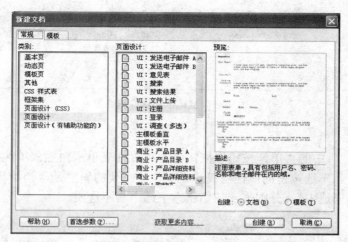

图 9-43　使用"新建文档"对话框创建表单网页

9.7.2　创建表单控件

常用的表单控件包括文本框、复选框、单选钮（也叫做单选框）、列表/菜单、跳转菜单、图像域、按钮等，以下分别介绍如何插入这些表单控件与对应的属性设置。

1. 文本框

将光标定位到表单框内，单击"插入栏"的"表单"类别中的"文本字段"按钮□即可插入文本框（有时也叫文本域）。

文本框可以分为 3 种类型，即单行文本框、多行文本框与密码框，其属性检查器如图 9-44 所示。其中的"类型"选项，如果选择"单行"，则可以创建出单行文本框；如果选择"多行"，则可以创建出多行文本框；而选择"密码"，则可以创建密码框。

图 9-44　文本框的属性检查器

说明：也可通过单击"插入栏"的"表单"类别中的"文本区域"按钮□直接插入多行文本框。

这 3 种类型文本框的常用属性基本相同："字符宽度"表示文本框的宽度，"最多字符数"表示文本框中允许输入的最多字符数目，"初始值"表示文本框内最初显示的内容。在选择"多行"单选框后，"最多字符数"变为"行数"，表示多行文本框的行数。

2. 复选框

单击"插入栏"中的"复选框"按钮☑，可以在表单框内插入复选框，其属性检查器如图 9-45 所示。

该属性检查器中只有一个常用属性"初始状态"，取值可以是"已勾选"或是"未选中"，表示网页装载表单时复选框的初始状态。

图 9-45　复选框的属性检查器

3. 单选按钮

单击"插入栏"中的"单选按钮"按钮 ，可以在表单框内插入单选按钮，其属性检查器如图 9-46 所示。单选按钮的属性与复选框类似，主要的属性是"初始状态"，取值可以是"已勾选"或是"未选中"，分别表示初始状态下选中与不选中。

图 9-46　单选按钮的属性检查器

需要特别注意的是，单选按钮必须分组才能获得"单选"效果，默认情况下所有的单选按钮都为一组。如果要为单选按钮分组，则应该将不同组按钮的"单选按钮"文本框中的值（也就是单选按钮的名称）设置为不同，也就是说，同一单选按钮组具有相同的单选按钮名称。

说明：也可以单击"插入栏"中的"单选按钮组"按钮 插入成组的单选按钮。

4. 列表/菜单

单击"插入栏"中的"列表/菜单"按钮 ，可以在表单框内插入列表/菜单，它允许用户从一组选项中选择相应的值。其中列表与菜单的不同之处在于列表允许用户选择多个选项，而菜单只允许用户选取选项之一。列表/菜单的属性检查器如图 9-47 所示。

图 9-47　列表/菜单的属性检查器

默认时列表/菜单中还没有选项，应单击"列表值"按钮，打开"列表值"对话框进行设置，如图 9-48 所示。在对话框左列"项目标签"是要显示在菜单中的文字选项，"值"表示这些选项的值，使用脚本程序时需要设置其值，否则可以忽略。

单击顶部的 按钮或 按钮，然后在文字框内输入项目文字即可添加文字选项或删除文

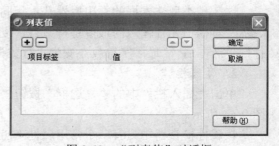

图 9-48　"列表值"对话框

字选项；如果要移动选项在菜单中的次序，可以通过单击"向上移动"按钮▲或"向下移动"按钮▼，最后单击"确定"按钮，则列表值设置完成。

当设置了多个选择项目后，可以通过属性检查器中的"初始化时选定"列表框指定列表/菜单的初始选中项目。

如果将类型选择为"列表"，则原来灰色不可用的选项变为可用。在属性检查器中，"高度"用于设置列表选项的高度，即表示列表的行数；"允许多选"复选框，表示列表是否允许选取多个选项。如果允许选择多项，则访问者可以按住【Shift】键选择多个连续的选项，或者按住【Ctrl】键选择多个不连续的选项。

5. 跳转菜单

跳转菜单是一种常见的交互式表单控件（其本质是"行为"，详细信息请参见第 9.7.4 和 9.7.5 节的内容），其中每个菜单选项都是一个超链接，使浏览者在选择某个选项后可以跳转到相应的页面。

在表单中插入跳转菜单的步骤如下。

（1）在表单框中要插入跳转菜单的区域定位光标，然后单击"插入栏"中的"跳转菜单"按钮▣。

（2）打开"插入跳转菜单"对话框，如图 9-49 所示。

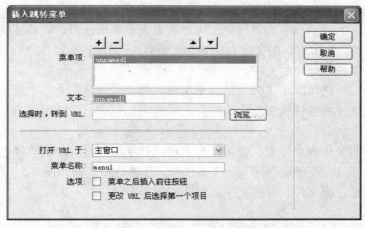

图 9-49　"插入跳转菜单"对话框

（3）在"文本"文本框内输入第一个菜单项要显示的文字；在"选择时，转到 URL"文本框内输入超链接的目标文件路径；如果需要指定超链接的目标框架，可以在"打开 URL于"下拉列表框中选择；如果要在菜单列表后面添加"前往"按钮，可以选择"菜单之后插入前往按钮"复选择；如果要在变更了 URL 后仍然选中第一个菜单项，应选择"更改 URL后选择第一个项目"复选择。

（4）单击对话框顶部的➕按钮，添加其他菜单选项，并设置相对应的超链接目标文件路径。

（5）如果要删除菜单中的选项，则应在列表中选取项目，然后单击➖按钮。如果要调整项目列表的次序，可以通过单击▲或者▼按钮来实现。

（6）设置完成后，单击"确定"按钮，则在表单中插入了一个弹出菜单，保存网页后，按【F12】键在浏览器窗口预览网页，当浏览者单击跳转菜单中的项目时，则在浏览器窗口中自动打开了相对应的网页。

说明：如果要在创建了跳转菜单之后编辑它，可以单击跳转菜单，然后双击"行为"面板中的"跳转菜单"，即可重新编辑跳转菜单选项。

6. 按钮

单击"插入栏"中的"按钮"按钮▭，可以插入一个按钮对象，它用来执行诸如"提交"或是"重新填写"之类的功能，当然也可以用来执行 JavaScript 脚本指定的自定义功能。

一般的表单中可能会有两个按钮，一个是用于发送表单数据的"提交"按钮，另一个是用于重新填写数据的"重置"按钮。在表单中单击插入的按钮，其属性检查器如图 9-50 所示。

图 9-50　按钮的属性检查器

按钮默认时为"提交"按钮，如果要设置该按钮中的文字，可以在"标签"文本框中输入文本，例如：提交、进入、YES、GO 等。

在属性检查器的"动作"选项区中选择"重设表单"单选框，可将按钮设置为"重置"按钮，此时"标签"文本框内的文字自动变为"重置"。同样也可以在"标签"文本框内输入其他文本作为"重置"按钮的文字。

如果在"动作"选项区中选择"无"单选项，则表示该按钮为一个普通按钮，此时必须通过编写脚本程序才能使该按钮产生响应。

7. 图像域

如果想使用图像作为"提交"按钮，那么可以使用图像域。单击"插入栏"中的"图像域"按钮▣，则可以在表单框中插入一个图像域，其属性检查器如图 9-51 所示，可以在其中设置图像的宽、高、源文件、替换文字、对齐方式等。

图 9-51　图像域的属性检查器

9.7.3　添加表单控件标签

在 Dreamweaver 中要实现文本标签的功能，必须通过更改 HTML 源代码的方式，步骤如下。

（1）选中表单中需要与表单控件相关联的文字，单击"插入栏"中的"标签"按钮▣，Dreamweaver 自动切换到混合视图，并为所选文字环绕<label>标记符。

（2）在<label>标记符中输入"for=文字标签名"，其中文字标签名可为任意。

（3）单击需要设置标签的表单控件，定位到相应的代码，在对应标记符（通常是 input）中输入"id=文字标签名"，此处的文字标签名必须与刚才指定的文字标签名相同。修改了代码后的窗口如图 9-52 所示。

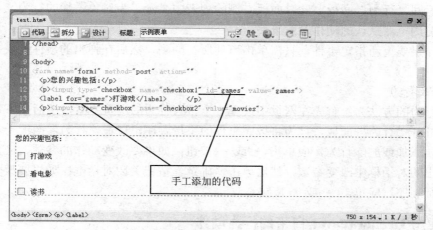

图 9-52　修改 HTML 源代码

（4）按【F12】键，在浏览器窗口中单击设置为标签的文字，即可选取对应的表单控件（例如复选框）。

说明：在 Dreamweaver 中，除了可以用以上方式修改 HTML 源代码以外，还提供了"快速标签编辑器"（快捷键【Ctrl+T】）等功能，可以使用户在设计模式下快速更改 HTML 源代码。有关使用 Dreamweaver 编辑 HTML 代码的详细信息，请读者参见 Dreamweaver 联机帮助中的"使用页代码"主题。

9.7.4　行为的概念与基本操作

1．什么是行为

所谓行为，就是由 Dreamweaver 自动实现的 JavaScript 动态功能（查看源代码就可以清楚了解行为的本质），它是"事件"和"动作"的组合。事件是由浏览器为页面元素定义的，例如，当鼠标移动到某个链接上时，就会产生"onMouseOver"事件；而动作就是一个预先写好的程序，每个程序都可以完成特定的任务，如打开浏览器窗口、播放声音等。

2．添加行为

在文档窗口中添加行为的步骤如下。

（1）选择一个要添加行为的网页对象。例如，要为网页中的图像添加行为，首先应该单击选取该图像，然后再添加行为；如要为整个网页添加行为，则需要首先在文档窗口底部的标记符选择器中单击"<body>"标记符。

（2）选择"窗口"菜单中的"行为"命令，打开"行为"面板，如图 9-53 所示。

（3）单击"添加行为"按钮 **+,**，在弹出的菜单中选择"显示事件"命令，在弹出的列表中选择一种浏览器版本（在较高版本的浏

图 9-53　"行为"面板

览器中能够设置较多类型的事件）。

（4）在列表中选择一个动作，此时将弹出该动作对应的对话框，其中显示了动作的参数与说明，在对话框中设置动作参数，最后单击"确定"按钮。

（5）返回"行为"面板，此时面板右侧的列表中显示了为对象添加的行为，左侧列表中显示了当前浏览器默认的动作触发事件。

（6）如果要重新指定事件，只需单击事件所在的列，然后在弹出的事件列表中选择一个事件即可。

3．修改行为

修改行为的方法为：首先在网页中选择一个带有行为的网页元素，然后按下【Shift+F3】组合键，打开"行为"面板，行为将按照事件的字母顺序出现在"行为"面板上。

如果要添加或删除行为，应单击 + 或 − 按钮；如果要改变动作的参数，应双击行为，然后在弹出的对话框中改变参数，然后单击"确定"按钮关闭对话框；如果要改变给定事件的动作执行顺序，应单击 ▲ 或 ▼ 按钮。

9.7.5　使用 Dreamweaver 自带的行为动作

Dreamweaver 提供了一些自带的行为动作，能够制作出很多常见的页面动态交互式效果，下面介绍最实用的几种。

1．调用 JavaScript

该动作可以使用户使用"行为"面板指定当事件发生时应该执行的函数。在"行为"面板上单击 + 按钮，在弹出的菜单中选择"调用 JavaScript"命令，然后在图 9-54 所示的对话框中直接输入 JavaScript 语句或自定义的 JavaScript 函数即可。

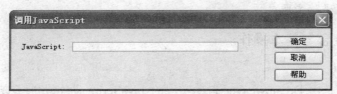

图 9-54　"调用 JavaScript"对话框

2．打开浏览器窗口

该动作就是当浏览者触发事件后，可以在新窗口中打开一个指定地址的网页。用户可以自定义打开新窗口的属性，例如窗口大小、是否需要状态栏、工具栏等。如果查看源代码，可以看出实际是使用了 window.open 函数，相关信息可参见本书第 7.2.3 节。

如果要使用打开新窗口行为，可执行以下步骤。

（1）在文档窗口中选择要调用该行为的网页对象（最常见的是选择标签选择器中的<body>标签，以便网页加载时弹出新窗口）。

（2）单击"行为"面板中的添加行为按钮 + ，在菜单列表中选择"打开浏览器窗口"命令，打开"打开浏览器窗口"对话框，如图 9-55 所示。

（3）设置好相关参数后，单击"确定"按钮。

通常，"打开浏览器新窗口"动作总是与"onLoad"（下载），"onClick"（单击），"onDblClick"（双击）等事件组合产生交互式效果。

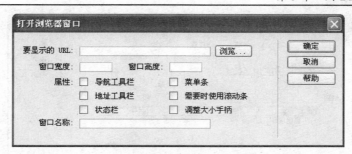

图 9-55 "打开浏览器窗口"对话框

注意：对于"加载页面的同时弹出新窗口"这样的效果应尽量避免使用，因为浏览者很可能会把它当做广告窗口立即关掉。

3. 弹出信息

该动作可以使指定的信息以 JavaScript 消息框的方式弹出，它只有一个参数，即消息框中的文字信息。一般情况下，"弹出信息"动作总是和"onLoad"，"onClick"等事件组合产生一些交互式效果。

可以通过以下步骤来执行弹出信息动作。

（1）在文档窗口中选择要调用该行为的网页对象。

（2）单击"行为"面板中的"添加行为"按钮 **+.**，选择"弹出信息"命令，打开"弹出信息"对话框，如图 9-56 所示。

图 9-56 "弹出信息"对话框

（3）在"消息"列表框内，输入信息文字，最后单击"确定"按钮。

4. 设置弹出式菜单

该动作用于设置弹出式菜单效果。弹出式菜单是目前很多网站上应用广泛的一种界面导航元素，它可以让浏览者像使用应用程序（例如 Word，Excel 等）一样访问网站的内容。

可以通过以下方法来添加弹出式菜单。

（1）选择需要添加弹出式菜单的对象（一般是一个超链接或做成按钮形状的图片），然后在"行为"面板中单击"添加行为"按钮 **+.**，从弹出菜单中选择"显示弹出式菜单"命令，打开"显示弹出式菜单"对话框，如图 9-57 所示。

（2）在"内容"选项卡中可以设置弹出式菜单的内容，包括菜单中的选项、是否包括子菜单、每个菜单项对应的超链接等；在"外观"选项卡中可以设置弹出式菜单的外观选项，包括菜单是垂直显示还是水平显示、菜单项文字的字体和大小、不同状态时的显示效果等；在"高级"选项卡中可以设置弹出式菜单单元格的各种属性，包括菜单按钮的宽度、高度、单元格间距或边距、缩进文本以及边框属性等；在"位置"选项卡中可以设置弹出菜单相对于触发图像或链接的显示位置。有关的详细信息，可单击"帮助"按钮查看。

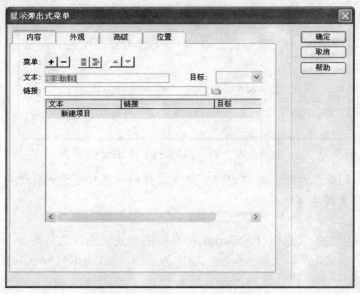

图 9-57　"显示弹出式菜单"对话框

（3）单击"确定"按钮，则弹出菜单制作完成。此时的"行为"面板如图 9-58 左图所示，其中包括两个动作：一是当鼠标悬停时显示弹出式菜单；二是鼠标移出时隐藏弹出式菜单。图 9-58 右图所示为一个典型的弹出式菜单效果。

图 9-58　"行为"面板和弹出式菜单效果

5. 显示—隐藏层

该动作可以显示、隐藏一个或多个层，或者还原其默认的可见性属性。它的作用是，当一个事件发生时，使一个显示或隐藏的层隐藏或显示。例如，当鼠标移动到一个图像区域时，显示一些图像说明文本，当鼠标移出图像区域时，隐藏说明文本。这样不仅可以实现需要时显示，不需要时不显示，还可以节约页面空间。当用户和页面产生交互时，此动作对于显示信息非常有用。

一般情况下，"显示—隐藏层"动作总是和"onMouseover"，"onMouseout"，"onMousedown"以及"onMouseup"等事件组合使用以产生一些交互式的效果。

以下通过一个简单的实例说明如何使用"显示—隐藏层"动作制作动态网页效果，步骤如下。

（1）在 Dreamweaver 中新建一个网页。

（2）在页面中绘制 3 个层，并在其中输入文字，如图 9-59 所示（为了显示清楚，为层设置了背景颜色）。

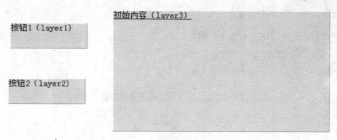

图 9-59　在网页中添加 3 个层

（3）在第 3 层所在位置绘制另外两个大小一样的层（分别为 layer4 和 layer5），并在其中分别输入"按钮 1 对应的内容"和"按钮 2 对应的内容"（可借助"层"面板先选中层，然后定位插入点输入内容）。

（4）选中"按钮 1"所在层"layer1"，打开"行为"面板，单击 +，按钮，选择"显示—隐藏层"命令，则打开"显示—隐藏层"对话框。

（5）在"命名的层"列表框中选择"层"layer3""（即初始内容所在的层），然后单击"隐藏"按钮；在"命名的层"列表框中选择"层"layer4""（即"按钮 1 对应的内容"所在的层），然后单击"显示"按钮，如图 9-60 所示。

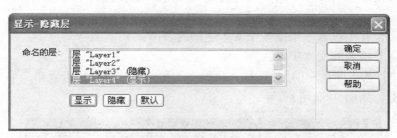

图 9-60　设置层的显示和隐藏

（6）单击"确定"按钮，然后在"行为"面板中将行为的事件更改为"onMouseOver"。

（7）重复步骤（4）～（6），为层"layer1"添加另外一个行为，不同的是将触发事件改为"onMouseOut"，并且要显示和隐藏的层和前一个行为刚好相反（即显示层"layer3"，隐藏层"layer4"）。

（8）选中"按钮 2"所在层"layer2"，用步骤（4）～（7）的方法分别设置两个类似的行为，不同的是设置显示隐藏层时用 layer5 层替换 layer4 层。

（9）在"层"面板中隐藏"layer4"层和"layer5"层（使它们的眼睛图标列中出现闭眼图标），这样初始状态时不显示它们。

（10）按【Ctrl+S】组合键保存网页。

（11）按【F12】键在浏览器中预览网页，效果为：当鼠标指针移动到"按钮 1"上，将显示"按钮 1 所对应的内容"，如图 9-61 左图所示；当鼠标指针移动到"按钮 2"上，将显示"按钮 2 所对应的内容"，如图 9-61 右图所示；而将鼠标指针移出"按钮 1"或"按钮 2"

时，则恢复显示"初始内容"，如图 9-60 所示。

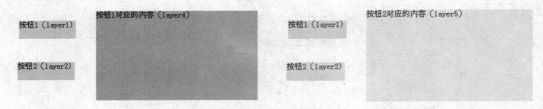

图 9-61　显示隐藏层的效果

6. 检查表单

虽然表单一般都是提交给服务器处理，但如果能在提交之前对用户填写的信息进行简单检查，则可以减少服务器的负担。例如，可以检查用户是否在必填字段中填写了信息，用户是否填写了正确格式的数据（例如，电子邮件地址中应该有@符号）等。Dreamweaver 提供了"检查表单"动作可以执行这样的功能。

"检查表单"动作可以检查表单中指定文本字段的内容，以确保用户已经输入或输入了正确的数据类型。如果使用 onBlur 事件将此动作附加到单个文本字段上，则用户在填写表单时就可以对该字段进行检查；如果使用 onSubmit 事件将其附加到整个表单，则在用户单击"提交"按钮时同时对多个文本字段进行检查。这样设置之后，就可以确保表单提交到服务器后指定的文本字段中不包含无效的数据。

若要在每次用户填写文本字段时就检查是否填写了有效数据，可以执行以下步骤使用"检查表单"动作。

（1）制作一个其中包含一个或多个文本字段的表单。

（2）选择需要检查的文本字段。

（3）单击"行为"面板中的 **+** 按钮，从弹出的菜单中选择"检查表单"命令，打开"检查表单"对话框，如图 9-62 所示。

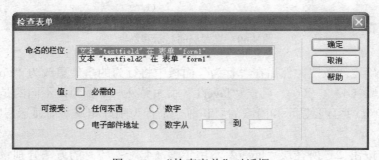

图 9-62　"检查表单"对话框

（4）从"命名的栏位"列表框中选择已在文档窗口中选择的同一个字段。

（5）如果选中的字段中必须包含某种数据，则选择"必需的"复选框。然后从以下"可接受"选项区中选择一个。

● 如果该字段是必需的，但不需要包含任何特定种类的数据，则选择"任何东西"单选框。

注意：如果没有选择"必需的"复选框，则"任何东西"单选框就没有意义了。

● 使用"电子邮件地址"检查该字段是否包含一个@符号。

- 使用"数字"检查该字段是否只包含数字。
- 使用"数字从…到…"检查该字段是否包含指定范围内的数字。

（6）单击"确定"按钮。

（7）检查默认事件是否是 onBlur 或 onChange。如果不是，则从事件弹出菜单中选择 onBlur 或 onChange。当用户从字段中移开时，这两个事件都会触发"检查表单"动作。它们之间的区别是 onBlur 不管用户是否在该字段中输入内容都会发生，而 onChange 只有在用户更改了该字段的内容时才发生。当指定了该字段是必需的时，最好使用 onBlur 事件。

（8）如果要检查多个文本字段，对要检查的任何其他字段重复第（2）～（7）步。

若要在用户提交表单时同时检查多个文本字段，可执行以下步骤应用"检查表单"行为。

（1）制作一个其中包含一个或多个文本字段的表单。

（2）在文档窗口左下角的标签选择器中单击<form>标签。

（3）单击"行为"面板中的"添加行为"按钮，从弹出的菜单中选择"检查表单"命令，打开"检查表单"对话框。

（4）从"命名的栏位"列表框中选择需要检查的字段。

（5）如果该字段必需，那么选中"必需的"复选框，然后选择一种"可接受"选项。

（6）重复步骤（4）～（5），对多个字段进行设置。

（7）单击"确定"按钮。此时 onSubmit 事件自动出现在行为的"事件"栏中，表示表单提交时执行此行为。

9.8　使用 CSS 样式

CSS 样式是网站开发时很常用的技术之一，它由一系列格式设置规则构成，用于控制网页内容的外观。本节介绍如何在 Dreamweaver 中使用 CSS 技术，以便更有效地设置网页内容的格式。有关 CSS 样式的技术细节，请参见第 6 章。

9.8.1　创建与编辑 CSS 样式

1. "CSS 样式"面板

在网站中使用 CSS 样式时，需要用到"CSS 样式"面板。选择"窗口"菜单中的"CSS 样式"命令或按【Shift+F11】组合键，可以打开"CSS 样式"面板，其中列出了各种样式，如图 9-63 所示。

在"CSS 样式"面板底部有 4 个按钮，功能如下。

- "附加样式表"按钮：单击该按钮，将打开"链接外部样式表"对话框，可以链接或导入外部样式表，有关内容请参见第 9.8.3 节。
- "新建 CSS 样式"按钮：单击该按钮，打开"新建 CSS 样式"对话框，可以新建一个 CSS 样式。
- "编辑样式…"按钮：单击该按钮，打开"CSS 样式定义"对话框，编辑当前文档或外部样式表中的样式。

图 9-63　"CSS 样式"面板

● "删除 CSS 样式"按钮 🗑：单击该按钮，删除"CSS 样式"面板中的所选样式，并删除应用了该样式的任何元素中的格式设置。

2. 创建 CSS 样式

在文档中要创建 CSS 样式，首先将"CSS 样式"面板打开，然后执行以下步骤。

（1）在"CSS 样式"面板中，单击"新建 CSS 样式"按钮 🔁，打开"新建 CSS 样式"对话框，如图 9-64 所示。

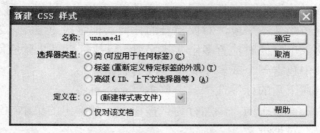

图 9-64　"新建 CSS 样式"对话框

（2）在"新建 CSS 样式"对话框中进行如下设置：如果选择"类（可用于任何标签）"选择器类型，则需在"名称"下拉列表框中输入样式名称（类名称必须以句点开头，如果没有输入开头的句点，Dreamweaver 将自动输入）；如果选择"标签（重新定义特定标签的外观）"选择器类型，则在相应的"标签"列表中选择相应的 HTML 标记符；如果选择"高级（ID、上下文选择器等）"选择器类型，则可以在相应的"选择器"框中输入要使用的 ID（以#开头）、上下文标签选择器或虚类选择器，也可以直接从列表中直接选取虚类选择器，包括 a:link，a:visited，a:hover 和 a:active。

（3）在"定义在"下拉列表框中选择如何定义样式。如果选择"新建样式表文件"选项，则可以新建一个外部 CSS 样式表文件，具体请参见第 9.8.3 节；如果曾经定义过样式表文件，则可以从列表中选择一个文件；如果选择"仅对该文档"选项，表示样式将直接定义在当前文档中。

（4）单击"确定"按钮，如果选择"新建样式表文件"选项，则打开"保存样式表文件为"对话框，进行保存设置即可后弹出"……的 CSS 样式定义"对话框；否则直接弹出"……的 CSS 样式定义"对话框，如图 9-65 所示。

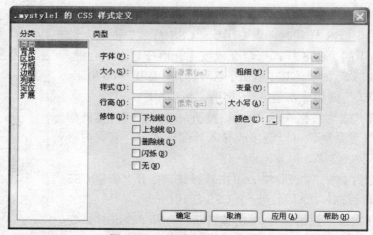

图 9-65　CSS 样式定义对话框

（5）用户可以在"分类"列表框中选择 8 种 CSS 样式属性（请参照第 7 章中介绍的 CSS 样式属性，也可以单击"帮助"按钮查看相关细节），然后在对话框右部设置相应的选项。

（6）最后单击"确定"按钮，则样式定义完毕。

3．编辑 CSS 样式

如果要编辑已经创建的 CSS 样式，可以在"CSS 样式"面板中选中该样式，然后单击"编辑样式…"按钮 🖉，则可以打开对应的样式定义对话框进行编辑。

也可以在"CSS 样式"面板中双击需要编辑的样式，此时 Dreamweaver 会自动将文档切换到"拆分"模式（如果之前是用"设计"模式的话）并定位到相应的 CSS 样式定义，以便用户进行手工编辑。如果所需编辑的样式是来自外部样式表文件，则 Dreamweaver 会打开该文件，并定位到该样式的定义位置。双击"CSS 样式"面板中的样式还会同时在"标签检查器"面板中显示对应的"CSS 属性"，用户可以直接使用该面板进行样式的编辑，如图 9-66 所示。

图 9-66　编辑 CSS 样式

9.8.2　应用 CSS 样式

根据 CSS 样式的基本原理可知，对于使用"标签（重新定义特定标签的外观）"选择器、上下文标签选择器或虚类选择器（使用"高级（ID、上下文选择器等）"选择器类型）的样式，网页会自动应用相应样式而无需用户指定。

而对于使用"类（可用于任何标签）"选择器或 ID 选择器（使用"高级（ID、上下文选择器等）"选择器类型）的样式，则必须为相应的内容应用该样式，步骤如下。

（1）选取要应用样式的文本、段落或其他对象，或者将插入点定位到需要应用样式的段落。

（2）在"CSS 样式"面板中用鼠标右键单击需要应用的样式，然后从快捷菜单中选择"套用"命令。

如果要取消应用的样式，应在选取对象或定位插入点后，在属性检查器中将"样式"选项设置为"无"。注意此方法仅对"类"样式适用，对于 ID 样式，则需要通过手工编辑代码的方式取消。

9.8.3　创建和链接外部 CSS 样式表

CSS 样式表在网页中很实用的一种用法是将外部 CSS 文件链接到页面中，这种方法的好处在于可以同时将一个样式表应用于整个站点中的多个页面，当对外部 CSS 文件修改后，所有应用这个样式文件的网页也相应自动更新，从而减少了网站维护的工作量。

在网站中如果要使用外部样式表文件，可以有两种方式：一是直接在创建样式时就将样式创建在外部样式表中，另外一种方式是将已经在文档内创建好的样式表导出为外部 CSS 样式表文件，然后使用链接的方法将其载入网页中。

1. 创建外部 CSS 样式表文件

直接在网页文档内创建外部样式表的步骤如下。

（1）打开"CSS 样式"面板，单击"新建 CSS 样式"按钮 🔁，打开"新建 CSS 样式"对话框，在该对话框中的"定义在"下拉列表框内选中"新建样式表文件"选项，然后设置其他选项，单击"确定"按钮。

（2）在打开的"保存样式表文件为"对话框中，指定要保存的样式表文件名称与路径，单击"保存"按钮。

（3）在打开的"xxx（样式名称）的 CSS 样式定义在 xxx 中"对话框，设置对应的选项，最后单击"确定"按钮，则相应样式被添加到样式表文件中。

（4）如果以后还要在该样式表文件中添加其他样式，可以在"新建 CSS 样式"对话框中的"定义在"下拉列表框中选择该 CSS 样式文件，然后进行样式定义。

说明：也可以使用"文件"菜单的"新建"命令，在"新建文档"对话框中选择"CSS 样式表"类型，直接创建和编辑样式表文件。

2. 导出为外部 CSS 样式表文件

如果事先已经定义了若干仅用于当前文档的内部样式，那么可以将网页中的所有 CSS 样式导出为一个外部样式表文件，步骤如下。

（1）定义好内部样式后，单击"CSS 样式"面板右上角的 🔳 按钮，在弹出菜单中选择"导出"命令。或者选择"文本"菜单"CSS 样式"子菜单中的"导出"命令。

（2）在打开的"导出样式为 CSS 文件"对话框中，指定外部样式表文件名和路径，最后单击"保存"按钮。

说明：如果将样式表文件导出到站点文件夹中，则以后可以直接链接使用；如果导出到站点文件夹以外的位置，则需要先将其复制到站点文件夹，然后再链接使用。

3. 链接外部 CSS 样式表文件

不论是使用 Dreamweaver 创建的外部样式表文件，还是用其他编辑器手工编写的外部样式表文件，都可以通过链接的方式应用到网页中，步骤如下。

（1）打开"CSS 样式"面板，单击"附加样式表"按钮 🔃，打开"链接外部样式表"

对话框，如图 9-67 所示。

图 9-67 "链接外部样式表"对话框

（2）单击"浏览"按钮，在打开的"选择样式表文件"对话框中，定位到站点中的样式表文件，然后单击"确认"按钮。

（3）返回"链接外部样式表"对话框，确保在"添加为"选项区选中"链接"单选框（"导入"单选框不常用），单击"确定"按钮，此时"CSS 样式"面板中将出现外部 CSS 样式表文件中包含的样式。

说明：如果事先并没有创建外部样式表文件，也可以单击"链接外部样式表"对话框中的"范例样式表"选项，打开"范例样式表"对话框进行设置，如图 9-68 所示。

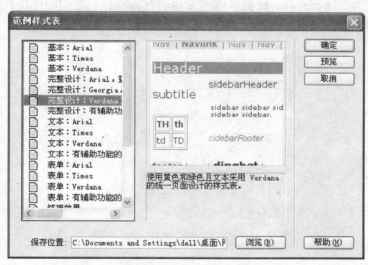

图 9-68 "范例样式表"对话框

练 习 题

1. 简要说明 Dreamweaver 的界面组成元素及其相应功能。
2. 简要说明网站建设的工作流程。规划站点时要考虑哪些问题？设计站点时呢？
3. 总结在 Dreamweaver 中制作网页的一般过程。
4. 如何在网页中使用声音和视频？
5. 在 Dreamweaver 中实现第 4 章练习题 1、2、3、6 中所示的网页效果。

6．在 Dreamweaver 中分别用表格和层两种方式实现图 9-69 所示的网页效果。

图 9-69　练习题 6

7．在 Dreamweaver 中实现一个简单的网站（5～10 页），要求使用框架导航结构。

8．什么是行为？Dreamweaver 提供哪些常用的行为动作？它们的作用是什么？

9．简述在 Dreamweaver 中使用 CSS 样式表的步骤。

第 10 章　实际技能训练

10.1　实训 1——基本 HTML 文件的编辑

1. 目的
- 掌握使用"记事本"程序编辑 HTML 的基本操作。
- 掌握使用 IE 测试 HTML 文件的操作。
- 掌握 HEAD，TITLE，BODY 等标记符的使用。
- 掌握参考字符的使用方法。

2. 软件环境
- Windows 95/98/Me/2000/XP 操作系统。

3. 内容
- 编写第 1 章中出现的所有 HTML 源文件。
- 完成第 1 章中的练习 2 和练习 3。

10.2　实训 2——设置文本格式

1. 目的
- 掌握 P，BR，HR，Hn 等标记符的基本用法。
- 掌握 align 属性的用法。
- 掌握 FONT 标记符的用法。
- 了解常用物理字符样式和逻辑字符样式。
- 掌握用 MARQUEE 标记符创建滚动字幕的方法。
- 掌握有序列表、无序列表以及嵌套列表的创建方法。

2. 软件环境
- Windows 95/98/Me/2000/XP 操作系统。

3. 内容
- 编写第 2 章前 3 节中出现的所有 HTML 源文件。
- 完成第 2 章中的练习 2 和练习 3。
- 使用第 1 章和第 2 章中介绍的标记符和属性，制作一个个人简历页面，要求满足以下条件：①至少要用到 P，Hn，HR，FONT 标记符；②至少用到一种列表格式；③简历中应包括教育、技能、兴趣等方面的内容；④网页中的内容布局要合理。

10.3 实训 3——使用超链接和建立站点

1. 目的

- 理解站点文件夹的概念，掌握正确指定文件路径的方法。
- 掌握用 A 标记符创建各种超链接的方法。
- 掌握网站文件夹的概念和设置方法。
- 熟悉网站的内容组织和导航设置。
- 进一步熟悉文本格式的设置方法。

2. 软件环境

- Windows 95/98/Me/2000/XP 操作系统（需要能够上网）。

3. 内容

- 编写第 2.4 节中出现的所有 HTML 源文件。
- 上网浏览，注意观察不同站点内容的组织和超链接的设置。针对其中一个网站撰写一个简短的报告（其中要包括该网站的 URL），在报告中回答以下问题：①该网站包括哪些栏目和子栏目？②该网站中包括哪些类型的超链接？③该网站中的超链接是如何把内容组织起来的？
- 仿照第 2.5 节中的实例，制作一个内容型的网站，要求不少于 5 页。
- 制作出一个至少包含 5 个网页的网站，要求满足以下条件：①每个页面都有合理的导航系统；②除了主页以外，每页都有返回主页的链接；③除主页外，每页都有"breadcrumb"（面包屑），也就是"当前位置"；④网站至少包含两个栏目。

10.4 实训 4——使用图像

1. 目的

- 掌握 IMG 标记符的用法。
- 理解在网站中使用图像的原则。
- 掌握使用 Fireworks 更改图像大小、设置图像格式的操作。
- 掌握用 Fireworks 制作动画的过程。
- 了解使用 Fireworks 制作图像效果的操作。

2. 软件环境

- Windows 95/98/Me/2000/XP 操作系统（需要能够上网）。
- Fireworks 3.0/4.0/MX/MX 2004。

3. 内容

- 编写第 3.3 节中出现的所有 HTML 源文件。
- 完成第 3 章中的练习 3～练习 7。
- 上网浏览，注意观察不同网站是如何使用图像的。针对其中一个网站撰写一个简短的报告（其中要包括该网站的 URL），在报告中回答以下问题：①该网站在图像使用方面有哪些特点？②如果你是网站的设计师，你想如何改善该网站中图像的使用？

- 在实训 3 中制作的网站中添加图像，以进一步完善该网站。要求满足以下条件：①至少包含 3 处图像；②至少有一处使用图像作为超链接的源；③所有使用的图像都要符合网站的风格和内容；④所有图像都应该具有合理的大小和显示效果，单独图像的大小不得超过 150KB；⑤所有图像文件都存放在站点的 images 子目录中。
- *学习使用 Fireworks 制作简单图像效果（例如：文字特效、按钮等）。可借助 Fireworks 的联机帮助文档，或者参考其他相关书籍。

说明：带 * 号的内容为选做内容。

10.5　实训 5——使用表格

1. 目的
- 掌握创建表格和表格属性设置的方法。
- 理解表格在网页布局中的作用。
- 掌握用表格控制页面布局的方法。

2. 软件环境
- Windows 95/98/Me/2000/XP 操作系统（需要能够上网）。

3. 内容
- 编写第 4.1～第 4.3 节中出现的所有 HTML 源文件。
- 完成第 4 章中的练习 1、练习 2、练习 3 和练习 6。
- 上网浏览，通过查看源代码，理解表格在页面布局方面的应用。针对其中一个网站撰写一个简短的报告（其中要包括该网站的 URL），在报告中回答以下问题：①该网站在使用表格布局方面有哪些特点？②如果你是网站的设计师，你想如何改善该网站的布局？
- 使用表格制作一个日历网页，要求满足以下条件：①选择当前月或任意一个月进行制作；②"×月"所在的单元格必须横跨或纵跨整个表格；③所有周末和节假日单元格都必须显示为与普通单元格不同的背景色；④在一些日期单元格中添加约会或生日之类的信息，并且在这样的单元格中包含小图像；⑤整个页面的布局要合理，符合一般的习惯。
- 制作一个至少 6 页的网站（也可以修改前面实训中制作的网站），要求满足以下条件：①每个页面都有合理的导航结构；②站点结构清楚，内容的组织有条理；③合理使用图像和文字，用表格辅助页面布局；④整个站点具有统一一致的风格。

10.6　实训 6——使用框架

1. 目的
- 理解框架的概念。
- 理解框架在网页布局中的作用。

- 掌握框架的构造和属性设置方法。
- 掌握用框架实现页面导航的方法。

2. 软件环境
- Windows 95/98/Me/2000/XP 操作系统（需要能够上网）。

3. 内容
- 编写本书第 4.4～第 4.6 节中出现的所有 HTML 源文件。
- 完成第 4 章中的练习 4 和练习 5。
- 上网浏览，至少找到两处使用框架结构（也可以是页内框架）的情况，通过查看源代码，理解框架在页面布局方面的应用。撰写一个简短的报告，在报告中回答以下问题：①你找到的哪些网站使用了框架结构，它们的 URL 是什么？②为什么这些网站要使用框架？③如果你是网站的设计师，你想如何改善该网站的布局？
- 将实训 5 中制作的网站修改为使用框架结构，要求满足以下条件：①整个网站的导航要合理；②站点结构清楚，内容的组织有条理。

10.7 实训 7——使用表单

1. 目的
- 理解表单的概念。
- 掌握创建表单的方法，理解各类型表单控件在表单中的作用。
- 掌握设置表单控件属性的方法。
- 掌握为表单控件添加文本标签的方法。

2. 软件环境
- Windows 95/98/Me/2000/XP（需要能够上网）操作系统。

3. 内容
- 编写第 5.1～第 5.3 节中出现的所有 HTML 源文件。
- 完成第 5 章中的练习 1，制作一个表单网页。
- 上网浏览，找到至少 3 处使用独立表单网页的情况，然后撰写一个简短的报告，在报告中回答以下问题：①你找到的表单网页的 URL 是什么？②这些表单的功能是什么？③这些表单网页是如何布局的？④如果你是网站的设计师，你想如何改善这些表单网页？

10.8 实训 8——制作 Flash 动画

1. 目的
- 理解 Flash 动画在网页中的应用。
- 掌握使用 Flash 创建简单 Flash 动画并将其插入网页的方法。

2. 软件环境
- Windows 95/98/Me/2000/XP 操作系统（需要能够上网）。

- Flash 4.0/5.0/MX/MX 2004。

3. 内容

- 完成第 5 章中的练习 6、练习 7 和练习 8。
- 上网浏览，至少找出 3 个使用了 Flash 技术的网页，分析它们的制作方法。撰写一个简短的报告，在报告中回答以下问题：①你找到的网页的 URL 是什么？②这些网页中用到的 Flash 的功能是什么？③如果你是网站的设计师，你想如何改善这些网页？
- * 参考 Flash 的联机帮助文档或其他参考书，学习制作更复杂 Flash 动画的方法。也可以从一些 Flash 教学网站获取制作某种效果的方法。

10.9 实训 9——使用 CSS 样式表

1. 目的

- 理解 CSS 的概念。
- 理解 CSS 在网页格式化和布局中的作用。
- 掌握使用 CSS 修饰网页元素的方法。

2. 软件环境

- Windows 95/98/Me/2000/XP 操作系统（需要能够上网）。

3. 内容

- 编写第 6 章中出现的所有 HTML 源文件。
- 上网浏览，分析至少两个网站的 CSS 使用情况。撰写一个简短的报告，在报告中回答以下问题：①你找到的网站的 URL 是什么？②这些网站是如何使用 CSS 的？请列举其中两个网站使用 CSS 的相同点和不同点；③如果你是网站的设计师，你想如何改善这些网站中 CSS 的使用？
- 完善实训 5 或实训 3 中制作的网站，要求满足以下条件：①站点中所有文本的修饰都要使用 CSS 技术，不允许使用 FONT 标记符；②所有 CSS 都使用链接外部样式表的方式实现；③至少用到 5 种以上 CSS 属性（例如：text-align，font-family，font-size，color，background-color，text-indent，text-decoration 等）。
- * 使用 CSS 修饰实训 7 中制作的表单网页。

说明：由于 CSS 技术属于重点难点并且非常实用，因此在教学过程中可以考虑在结束第 2 章后即引入 CSS 的概念。如果是这样，本实训的部分内容可以移至实训 3 之后。

10.10 实训 10——使用 JavaScript 与 DHTML

1. 目的

- 理解 JavaScript 语言在网页制作中的应用。
- 理解 DHTML 技术的基本原理。
- 掌握在网页中插入脚本程序的方法。

● 掌握分析脚本程序实现效果的方法，能够在网页中合理使用现成的 JavaScript 效果（包括程序调试和修改）。

2. 软件环境

● Windows 95/98/Me/2000/XP 操作系统（需要能够上网）。

3. 内容

● 编写本书第 7 章中出现的所有 HTML 源文件。

● 完成第 7 章中的练习 3～练习 5。

● 上网浏览，找到至少 3 个使用了 JavaScript 的网页，分析它们的用法。撰写一个简短的报告，在报告中回答以下问题：①你找到的网页的 URL 是什么？②这些网页中的 JavaScript 有什么作用？

● 上网查找提供 JavaScript 特效下载的站点，下载一些 JavaScript 特效，并将它们应用到网页中。要求至少在两个网页中应用不同的 JavaScript 特效。

10.11　实训 11——使用 XML

1. 目的

● 理解 XML 的基本概念。

● 掌握编写 XML 文档的方法。

● 掌握各种显示 XML 文档的方法。

● 掌握使用 DTD 定义 XML 文档结构的方法。

● 掌握使用 XML 模式定义 XML 文档结构的方法。

● 掌握使用 XSLT 将 XML 文档转换为 XHTML 显示的方法。

2. 软件环境

● Windows 95/98/Me/2000/XP 操作系统（需要能够上网）。

● Dreamweaver 3.0/4.0/MX/MX 2004。

3. 内容

● 编写第 8 章中出现的所有完整示例。

● 完成第 8 章中的练习 6、练习 7 和练习 9。

● 完成以下任务：①编写一个结构合理的 XML 文档，用它来描述一本书（例如，书可以包括书名、作者、价格、目录、章节、附录等信息）或其他对象（例如，桌子、学生、班级等）；②为该 XML 文档指定 DTD，并验证该 XML 文档的有效性；③将任务②中制作的 DTD 转换为 XML 模式，并用模式来验证 XML 文档的有效性；④使用 XSLT 将该 XML 文档以一定的方式显示出来。

10.12　实训 12——使用 Dreamweaver

1. 目的

● 掌握使用 Dreamweaver 创建网站和制作网页的方法。

2. 软件环境

● Windows 95/98/Me/2000/XP 操作系统。

● Dreamweaver 3.0/4.0/MX/MX 2004。

3. 内容

● 参见第 9 章中的介绍，尝试 Dreamweaver 的各种操作。

● 完成第 9 章中的练习 5～练习 7。

● 使用 Dreamweaver 制作一个至少 8 页的网站（也可以修改前面实训中制作的网站），要求满足以下条件：①每个页面都有合理的导航结构；②站点结构清楚，风格统一，内容的组织有条理；③合理使用图像和文字，用表格辅助页面布局；④包含一个单独的表单网页，其中包括至少 4 种表单控件，必要时必须使用控件的标签；⑤使用外部 CSS 样式表控制整个站点的格式修饰，至少用到 5 个以上的样式；⑥网站中用到的所有内容（包括图片、多媒体、表单、文字等）都要与网站的主题和风格一致。

附录 1　HTML 颜色表

本附录列出了 IE 4.0 及更高版本 IE 支持的各种颜色（可以直接使用颜色名称），在其他浏览器中可以使用十六进制的 RGB 值引用这些颜色，如附表 1-1 所示。

附表 1-1　　　　　　　　　　　　HTML 颜色表

颜 色 名 称	RRGGBB	含　义	颜 色 名 称	RRGGBB	含　义
aliceblue	F0F8FF	爱丽丝蓝色	antiquewhite	FAEBD7	古典白色
aqua	00FFFF	浅绿色	aquamarine	7FFFD4	碧绿色
azure	F0FFFF	天蓝色	beige	F5F5DC	米色
bisque	FFE4C4	橘黄色	black	000000	黑色
blanchedalmond	FFEBCD	白杏色	blue	0000FF	蓝色
blueviolet	8A2BE2	蓝紫色	brown	A52A2A	褐色
burlywood	DEB887	实木色	cadetblue	5F9EA0	刺桧蓝色
chartreuse	7FFF00	亮黄绿色	chocolate	D2691E	巧克力色
coral	FF7F50	珊瑚色	cornflower	6495ED	矢车菊色
cornsilk	FFF8DC	谷丝色	crimson	DC143C	深红色
cyan	00FFFF	蓝绿色	darkblue	00008B	深蓝色
darkcyan	008B8B	深青色	darkgoldenrod	B8860B	深金杆色
darkgray	A9A9A9	深灰色	darkgreen	006400	深绿色
darkkhaki	BDB76B	深黄褐色	darkmagenta	8B008B	深洋红色
darkolivegreen	556B2F	深橄榄绿色	darkorange	FF8C00	深橙色
darkorchid	9932CC	深紫色	darkred	8B0000	深红色
darksalmon	E9967A	深肉色	darkseagreen	8FBC8B	深海绿色
darkslateblue	483D8B	深暗蓝灰色	darkslategray	2F4F4F	深暗蓝灰色
darkturquoise	00CED1	深青绿色	darkviolet	9400D3	深紫色
deeppink	FF1493	深粉色	deepskyblue	00BFFF	深天蓝色
dimgray	696969	暗灰色	dodgerblue	1E90FF	遮板蓝色
firebrick	B22222	砖色	floralwhite	FFFAF0	花白色
forestgreen	228B22	葱绿色	fuchsia	FF00FF	紫红色
gainsboro	DCDCDC	庚斯博罗灰色	ghostwhite	F8F8FF	幽灵白色

颜色名称	RRGGBB	含义	颜色名称	RRGGBB	含义
Gold	FFD700	金黄色	goldenrod	DAA520	金杆黄色
gray	808080	灰色	green	008000	绿色
greenyellow	ADFF2F	绿黄色	honeydew	F0FFF0	蜜汁色
hotpink	FF69B4	亮粉色	indianred	CD5C5C	印第安红色
indigo	4B0082	靛青色	ivory	FFFFF0	象牙色
khaki	F0E68C	黄褐色	lavender	E6E6FA	淡紫色
lavenderblush	FFF0F5	浅紫红色	lawngreen	7CFC00	草绿色
lemonchiffon	FFFACD	柠檬纱色	lightblue	ADD8E6	浅蓝色
lightcoral	F08080	浅珊瑚色	lightcyan	E0FFFF	浅青色
lightgoldenrodyellow	FAFAD2	浅金杆黄色	lightgreen	90EE90	浅绿色
lightgray	D3D3D3	浅灰色	lightpink	FFB6C1	浅粉色
lightsalmon	FFA07A	浅肉色	lightseagreen	20B2AA	浅海绿色
lightskyblue	87CEFA	浅天蓝色	lightslategray	778899	浅暗蓝灰色
lightsteelblue	B0C4DE	浅钢蓝色	lightyellow	FFFFE0	浅黄色
lime	00FF00	酸橙色	limegreen	32CD32	酸橙绿色
linen	FAF0E6	亚麻色	magenta	FF00FF	红紫色
maroon	800000	栗色	mediumaquamarine	66CDAA	中碧绿色
mediumblue	0000CD	中蓝色	mediumorchid	BA55D3	中淡紫色
mediumpurple	9370DB	中紫色	mediumseagreen	3CB371	中海绿色
mediumslateblue	7B68EE	中暗蓝灰色	mediumspringgreen	00FA9A	中春绿色
mediumturquoise	48D1CC	中青绿色	mediumvioletred	C71585	中紫红色
midnightblue	191970	午夜蓝色	mintcream	F5FFFA	薄荷奶油色
mistyrose	FFE4E1	雾玫瑰色	moccasin	FFE4B5	鹿皮色
navajowhite	FFDEAD	海白色	navy	000080	海军蓝色
oldlace	FDF5E6	花边黄色	olive	808000	橄榄色
olivedrab	6B8E23	橄榄褐色	orange	FFA500	橙色
orangered	FF4500	橙红色	orchid	DA70D6	淡紫色
palegoldenrod	EEE8AA	淡金杆黄色	palegreen	98FB98	淡绿色
paleturquoise	AFEEEE	淡青绿色	palevioletred	DB7093	淡紫红色
papayawhip	FFEFD5	木瓜色	peachpuff	FFDAB9	桃黄色
peru	CD853F	秘鲁黄色	pink	FFC0CB	粉红色

颜 色 名 称	RRGGBB	含 义	颜 色 名 称	RRGGBB	含 义
plum	DDA0DD	梅红色	powderblue	B0E0E6	深蓝色
purple	800080	紫色	red	FF0000	红色
rosybrown	BC8F8F	玫瑰褐色	royalblue	4169E1	品蓝色
saddlebrown	8B4513	棕褐色	salmon	FA8072	肉红色
sandybrown	F4A460	沙褐色	seagreen	2E8B57	海绿色
seashell	FFF5EE	海贝壳色	sienna	A0522D	赭色
silver	C0C0C0	银色	skyblue	87CEEB	天蓝色
slateblue	6A5ACD	暗蓝色	slategray	708090	暗蓝灰色
snow	FFFAFA	纯白色	springgreen	00FF7F	春绿色
steelblue	4682B4	钢青色	tan	D2B48C	棕褐色
teal	008080	凫蓝色	thistle	D8BFD8	蓟色
tomato	FF6347	蕃茄色	turquoise	40E0D0	青绿色
violet	EE82EE	紫罗兰色	wheat	F5DEB3	淡黄色
white	FFFFFF	白色	whitesmoke	F5F5F5	白雾色
yellow	FFFF00	黄色	yellowgreen	9ACD32	黄绿色

附录 2　HTML 4.0 快速参考

本附录首先列举了多数 HTML 元素所具有的通用属性，然后按照类别列举了 HTML 4.0 的所有元素和常用属性，以供读者参考。

附录 2.1　通用属性

附表 2-1 列出了多数 HTML 元素所具有的通用属性。

附表 2-1　　　　　　　　　　　　　　　　通用属性

通 用 属 性	说　　明
id	id 属性为文档中的元素指定了一个独一无二的身份标识，用于样式表和脚本引用。在定义 id 属性时，必须注意此属性值由英文字母开头，后面可以跟任意字母（大写 A～Z 和小写 a～z）、数字（0～9）、连字符（-）、下划线（_）、冒号（:）以及点号（.）。另外需要注意的是，id 属性与 name 属性使用相同的名称空间，因此不能在同一个文档中为 id 和 name 属性定义相同的名称，以防止发生混乱
class	class 属性定义了特定标记符的类，用于样式表和脚本引用
style	style 属性用于为一个单独的标记符指定样式
title	title 属性与 TITLE 标记符不同（TITLE 标记符在文档中只能出现一次），它可以为文档中任意多个标记符指定参考标题信息。通常浏览器将参考标题信息以即时提示（tooltip，也叫做工具栏提示）的方式显示出来，以便浏览者查看

附录 2.2　HTML 文档结构元素

附表 2-2 列出了所有的 HTML 文档结构元素以及它们的常用属性。

附表 2-2　　　　　　　　　　　　　　HTML 文档结构元素

语　　法	常 用 属 性	说　　明
<HTML> </HTML>	无	开始标记符和结束标记符都可以省略。HTML 标记符说明此文档是一个 HTML 文档
<HEAD> </HEAD>	无	开始标记符和结束标记符都可以省略。HEAD 元素包含文档的头部信息，如标题、关键字、说明和样式表等

续表

语　法	常 用 属 性	说　明
`<BODY>` `</BODY>`	background=URL（文档的背景图像） bgcolor=Color（文档的背景色） text=Color（文档中文本的颜色） link=Color（文档中链接的颜色） vlink=Color（文档中已被访问过的链接的颜色） alink=Color（文档中活动链接的颜色） 通用属性	开始标记符和结束标记符都可以省略。BODY 元素中包含文档体，也就是文档的正文。对于非框架文档，BODY 位于 HEAD 之后；对于框架文档，如果包含 NOFRAMES 标记符，则 BODY 必须位于该标记符内，否则不能包含 BODY 标记符
`<TITLE>` `</TITLE>`	无	TITLE 标记符位于 HEAD 标记符内，它包含的内容是文档的标题。TITLE 标记符中包含的内容将在浏览器的标题栏中显示。
`<META>`	name=name（名字） http-equiv=Name（HTTP 相应标题名） content=CDATA（相关数据）	META 标记符中包含了网页的元数据信息，诸如文档关键字、作者信息等。文档的 HEAD 标记符内可以包含任意数量的`<META>`元素
`<DIV>` `</DIV>`	align=［left｜center｜right｜justify］（水平对齐方式） 通用属性	DIV 标记符用于包含行内元素（也称为字符级元素或文本级元素）和块级元素，以便定义一个块。通常该元素与 class 和 id 等属性联合使用，以便在样式表中为某一块内容定义样式
`<SPAN>` `</SPAN>`	通用属性	SPAN 标记符与 DIV 标记符类似，但通常用于包含行内元素
`<H1>…</H1>` … `<H6>…</H6>`	align=［left｜center｜right｜justify］（水平对齐方式） 通用属性	H1～H6 元素用于定义从 1 级～6 级标题，可以使用 align 属性设置标题的对齐方式
`<ADDRESS>` `</ADDRESS>`	通用属性	此标记符用于提供联系信息，通常用斜体字显示其中的内容

附录 2.3　文本元素

附表 2-3 列出了所有的 HTML 文本元素以及它们的常用属性。

附表 2-3　　　　　　　　　　　　HTML 文本元素

语　法	常 用 属 性	说　明
`<ABBR>` `</ABBR>`	通用属性	ABBR 元素用来标记缩写，通常与 title 属性一起使用。例如，`<ABBR title = "Structured Query Language">SQL</ABBR>`，则当浏览者将鼠标移动到 SQL 字样上时，将显示即时提示"Structured Query Language"

语　法	常 用 属 性	说　明
\<ACRONYM\> \</ACRONYM\>	通用属性	ACRONYM 元素被用来标记首字母缩略词。与 ABBR 元素类似，它常常与 title 属性一起使用
\<BLOCKQUOTE\> \</BLOCKQUOTE\>	cite=URL（引用源） 通用属性	BLOCKQUOTE 元素定义了一个块引用，其中可以包含块级元素，表示\<BLOCKQUOTE\>\</BLOCKQUOTE\>中包含的内容是引自 cite 属性所指定的源（例如，"http://www.microsoft.com"）
\<BR\>	clear=［left | all | right | none］（清除浮动对象） 通用属性	\<BR\>标记符用于强行中断当前行，多个\<BR\>标记符可以创建多个空行
\<CITE\> \</CITE\>	通用属性	CITE 元素用以标记引用内容，诸如杂志报纸的标题等。浏览器一般将\<CITE\>\</CITE\>中的内容显示为斜体字
\<CODE\> \</CODE\>	通用属性	CODE 元素用于标记文档中的代码，通常浏览器将\<CODE\>\</CODE\>中的内容显示为等宽字体
\<DEL\> \</DEL\>	cite = URL（包含删除原因信息的 URL） datetime = Datetime（删除时间） 通用属性	DEL 元素用来标记文档中已删除的内容，可以用 title 属性给出简单的删除原因。通常浏览器将包含在\<DEL\>\</DEL\>中的文字添加上删除线。为确保在多数浏览器中都可以有删除线效果，也可以结合使用 STRIKE 或 S 元素
\<DFN\> \</DFN\>	通用属性	DFN 元素用于指定一个定义，在浏览器中通常用斜体字显示
\<EM\> \</EM\>	通用属性	EM 元素用于对其中包含的内容进行强调，通常浏览器用斜体字显示\<EM\>\</EM\>中包含的内容
\<HR\>	align=[left | center | right]（指定水平对齐方式） noshade（实线） size=Pixels（线宽） width=Length（线长） 通用属性	HR 元素用于在网页中添加一条水平线
\<INS\> \</INS\>	cite = URL（说明插入原因信息所在的 URL） datetime = Datetime（插入时间） 通用属性	INS 元素用于包含被插入的内容。在 IE 5.0 中以下划线显示包含在\<INS\>\</INS\>中的文字。用户也可以自定义样式表，以便指定特定的显示格式
\<KBD\> \</KBD\>	通用属性	KBD 元素用于包含键盘录入的文字，在浏览器中通常以等宽字体显示
\<P\>…\</P\>	align=［left | center | right | justify］（设置水平对齐方式） 通用属性	结束标记符可以省略，但使用样式表时应使用结束标记符。P 元素用于在网页中分段

续表

语　法	常　用　属　性	说　明
`<PRE>` `</PRE>`	width=Number（宽度） 通用属性	PRE 元素用于包含预先格式化的文本。也就是说，包含在`<PRE></PRE>`中的内容将以所设置的格式显示
`<Q>` `</Q>`	cite = URL（引用源） 通用属性	Q 元素用于表示短的行内引用。如果需要表示更长的引用，应使用 BLOCKQUOTE 元素
`<SAMP>` `</SAMP>`	通用属性	SAMP 元素标记了网页中的输出样本，如程序的输出。通常浏览器将`<SAMP> </SAMP>`中的文字以等宽字体显示
`<STRONG>` `</STRONG>`	通用属性	STRONG 元素用于对包含在其中的内容进行强调，浏览器通常用粗体字显示包含在`<STRONG></STRONG>`中的内容
`<SUB>···</SUB>`	通用属性	SUB 元素用于定义下标
`<SUP>···</SUP>`	通用属性	SUP 元素用于定义上标
`<VAR>` `</VAR>`	通用属性	VAR 元素用以标记变量或程序参数。浏览器通常用斜体字显示包含在`<VAR></VAR>`中的文字

附录 2.4　字体样式元素

附表 2-4 列出了所有的 HTML 字体样式元素以及它们的常用属性。

附表 2-4　　　　　　　　　　　　　　**HTML 字体样式元素**

语　法	常　用　属　性	说　明
`<B>···</B>`	通用属性	B 元素可以使文本以粗体形式出现
`<BIG>···</BIG>`	通用属性	BIG 元素规定文本以大字体显示
`<BASEFONT>`	size=CDATA（指定默认字体大小，范围为 1～7，默认值是 3） color=Color（指定默认字体颜色） face=CDATA（指定默认字体） id=ID（唯一的 ID）	BASEFONT 元素允许作者规定基本字体的大小、颜色和"字体"。但由于样式表的出现，在 HTML 4 中它是已过时的用法
`<FONT>` `</FONT>`	size=CDATA（字体大小调整） color=Color（字体颜色调整） face=CDATA（字体样式调整） 通用属性	FONT 元素用于设置所包含字体的大小、颜色和"字体"。由于样式表单的出现，FONT 元素在 HTML 4.0 中属已过时的用法
`<I>···</I>`	通用属性	I 元素规定文本以斜体显示
`<S>···</S>`	通用属性	S 元素规定文本以包含删除线的方式显示，效果与 STRIKE 元素相同

语　法	常 用 属 性	说　明
\<SMALL\> \</SMALL\>	通用属性	SMALL 元素规定文本以小字体显示
\<STRIKE\> \</STRIKE\>	通用属性	STRIKE 元素规定文本显示时加删除线，效果与 S 元素相同
\<TT\>…\</TT\>	通用属性	TT 元素规定文本以电报文字体或等宽字体显示
\<U\>…\</U\>	通用属性	U 元素规定文本显示时加下划线

附录 2.5　列表元素

附表 2-5 列出了所有的 HTML 列表元素以及它们的常用属性。

附表 2-5　　　　　　　　　　　　　HTML 列表元素

语　法	常 用 属 性	说　明
\<UL\> \</UL\>	type=［disc｜square｜circle］（编号样式） compact（紧凑显示） 通用属性	UL 元素定义了一个无序列表，其中包含一个或多个 LI 元素来定义实际的列表项
\<OL\> \</OL\>	type=［1｜a｜A｜i｜I］（编号方式） start=Number（起始数） compact（紧凑显示） 通用属性	OL 元素定义了一个有序列表。OL 元素中包含一个或多个 LI 元素来定义实际的列表项
\<LI\> \</LI\>	type =［disc｜square｜circle｜1｜a｜A｜i｜I］（列表项标记样式） value=Number（序列号） 通用属性	结束标记可以省略，但使用样式表时应使用结束标记。LI 元素定义了一个列表项
\<DL\> \</DL\>	compact（紧凑显示） 通用属性	DL 元素定义了一个定义列表。定义列表中的条目是通过使用 DT 元素和 DD 元素创建的。DT 元素给出了术语名，而 DD 元素给出了术语的定义
\<DT\> \</DT\>	通用属性	结束标记可以省略，但使用样式表时应使用结束标记。DT 元素在定义列表中定义了一个术语
\<DD\> \</DD\>	通用属性	结束标记可以省略，但使用样式表时应使用结束标记。DD 元素在定义列表中为一个术语提供定义数据
\<DIR\> \</DIR\>	compact（紧凑显示） 通用属性	DIR 元素定义了一个目录列表，其中包含一个或多个定义实际列表项的 LI 元素。此时 LI 元素中不可包含块级元素。在 HTML 4.0 中，DIR 元素已被 UL 元素取代
\<MENU\> \</MENU\>	compact（紧凑显示） 通用属性	MENU 元素定义了一个菜单列表，其中包含一个或多个 LI 元素来定义实际菜单项。此元素在 HTML 4.0 中属过时的用法

附录 2.6　表格元素

附表 2-6 列出了所有的 HTML 表格元素以及它们的常用属性。

附表 2-6　　　　　　　　　　　　　　　　**HTML 表格元素**

语　法	常　用　属　性	说　明
<COL>	span = Number（列数） width = MultiLength（列宽度） align=［left | center | right | justify | char］（列单元格的水平对齐方式） valign=［top | middle | bottom | baseline］（列单元格的垂直对齐方式） 通用属性	COL 元素定义了一个表格列的属性
<TABLE> </TABLE>	width=Length（表宽） border=Pixels（边框宽度） frame = [void | above | below | hsides | lhs | rhs | vsides | box | border]（外边框） rules=[none | groups | rows | cols | all]（表格框线） cellspacing=Length（单元格间距） cellpadding=Length（单元格填充距） align=［left | center | right］（表格对齐） bgcolor=Color（表格背景色） 通用属性	TABLE 元素用于定义表格，所有表格中的内容都应包含在<TABLE>和</TABLE>中
<CAPTION> </CAPTION>	align=［top | bottom | left | right］（对齐方式） 通用属性	CAPTION 元素定义了表格的标题，使用时 CAPTION 标记符必须放在表格最开头（即<TABLE>之后）
<TFOOT> </TFOOT>	align=［left | center | right | justify | char］（组中单元格的水平对齐方式） valign=［top | middle | bottom | baseline］（组中单元格的垂直对齐方式） 通用属性	TFOOT 元素定义了表格的脚注行，一个表格中最多可含有一个 TFOOT 标记符。目前多数浏览器还不支持 TFOOT 标记符
<TBODY> </TBODY>	align=［left | center | right | justify | char］（组中单元格的水平对齐方式） valign=［top | middle | bottom | baseline］（组中单元格的垂直对齐方式） 通用属性	TBODY 在表格中定义了一组数据行，表格中至少有一个 TBODY 标记符
<COLGROUP> </COLGROUP>	span = Number（组的列数） width = MultiLength（每列宽度） align=［left | center | right | justify | char］（组中单元格的水平对齐方式） valign=［top | middle | bottom | baseline］（组中单元格的垂直对齐方式） 通用属性	COLGROUP 元素定义了一个表格中的列组。使用列组时，COLGROUP 元素必须放在可选的 CAPTION 元素之后，且在可选的 THEAD 元素之前

语　　法	常 用 属 性	说　　明
`<TR>` `</TR>`	align=［left | center | right | justify | char］（组中单元格的水平对齐方式） valign=［top | middle | bottom | baseline］（组中单元格的垂直对齐方式） bgcolor=Color（背景色） 通用属性	TR 元素定义了一个表格行。TR 标记符包含`<TH>`和`<TD>`标记符，`<TH>`和`<TD>`标记符中又包含了表格的实际数据
`<THEAD>` `</THEAD>`	align=［left | center | right | justify | char］（组中单元格的水平对齐方式） valign=［top | middle | bottom | baseline］（组中单元格的垂直对齐方式） 通用属性	THEAD 元素定义了表格的表头，一个表格中最多可含有一个 THEAD 标记符。目前多数浏览器还不支持 THEAD 标记符
`<TH>` `</TH>`	rowspan=Number（单元格所占的行数） colspan=Number（单元格所占的列数） align=［left | center | right | justify | char］（单元格的水平对齐方式） valign=［top | middle | bottom | baseline］（单元格的垂直对齐方式） width=Pixels（单元格宽） height=Pixels（单元格高） nowrap（单元格内不换行） bgcolor=Color（单元格背景色） 通用属性	TH 元素定义了表格中的一个标题单元格，其中的内容通常以黑体显示。TH 标记符位于 TR 标记符内
`<TD>` `</TD>`	rowspan=Number（单元格所占的行数） colspan=Number（单元格所占的列数） align=［left | center | right | justify | char］（单元格的水平对齐方式） valign=［top | middle | bottom | baseline］（单元格的垂直对齐方式） width=Pixels（单元格宽） height=Pixels（单元格高） bgcolor=Color（单元格背景色） 通用属性	TD 元素定义了表格中的一个数据单元格。TD 标记符位于 TR 标记符内

附录 2.7　框架元素

附表 2-7 列出了所有的 HTML 框架元素以及它们的常用属性。

附表 2-7　　　　　　　　　　　　　　**HTML 框架元素**

语　　法	常 用 属 性	说　　明
`<FRAMESET>` `</FRAMESET>`	rows=MultiLengths（设置横向框架） cols=MultiLengths（设置纵向框架） 通用属性	FRAMESET 元素是一个框架容器，它将窗口分成长方形的子区域，即框架。FRAMESET 标记符中包含一个或多个`<FRAMESET>`或`<FRAME>`标记符，并可能含有一个可选的`<NOFRAMES>`标记符

续表

语　法	常用属性	说　明
`<FRAME>`	name=CDATA（框架名） src=URL（框架的初始页面） frameborder=［1|0］（设置是否显示框架边框） marginwidth=Pixels（边距宽度） marginheight=Pixels（边距高度） noresize（禁止修改框架尺寸） scrolling=［yes|no|auto］（设置是否显示滚动条） 通用属性	FRAME 元素定义了一个框架，即一个框架集文档（FRAMESET）中的长方形空间。FRAME 标记符必须包含在 FRAMESET 标记符中
`<NOFRAMES>` `</NOFRAMES>`	通用属性	NOFRAMES 元素中包含了框架不能被显示时的替换内容。NOFRAMES 元素通常在 Frameset 文档中使用，它在浏览器不支持框架或框架被禁用时，提供相应的替换内容。NOFRAMES 标记符必须位于 FRAMESET 标记符之间
`<IFRAME>` `</IFRAME>`	src=URL（框架内容网页的 URL） name=CDATA（框架名） width=Length（框架宽度） height=Length（框架高度） align=［top|middle|bottom|left|right］（框架对齐方式） frameborder=［1|0］（设置是否显示框架边框） marginwidth=Pixels（边距宽） marginheight=Pixels（边距高） scrolling=［yes|no|auto］（是否显示滚动条） 通用属性	IFRAME 元素定义了一个页内框架，可以在其中显示 HTML 页面。包含在 `<IFRAME>` 和 `</IFRAME>` 中的内容只有当浏览器不支持框架时才显示

附录 2.8　表单元素

附表 2-8 列出了所有的 HTML 框架元素以及它们的常用属性。

附表 2-8　　　　　　　　　**HTML 框架元素**

语　法	常用属性	说　明
`<FORM>` `</FORM>`	action=URL（处理表单结果的脚本的位置） method=［get|post］（发送表单的 HTTP 方法） target=FrameTarget（显示表单内容的框架） 通用属性	FORM 元素定义了一个交互式表单

续表

语　法	常　用　属　性	说　明
<INPUT>	type=［text | password | checkbox | radio | submit | reset | file | hidden | image | button］（控件类型） name=CDATA（控件的名称） value=CDATA（控件的值） checked（设置单选框或复选框的初始选中状态） size=CDATA（文本框的宽度，以字符数为单位） maxlength=Number（最大文本输入字符数） src=URL（图像源） alt=CDATA（图像的替换文本） usemap=URL（客户端图像映射） align=［top | middle | bottom | left | right］（表单元素的对齐方式） accesskey=Character（快捷键） tabindex=Number（在【Tab】键遍历次序中的位置） 通用属性	INPUT 元素定义了一个用于用户输入的表单控件，通常位于 FORM 标记符内
<BUTTON> </BUTTON>	name=CDATA（控件的名称） value=CDATA（控件的值） type=［submit | reset | button］（按钮类型） accesskey=Character（快捷键） tabindex=Number（在【Tab】键遍历次序中的位置） 通用属性	BUTTON 元素定义了一个按钮，可以是提交、重置或普通按钮。虽然也可以用 INPUT 元素创建按钮，但用 BUTTON 元素创建的按钮通常具有更强的表现力
<SELECT> </SELECT>	name=CDATA（控件的名称） multiple（控制是否可以选择多个选项） size=Number（显示出的菜单框行数） tabindex=Number（在【Tab】键遍历次序中的位置） 通用属性	SELECT 元素定义了一个选项菜单，其中包含若干个 OPTGROUP 或 OPTION 元素来为用户提供选项
<OPTGROUP> </OPTGROUP>	label=Text（组标签） 通用属性	OPTGROUP 元素定义了一个 SELECT 菜单内的选项组，其中至少包含一个 OPTION 元素来定义实际的选项。多数浏览器并不支持 OPTGROUP 元素
<OPTION> </OPTION>	value=CDATA（选项值） selected（初始选择值） label=Text（选项标签） 通用属性	OPTION 元素定义了 SELECT 菜单中的菜单选项

续表

语　法	常　用　属　性	说　明
`<TEXTAREA>` `</TEXTAREA>`	name=CDATA（控件的名称） rows=Number（多行文本框的行数） cols=Number（多行文本框的列数） accesskey=Character（快捷键） tabindex=Number（在【Tab】键遍历次序中的位置） 通用属性	TEXTAREA 元素定义了一个多行文本框控件
`<ISINDEX>`	prompt（提示信息） 通用属性	ISINDEX 元素定义了一个单行文本输入框
`<LABEL>` `</LABEL>`	for=IDREF（相关表单控件的 ID） accesskey=Character（快捷键） 通用属性	LABEL 元素将一个表单控件和一个标签联系起来
`<FIELDSET>` `</FIELDSET>`	通用属性	FIELDSET 元素定义了一个表单控件组。在 FIELDSET 标记符中应包含作为控件组成员的各表单控件，并需要使用 LEGEND 标记符创建一个控件组标签
`<LEGEND>` `</LEGEND>`	accesskey=Character（快捷键） align=［top | bottom | left | right］（标签文字相对于控件组的对齐方式） 通用属性	LEGEND 元素定义了一个控件组的标签，且必须立即出现在<FIELDSET>标记符之后

附录 2.9　其他元素

附表 2-9 列出了其他不属于以上任意组的所有的 HTML 元素以及它们的常用属性。

附表 2-9　　　　　　　　　　　　**其他 HTML 元素**

语　法	常　用　属　性	说　明
`<A>` `</A>`	href=URL（链接的目标文件位置） name=CDATA（已命名的链接目标） target=FrameTarget（显示链接的目标框架） accesskey=Charater（快捷键） tabindex=Number（【Tab】键遍历次序中的位置） 通用属性	A 元素定义了一个超链接（使用 href 属性时）或者一个超链接的目的位置（使用 name 属性时）。当定义超链接时，位于<A>和</A>之间的内容成为超链接的源，浏览者可以单击超链接源跳转到超链接目标

语 法	常 用 属 性	说 明
`<APPLET>` `</APPLET>`	code=CDATA（类文件名称或路径） codebase=URL（类文件的基础 URL） width=Length（小程序在网页中所占的宽度） height=Length（小程序在网页中所占的高度） archive=URL-LIST（存档文件所在的位置列表） object=CDATA（序列化的小程序） name=CDATA（小程序实例的名称，用于小程序间通信） alt=Text（替换文本） align=［top | middle | bottom | left | right］（小程序在页面的对齐方式） hspace=Pixels（小程序对象左右的空白距离） vspace=Pixels（小程序对象上下的空白距离） 通用属性	APPLET 元素用来嵌入一个 Java 小程序（Applet）。在 HTML 4.0 中，建议使用 OBJECT 元素代替 APPLET 元素。使用 APPLET 标记符时，可以用 PARAM 标记符指定运行时参数
`<AREA>`	shape=［rect | circle | poly | default］（客户端图像映射中映射区域的形状） coords=Coords（客户端图像映射中映射区域的坐标） href=URL（链接的目标文件位置） target=FrameTarget（显示链接的目标框架） nohref（不包含链接） alt=Text（替换文本） 通用属性	AREA 元素定义了一个在客户端图像映射中的图形区域。AREA 标记符位于 MAP 标记符内
`<BASE>`	href=URL（默认 URL 基准） target=FrameTarget（默认目标框架）	BASE 元素定义了文档的默认 URL 基准和默认目标框架。一个文档中最多有一个 BASE 标记符，而且如果使用则必须位于 HEAD 标记符内
`<BDO>` `</BDO>`	dir=[ltr | rtl]（文本的方向） lang=LanguageCode（文本的语言） 通用属性	BDO 元素覆盖了所包含文本的双向算法。BDO 元素用于设置多语言文本的显示方向，在一般的网页中并不常用
`<CENTER>` `</CETNER>`	通用属性	CENTER 元素定义了一个居中对齐的块
`<IMG>`	src=URL（图像源的位置） alt=Text（替换文本） width=Length（图像宽度） height=Length（图像高度） usemap=URL（客户端图像映射的映射说明，对应于 MAP 元素指定的内容） ismap（指示使用服务器端图像映射） align=top | middle | bottom | left | right（图像对齐方式） border=Length（图像边框的宽度） hspace=Pixels（图像左右的空白距离） vspace=Pixels（图像上下的空白距离） 通用属性	IMG 元素定义了一个行内图像

语　法	常 用 属 性	说　明
`<LINK>`	href=URL（链接资源的 URL） target=FrameTarget（显示链接的目标框架） 通用属性	LINK 元素定义了文档的关联关系。LINK 标记符应包含在 HEAD 标记符内，并且可以有多个
`<MAP>` `</MAP>`	name=CDATA（图像映射的名称） 通用属性	MAP 元素用于定义图像映射的区域信息。MAP 的 NAME 属性通常用做 IMG 或 OBJECT 标记符的 USEMAP 属性的值。MAP 标记符内包含多个 AREA 标记符，用于定义图像上可单击的区域
`<NOSCRIPT>` `</NOSCRIPT>`	通用属性	NOSCRIPT 元素为不执行客户端程序的浏览器提供了替代的显示内容。NOSCRIPT 标记符应紧跟在它所提供替换内容的 SCRIPT 标记符后。只有当浏览器不支持客户端程序时，才显示 `<NOSCRIPT></NOSCRIPT>` 中的内容
`<PARAM>`	name=CDATA（参数名称） value=CDATA（参数值） valuetype=［data | ref | object］（值的类型） type=ContentType（当 valuetype=ref 时指定值的内容类型） id=ID（元素的 ID）	PARAM 元素指定了对象在运行时需要的一系列值。在 OBJECT 或 APPLET 标记符中可以以任意顺序包含任意数量的 PARAM 标记符。在使用 PARAM 指定参数时，对象必须能识别所指定的参数名和值
`<OBJECT>` `</OBJECT>`	data=URL（对象数据的位置） classid=URL（实现位置） archive=CDATA（存档文件） codebase=URL（classid，data，archive 的基准 URL） width=Length（对象宽度） height=Length（对象高度） name=CDATA（如果对象在表单中提交则定义其名称） type=ContentType（对象内容类型） codetype=ContentType（代码内容类型） standby=Text（装载时显示的信息） tabindex=NUMBER（在【Tab】键遍历顺序中的位置） align=［top | middle | bottom | left | right］（对象对齐方式） border=Length（对象边框宽度） hspace=Pixels（对象左右的空白距离） vspace=Pixels（对象上下的空白距离） 通用属性	OBJECT 元素在网页中定义了一个对象。这个对象可以是图像、Java 小程序、ActiveX 控件、多媒体对象等各种对象。使用 OBJECT 定义对象时，还可以用 PARAM 标记符为对象指定运行时参数。在 HTML 4.0 中，建议用通用的 OBJECT 元素取代更为特殊的 IMG，APPLET 等元素。不过，使用 OBJECT 代替所有其他对象元素（如 IMG，APPLET 等）的用法目前还没有得到多数浏览器的支持。 为确保浏览器的支持，通常使用嵌套的 OBJECT 元素包含多个对象，以便当浏览器无法显示外层对象时，依次尝试显示内层对象

语　法	常 用 属 性	说　明
<SCRIPT> </SCRIPT>	type=ContentType（编程语言的内容类型） language=CDATA（编程语言名） src=URL（外部程序位置） charset=Charset（外部程序的字符编码） defer（设置此布尔属性时，表示告知浏览器脚本并不产生任何文档内容（例如，在 JavaScript 中没有"document.write"语句），从而使浏览器可以继续解释 HTML 文件的内容并进行显示）	SCRIPT 元素在文档中包含一段客户端脚本程序。客户端脚本程序能使文档更好地对客户端的事件做出反应。例如，一段程序可以在用户发送所填写的表单之前先检查用户填写的内容，并立即通知用户填写错误。SCRIPT 标记符可以位于文档中的任何位置，但通常位于 HEAD 标记符内，以便于维护
<STYLE> </STYLE>	type=ContentType（样式语言的类型） title=Text（样式表的名字）	STYLE 元素用于在文档中嵌入样式表。文档的 HEAD 标记符中可以包含任意数量的 STYLE 标记符。对于层叠样式表（CSS），TYPE 属性的值是"text/css"

附录3 Internet 网址集粹

本附录列出了一些较著名的网址，读者既可以利用它们学习网页制作，也可以利用它们搜索信息资源或增长见闻。

1. 综合网站

也叫做门户网站，常常是上网浏览时首先访问的网站。这些网站通常都提供很多栏目和服务，能找到各类资源。

http://www.sina.com.cn　新浪　　　　　http://www.sohu.com　搜狐

http://www.163.com　网易　　　　　　http://cn.yahoo.com　雅虎中国

http://www.msn.com.cn MSN 中国　　　http://www.yesky.com　天极网

http://www.yahoo.com　雅虎　　　　　http://www.aol.com 美国在线

2. 搜索引擎和分类目录

如果需要到 Internet 上查找信息，一般可以使用两种方式：一是直接使用搜索引擎按照关键字查找，二是通过分类目录网站分级查找。

http://www.google.com　谷歌（Google）　http://www.baidu.com　百度

http://site.yahoo.com.cn 雅虎网址大全　　http://dir.yahoo.com　雅虎分类目录

3. 免费邮件

http://mail.163.com　网易　　　　　　http://cn.mail.yahoo.com　雅虎中国

http://mail.sina.com.cn　新浪　　　　http://freemail.sohu.com　搜狐

4. 著名软件公司

从这些著名软件公司的站点中往往可以得到有关软件的第一手资料和大量的教学资源。例如，可以到 Adobe 公司（Macromedia 公司已被该公司兼并）的站点上找到大量关于 Dreamweaver、Fireworks 和 Flash 的资料。

http://www.microsoft.com　微软

http://www.microsoft.com/china　微软中国

http://www.adobe.com　Adobe 公司

http://www.adobe.com/cn/　Adobe 公司中文站点

5. 世界著名企业的中文网站

http://www.ibm.com/cn　IBM 公司　　　http://www.sony.com.cn　索尼公司

http://www.disney.com.cn　迪斯尼公司　　http://www.motorola.com.cn 摩托罗拉

http://www.gm.com.cn　通用汽车公司　　http://www.nike.com.cn　耐克公司

http://www.adidas.com/cn　阿迪达斯　　http://www.intel.com.cn　Intel 公司

http://www.coca-cola.com.cn　可口可乐公司

6. 网络教学

http://www.edu.cn　中国教育和科研计算机网

http://education.163.com　网易教育频道

http://learning.sohu.com　搜狐教育频道

http://education.china.com　中华网教育

http://edu.sina.com.cn　新浪教育天地

http://www.chinaedu.com　101 远程教育网

http://www.enet.com.cn/eschool　ENet 网络学院

7．Flash 网站

http://www.flashempire.com　闪客帝国

http://www.flashsky.com　闪客天地

8．其他

http://www.dangdang.com　当当网上书店

http://www.amazon.com　亚马逊网上书店

http://www.cctv.com　央视国际网站

http://alumni.chinaren.com　Chinaren 校友录

http://www.chinamp3.com　音乐极限

http://www.the9.com　第 9 城市

http://www.blizzard.com　暴雪公司

http://www.netbig.com　网大

http://training.yesky.com　天极网校

http://www.hongen.com　洪恩在线

http://www.webmonkey.com　网猴

http://www.flashsun.com　闪盟在线

http://www.a-kuei.com.tw　阿贵

http://www.phoenixtv.com　凤凰网

http://www.5460.net　中国同学录

http://www.9sky.com　九天音乐

http://www.ourgame.com　联众世界

http://www.rongshuxia.com　榕树下